武汉大学百年名典

自然科学类编审委员会

主任委员　李晓红

副主任委员　卓仁禧　周创兵　蒋昌忠

委员　（以姓氏笔画为序）

文习山　宁津生　石　兢　刘经南
何克清　吴庆鸣　李文鑫　李平湘
李晓红　李德仁　陈　化　陈庆辉
卓仁禧　周云峰　周创兵　庞代文
易　帆　谈广鸣　舒红兵　蒋昌忠
樊明文

秘书长　李平湘

社会科学类编审委员会

主任委员　韩　进

副主任委员　冯天瑜　骆郁廷　谢红星

委员　（以姓氏笔画为序）

马费成　方　卿　邓大松　冯天瑜
石义彬　佘双好　汪信砚　沈壮海
肖永平　陈　伟　陈庆辉　周茂荣
於可训　罗国祥　胡德坤　骆郁廷
涂显峰　郭齐勇　黄　进　谢红星
韩　进　谭力文

秘书长　沈壮海

高尚荫

（1909~1989年）浙江省嘉善县人。1930年7月毕业于东吴大学生物学系，获理学学士学位。同年考入美国劳林斯大学，1931年转入美国耶鲁大学生物学系，1935年获理学博士学位。当年回国任武汉大学生物系教授。曾经历任武汉大学生物学系主任，病毒学系主任，病毒学研究所所长，武汉大学副校长等多项职务，曾两次被选为中国科学院生物学部委员。一生共发表论文110多篇，学术专著多部，是我国病毒学的奠基人之一。

武汉大学
百年名典

高尚荫文选

高尚荫 著

武汉大学出版社
WUHAN UNIVERSITY PRESS

图书在版编目(CIP)数据

高尚荫文选/高尚荫著.—武汉:武汉大学出版社,2007.11(2013.10重印)
武汉大学百年名典
ISBN 978-7-307-05590-2

Ⅰ.高… Ⅱ.高… Ⅲ.①病毒学—文集 ②微生物学—文集
Ⅳ.Q93-53

中国版本图书馆 CIP 数据核字(2007)第 065538 号

责任编辑:黄汉平 　　责任校对:王　建　　　版式设计:支　笛

出版发行:武汉大学出版社　 (430072　武昌　珞珈山)
　　　　　(电子邮件:cbs22@whu.edu.cn　网址:www.wdp.com.cn)
印刷:武汉中远印务有限公司
开本:720×980　1/16　印张:20.5　字数:293 千字　插页:4
版次:2007 年 11 月第 1 版　　2013 年 10 月第 2 次印刷
ISBN 978-7-307-05590-2/Q·88　　定价:38.00 元

版权所有,不得翻印;凡购我社的图书,如有质量问题,请与当地图书销售部门联系调换。

《武汉大学百年名典》出版前言

百年武汉大学，走过的是学术传承、学术发展和学术创新的辉煌路程；世纪珞珈山水，承沐的是学者大师们学术风范、学术精神和学术风格的润泽。在武汉大学发展的不同年代，一批批著名学者和学术大师在这里辛勤耕耘，教书育人，著书立说。他们在学术上精品、上品纷呈，有的在继承传统中开创新论，有的集众家之说而独成一派，也有的学贯中西而独领风骚，还有的因顺应时代发展潮流而开学术学科先河。所有这些，构成了武汉大学百年学府最深厚、最深刻的学术底蕴。

武汉大学历年累积的学术精品、上品，不仅凸现了武汉大学"自强、弘毅、求是、拓新"的学术风格和学术风范，而且也丰富了武汉大学"自强、弘毅、求是、拓新"的学术气派和学术精神；不仅深刻反映了武汉大学有过的人文社会科学和自然科学的辉煌的学术成就，而且也从多方面映现了20世纪中国人文社会科学和自然科学发展的最具代表性的学术成就。高等学府，自当以学者为敬，以学术为尊，以学风为重；自当在尊重不同学术成就中增进学术繁荣，在包容不同学术观点中提升学术品质。为此，我们纵览武汉大学百年学术源流，取其上品，掬其精华，结集出版，是为《武汉大学百年名典》。

"根深叶茂，实大声洪。山高水长，流风甚美。"这是董必武同志1963年11月为武汉大学校庆题写的诗句，长期以来为武汉大学师生传颂。我们以此诗句为《武汉大学百年名典》的封面题词，实是希望武汉大学留存的那些泽被当时、惠及后人的学术精品、上品，能在现时代得到更为广泛的发扬和传承；实是希望《武汉大学百年名典》这一恢宏的出版工程，能为中华优秀文化的积累和当代中国学术的繁荣有所建树。

《武汉大学百年名典》编审委员会

目　录

高尚荫——中国微生物事业的先驱者
　……………………………………… 胡远扬　彭珍荣　刘尚文(1)

高尚荫重要论著全文

用单层组织培养法培养家蚕的各种组织 ………………………
　………………………………… 刘年翠　谢天恩　高尚荫(15)
培养脓病病毒的组织培养方法的研究 ………………………
　………………………………… 刘年翠　谢天恩　高尚荫(18)
"全国病毒生化研究"学术交流讨论会开幕词 …………… 高尚荫(25)
昆虫病毒与生物防治介绍
　——"第六届国际无脊椎动物病理学学术讨论会"
　………………………………………………… 高尚荫(29)
**Virus Envelope Acquisition of Nuclear Polyhedrosis
　Virus in vitro** ………………… Gao Shang-yin, Ph. D.(38)
三十年来的中国病毒学研究(摘要) ………………… 高尚荫(44)
试论分子生物学 ………………………………………… 高尚荫(85)
对生命的了解 …………………………………………… 高尚荫(97)
重组 DNA 成功的道路 ……………………………… 高尚荫(111)
病毒学的观点与趋势 ………………………………… 高尚荫(126)
技术和概念在科学进展中的重要性
　——全国第一届分析微生物学会学术讨论会开幕式上的讲话
　………………………………………………… 高尚荫(128)

20世纪病毒概念的发展(代序) ………………………… 高尚荫(130)
昆虫病毒在农业和分子生物学研究中的进展
………………………………………… 高尚荫 刘年翠(141)
回顾与展望
——庆祝武汉病毒所建所三十周年 ………… 高尚荫(157)
科学与技术 ……………………………………………… 高尚荫(161)
再论分子生物学——科学的革命 ……………………… 高尚荫(164)
科学家和科学工作 ……………………………………… 高尚荫(167)
对有机体的感情 ………………………………………… 高尚荫(170)
病毒学：哪里来；到哪里去 …………………………… 高尚荫(174)
分子生物学的寻根 ……………………………………… 高尚荫(180)
电子显微镜下的病毒 …………………………………… 高尚荫(183)

国际交流的各种集会上的讲话

国际交流的各种集会上的讲话(英文)目录 ………………… (307)
　1981年5月24日在美国劳林斯大学(Rollins College)
　　接受名誉科学博士学位后在宴会上的讲话 …… 高尚荫(307)
　1981年5月27日在美国南桔城西东大学(Setan-Hall
　　University)接受Sigma Xi荣誉会员后在茶会上的讲话
　　………………………………………………… 高尚荫(309)
　1981年5月29日在美国俄亥俄州立大学(The Ohio
　　State University)签订该校与武汉大学学术交流项目后在宴会
　　上的讲话 ……………………………………… 高尚荫(309)
　1981年6月10日在美国耶鲁大学(Yale University)
　　耶礼协会宴会上的讲话 ……………………… 高尚荫(310)

高尚荫生前主要论著目录

高尚荫1980年前主要论文、著作目录 ……………………… (315)

高尚荫重要论文及 1980~1988 年代表论著目录 ………… (319)
高尚荫大事年表 ……………………………………………… (321)

高尚荫——中国微生物事业的先驱者

■ 胡远扬　彭珍荣　刘尚文

在中国微生物事业的发展过程中，一批老一辈微生物学家为之奉献了毕生的心血和精力，值此纪念中国微生物学会成立50周年之际，我们怀着崇敬的心情，缅怀其中具有重要学术影响的先驱者——已故著名微生物学家、病毒学家高尚荫先生。高尚荫先生是中国病毒学的奠基人之一，创办了我国最早的病毒学研究机构和我国第一个微生物专业、第一个病毒学专业。1958年完成的"培养家蚕脓病病毒的组织培养方法研究"是无脊椎动物组织培养和昆虫病毒研究中的开创性工作，《昆虫病毒理论及应用研究》在国内外产生了重要影响。1980年，被选为中国科学院学部委员，他在微生物学和病毒学的教学科研中锲而不舍地奋斗了56年，对中国微生物学和病毒学事业的发展产生了重要影响。

1909年3月3日，高尚荫出生于浙江省嘉善县陶庄镇的一个书香世家。高尚荫7岁那年，进入他父亲办的一所乡间小学接受启蒙教育。1926年中学毕业后考取了苏州东吴大学，主修课是生物学，选修课是化学。他学习努力刻苦，对任何问题都喜欢追根溯源。他博览群书，常进入图书馆如饥似渴地读书，对于生物学科的书籍更是如获至宝。这为他尔后献身于生命科学，成为国内外著名的病毒学家奠定了牢固的基石。1930年他完成了大学学业，获得东吴大学理学学士学位。同年，21岁的高尚荫由一位旅美亲戚介绍，获得了美国佛罗里达州劳林斯大学的奖学金赴美国学习。在劳林斯大学，他各科成绩优秀，免修了很多课程，一年后就获得了文学学士学位。1931年秋，高尚荫转到美国耶鲁大学研究生院当研究生。头两年通过在实验室协助教授们工作以获得维持生活的费用。1933年，在美国著名原生动物学家L. L. Woodruff教授的指导下攻读博士学位。1935年初，他的毕业论文《草履虫伸缩泡的生理研究》提前完成，在答辩过程中受到导师和专家们的好评，获得了耶鲁大学理学博士学位。

高尚荫获得博士学位后，他的几位美国朋友希望他在美国工作，可是他想得更多的是自己贫穷落后的祖国需要掌握科学知识的儿女。1935年2月，高尚荫等不及5月底举行的毕业典礼，就提前离开耶鲁大学来到了欧洲，为的是利用回国前的宝贵时间学习和接触更多的先进技术，更全面地考察了解西方发达国家的科技发展现状，以便回国后更好地开展工作。他在英国伦敦大学研究院从事了短期科学研究。

1935年8月，年仅26岁的高尚荫回到了祖国，受聘任教于国立武汉大学，成为该校当时最年轻的教授。1937年武汉大学因抗日战争迁至四川乐山，1945年迁至武汉。从1935～1945年，他先后讲授过普通生物学、原生动物学、无脊椎动物学、微生物学、土壤微生物学等课程，其中普通生物学由他连续讲授了十年。除担任教学工作外，他还积极从事科学研究工作。他和助手几乎每天都在实验室工作，中午总是在实验室吃点自备的干粮。在教学、科研经费极度困难，工作环境很差的条件下，不知疲倦地工作，先后在《中国生理学杂志》、《武汉大学学报》、《新农业科学》等国内刊物及《德国原生动物》杂志、《科学》等国内外刊物上发表了有关原生动物生理学和微生物固氮菌方面的研究论文20余篇。1937年，高尚荫与本校女教师刘年翠结婚，共同的理想和对事业孜孜不倦的追求把他（她）们联系在一起，这一结合不仅使高尚荫在生活上得到了志同道合的终身伴侣，而且在科学事业上也得到了一位得力助手。

1945年，在武汉大学连续工作了十年的高尚荫获得校方同意，利用两年学术休假的时间第二次来到美国。作为洛氏医学研究访问研究员，在美国著名生物化学家、病毒学家、诺贝尔奖获得者斯坦尼（W. M. Stanley）的实验室从事病毒学研究工作，从此开始了他在病毒学研究领域中的近半个世纪的奋斗。1947年，他在学术休假期满后立即回国，在武汉大学创办了我国第一个病毒学研究室，这是我国最早开展病毒学研究的专门机构之一。

1949年5月，武汉市解放了，军管会接管了武汉大学。此后不久，高尚荫应邀赴北京参加全国自然科学工作者代表大会。会后，中央组织科学家们到东北解放区参观访问。他们跑遍了东北三省，每到一个地方都受到当地各界人士的热烈欢迎。高尚荫亲眼看到了工厂努力恢复生产，农村大搞土地改革，人民群众拥护共产党的热气腾腾的景象。一切对这位从旧社会过来的科学家来说都是那么新鲜，那么令人振奋。他看到了中华民族的希望，决心跟共产党走，把毕生的精力献给祖国的科学事业。这次北上之行，使高尚荫开始了一种崭新的生活。他除了承担繁重的教学、科研任务外，还积极参加各项社会活动。每当谈起参加全国自然科学工作者代表大会的情景时，他总是格外地感慨："党是如此重视知识分子，如此重视我们为之献身的科学、教育事业，我感到自己就是学校的主人，我们是在为祖国、为人民办大学，因此有使不完的劲。"由于工作成绩斐然，1951年被评为武汉市劳动模范和模范教工。1952年，他加入了中国民主同盟。1956年，加入了中国共产党，实现了孜孜追求的理想。从此，他就把自己的工作和党的事业紧密地联系在一起。

这以后，高尚荫一直致力于微生物学和病毒学教学，亲自为本科生主讲基础课，积极招收、培养研究生，为国家培养了一批又一批高层次的专门人才。组织和主持了"生物大分子结构与功能"、"肿瘤病毒病因及其转化机制"等重大科研项目，先后在中、美、英、德、捷（前）等国的学术刊物上发表论文110多篇，出版了《电子显微镜下的病毒》等专著四部和《伊万诺夫斯基生平及其科学活动》译著一部，获得了全国科学大会重大成果奖、国家教委科技进步一等奖和湖北省重大科技成果奖。高尚荫先后担任过武汉大学生物学系主任、病毒学系主任、病毒学研究所所长、教务长、副校长。1980年，他被选聘为中国科学院学部委员，并先后兼任中国科学院武汉微生物研究室主任、武汉微生物研究所和武汉病毒研究所所长、科学院武汉分院副院长。他还担任了国务院学位委员会生物学科评议组副组长、教育部学位委员会生物学科评议组组长、教育部高等学校生物教材编委委员会主任委员以及中国微生物学会副理事长、病毒专业委员会主任委员。高尚荫还是《病毒学杂志》、教育部《自然科学学报》、《生物学报》以及《武汉大学学报（自然科学版）》主编和《病毒学报》顾问，并担任前捷克斯洛伐克《病毒学报》编委。长期以来，他还担任了许多重要的社会职务，包括民盟中央参议委员会委员，湖北省政协副主席，湖北省科学技术协会副主席，湖北省对外友协副会长。在国际上，他是美国西格马自然科学学会荣誉会员，国际无脊椎动物病理学学会终生会员。1981年，美国劳林斯大学授予他荣誉科学博士学位。他先后九次应邀参加国际学术会议、出国访问和考察，与美国、瑞典、日本、德国、匈牙利、保加利亚、罗马尼亚、波兰、前捷克斯洛伐克等十几个国家的学术界进行了学术交流活动，为促进中国人民和世界各国人民之间的友谊和发展国际间的科技文化交流做了大量的工作。

高尚荫是中国病毒学研究的开拓者和奠基人之一。他在微生物学和病毒学的教学和科研中锲而不舍地奋斗了56年，对中国微生物学和病毒学事业的发展产生了重要影响。

微生物学和病毒学教育的先驱

高尚荫从1935年担任武汉大学教授，先后讲授过《生物学》和《微生物学》的课程。1942年开始招收研究生，是武汉大学最早培养研究生的导师之一。他认为，学生大学毕业后，只有掌握了广泛而牢固的基础知识，才能深入进行生物学方面的研究。他鼓励学生除掌握生物学广泛的基础知识外，还要阅读其他学科包括人文科学方面的书籍。他的教学方法灵活，提倡学生独立思考，不要死读书。高尚荫特别注重学生的外语学习，特别是英语学习，严格要求和教育青年教师及学生必须掌握外语。

中华人民共和国成立后，高尚荫担任过武汉大学生物系主任、理学院院长、教务长、副校长等职务，尽管行政工作非常繁重，但他一直坚持亲自参加教学和科研工作。利用自己渊博的学识和外语水平，始终站在生物学科发展的前沿阵地上。1956年，当我国的生物学教学内容主要还是讲授整体水平和细胞水平时，高尚荫从国际上DNA双螺旋结构的发现，核酸、蛋白质研究的突破中感觉到生物学已逐渐由观察生命活动的现象深入到认识生命活动的本质，进入到分子生物学阶段。他根据生物科学发展新动向，及时给学校师生作了《分子生物学》的专题报告，使挤满了会场来听课的人耳目一新。

1955年，在高尚荫主持下，武汉大学创办了国内大学中第一个微生物学专业，重点放在微生物的生物学方面，从而为国家培养了大量的微生物学专门人才，至今这个专业仍然是国内学术水平和实力最强的专业之一。

1964～1966年，受教育部委托高尚荫主办了全国高级病毒学讨论班，参加讨论班的学员都是来自全国有关单位的讲师或相当于讲师以上的病毒学工作者。这个讨论班受到教育部和全国同行的高度评价。20世纪70年代，病毒学研究的各个领域都得到了突破性的发展。病毒因其作为人类难以控制的病原体，作为防治农业害虫的有效手段以及成为研究生命活动的良好的分子生物学模型而受到广泛的重视。国内众多科研机构，大专院校，医疗单位及防疫部门都迫切需要经过系统培养的病毒学专门人才。高尚荫经过努力，在学校的大力支持下，又率先筹办了我国第一个病毒学专业，1976年经教育部批准开始向全国招生。这个专业至今仍然是我国惟一从事病毒学教学的专业，具有病毒学学士、硕士、博士授予权，也是博士后流动站和国家的重点学科点，成为我国培养病毒学专门人才的主要基地。

高尚荫作为中国病毒学及微生物学教育的先驱者，在其半个世纪的教学生涯中，为国家培养了一大批高质量的专门人才，其中绝大部分已成为国家科研机构、大专院校及有关部门的学术骨干，不少人已成为我国著名科学家。

在病毒学研究的前沿阵地上勇于进取

美国著名病毒学家，诺贝尔奖获得者 Stanley 对高尚荫的科学研究生涯产生了重要影响。在 Stanley 的实验室工作期间，高尚荫发表了几篇很有价值的学术论文。他的"从土耳其烟草和福绿草分离出来的两株烟草花叶病毒的比较研究"论文，阐明了病毒理化性质的稳定性，证明病毒性质，特别是理化性质不以宿主的不同而存在差异。这一研究成果得到病毒学研究工作者的高度评价，并被前苏联病毒学家苏可夫《病毒本质》一书和其他许多文献广泛引用。高尚荫从美国回国后继续在武汉大学从事这一研究，他克服了研究条件、实验经费等多种困难，取得了重要研究进展。当时国内外有关流行性感冒病毒的研究一直是在孵育的鸡胚蛋中进行的，而他第一次成功地在孵育的鸭胚蛋中培养出流感病毒并且比较了鸡胚和鸭胚中的流感病毒的理化性质，再次通过动物病毒证实病毒理化性质不以宿主的不同而异。

1962 年科学出版社出版了高尚荫的第一部专著《电子显微镜下的病毒》，这是我国最早的系统描述病毒形态结构的专著，国内许多病毒学的专著、教材、论文中都引用了其中的有关内容。这本书出版后供不应求，1963 年、1965 年两次再版。

1963 年，高尚荫领导的研究小组应用电子显微镜对昆虫病毒的形态结构进行了研究，通过对粘虫核型多角体病毒"病毒束"的形态和结构的电子显微镜观察，在世界上第一次发现了这类病毒的帽状结构。

在病毒研究一个世纪的发展史中，以昆虫作为宿主，并在宿主中发生流行病的昆虫病毒研究起步较迟，落后于植物病毒、动物病毒、细菌病毒研究。高尚荫认为，地球上昆虫种类达到 100 万种以上，而且昆虫病毒种类繁多，形态结构发生特异，普遍存在着潜伏型，有的同一种昆虫病毒既能感染动物又能感染植物，这些独特的性质将会使病毒成为研究病毒特性、病毒复制、病毒与宿主相互关系、病毒生态学的最理想的材料，以及成为研究生命科学的良好的分子生物学模型。特别是它有可能在防治农林害虫中发挥巨大的作用，昆虫病毒研究在理论上和应用上都具有重要价值和广阔的发展前景。高尚荫早在20世纪50年代中期就开始对我国重要的经济昆虫——家蚕的核型多角体病毒病进行系统研究，开创了中国昆虫病毒研究的历史。30多年来，他带领武汉大学病毒研究所的人员围绕昆虫病毒理论和应用技术，从整体水平、细胞水平到分子水平进行了系统研究，始终活跃在我国昆虫病毒研究所最前列。20世纪50年代应用昆虫单层组织培养法研究昆虫病毒；60年代进行的昆虫病毒形态结构研究；70年代进行的昆虫病毒病原分离鉴定和生物防治研究；80年代进行的昆虫病毒基础理论及分子生物学研究；90年代进行的昆虫作为载体表达外源基因以及基因工程病毒杀虫剂的构建研究都达到了国际先进水平。在昆虫病毒资源调查中先后分离获得昆虫病毒170多株，成为目前我国拥有昆虫病毒资源最多的单位，其中60多株是国际上首次发现。1978年完成的菜粉蝶颗粒病毒的理论和应用研究是国内外最详尽、最集中的研究，在此基础上研制的菜青虫颗粒体病毒杀虫剂是我国第一个经过国家科委鉴定的病毒杀虫剂，其鉴定资料已成为我国病毒杀虫剂鉴定的参考模式和样板。这些工作先后在许多重要的国际学术会议上报告和交流，产生了很大的影响。1984年高尚荫主持出版了论文集《病毒研究集刊（昆虫病毒研究所专辑）》，这本书汇集了武汉大学病毒研究所1978～1982年间发表的重要学术论文，反映了我国当时昆虫病毒研究的最新成果，是迄今为止我国最系统的昆虫病毒论文专著。

高尚荫还不遗余力地推动全国昆虫病毒的研究工作，在他的宣传和促进下，中国的昆虫病毒理论及应用研究得到了很大的发展，全国已从170多种昆虫中分离获得200多株病原病毒，其中90多株为国际上首次发现，20株进入大田试验（国际上不包括中国在内也只有50多种），研制了5种病毒杀虫剂，建立了棉铃虫NPV和菜青虫GV两座病毒实验工厂，昆虫病毒生物防治面积已达几千万亩。

高尚荫的渊博学识、精湛的学术水平和分析判断能力，赋予他具有难能可贵的特有的科学预见性。早在20世纪60年代，国内外科学家对家蚕软化病病原众说纷纭时，他在一次特邀的学术报告上明确提出这种病原可能是一种病毒，后来的实验证实的确是一种非包涵体病毒。1984年，高尚荫在向中国微生物学会、生化学会、植物病理学会联合举办的"病毒与农业学术讨论会"提交的"昆虫病毒在农业和分子生物学中的研究进展"报告中指出："昆虫病毒是极有效的杀虫微生物，必须开展理论研究，采取遗传工程手段，组建新的人工病毒以便提高毒力，缩短潜伏期……或者组建含有几种病毒毒力基因的复合病毒、杀死多种害虫。"六年后，也就是他逝世一年后，即1990年在澳大利亚举行的第五届国际无脊椎动物病理学及微生物学术会议所报告的论文中，以基因工程手段，构建新型病毒杀虫剂已成为昆虫病毒研究的一个重要发展趋势。

作为中国昆虫病毒研究的开拓者和奠基人，高尚荫对我国昆虫病毒研究事业的发展产生了重要影响，缩小了中国同国际先进水平的差距。凝聚着他的心血的研究成果《昆虫病毒理论及应用基础研究》1990年被中国国家教育委员会评为科技进步一等奖，并获1991年国家自然科学二等奖（一等奖空缺）。

无脊椎动物组织培养及昆虫病毒研究的重大突破

高尚荫1958年在前捷克斯洛伐克国际病毒学讨论会上报告了"培养家蚕脓核病毒的组织培养方法研究"的论文，引起与会科学家的强烈反响。因为自从1935年Trager发表昆虫组织培养（组织器官培养）的研究成果以来，20余年国际上这方面的研究工作未见有较大的进展。而高尚荫的研究小组在昆虫单层细胞培养上获得成功，并且用于家蚕脓核病病毒研究，这是无脊椎动物组织培养和昆虫病毒研究工作的重大突破。当时在国外仅能培养家蚕的卵巢块，而高尚荫的研究室却能成功地进行了家蚕卵巢、睾丸和其他组织的单层细胞培养。当接种家蚕脓核病病毒于体外人工培养的家蚕单层细胞上时，表现出典型的细胞病变，并产生子代病毒和形成病毒包涵体。他们的论文用英文在前《捷克斯洛伐克科学院国际病毒学报》和用中文在

《武汉大学自然科学学报》发表后，国内外有关杂志纷纷转载和评价。如国内《蚕业科学通讯》转载这篇论文时，在编者按中指出："这是家蚕脓核病研究上的一项重要科学成就，在国际上还是第一次。"美国新泽西州州立大学著名昆虫病毒学家、国际无脊椎动物组织培养会议主席 K. Maramorosch 教授在评价这一成果时指出："……这方面的工作，第一次，也可以说是惟一的一次成功的培养是1959年中国高尚荫等人报告的工作。中国高尚荫等人的巨大成就是家蚕的卵巢表皮细胞与睾丸表皮细胞能传22代，继续维持培养亦无困难，传代细胞仍保持其原来的形态。"他还在给日本学者的信件中作了这样的介绍："武汉大学微生物系高尚荫教授创建无脊椎动物细胞培养并于1958年首次从家蚕获得一株无脊椎动物细胞系，四年后澳大利亚同行也重复了高教授早于他们四年前已完成的类似工作，获得圆满成功……"国外不少专著和论文中都引用了这篇论文。

1979年，为了纪念昆虫组织培养工作20周年，决定举行《国际第五届无脊椎动物组织培养讨论会》。在发给高尚荫的会议邀请书上写道："我们认为您参加这次会议是非常重要的，我们盼望在这个会上见到您，您对家蚕组织培养的开创性工作，在无脊椎动物组织培养中最重要的突破以及您的单层细胞的经典实验，对于我们这些后来追随您的例子进行这方面工作的人来说都是记得的。因此，您若能出席这一次会议无疑将是一件鼓舞人心和重要的事……"

高尚荫的具有国际领先水平的工作使他在国际上赢得了巨大的声誉，他先后应前民主德国科学院的邀请作"昆虫病毒"的专题讲学并访问了前苏联、波兰、匈牙利、保加利亚和罗马尼亚等国家，前捷克斯洛伐克科学院"病毒学报"聘请他担任编委。1978年"昆虫病毒单层组织培养的研究"获得全国科学大会重大成果奖和湖北省重大科技成果奖。

生命不息　壮心不已

高尚荫不但使自己始终站在当今世界生物科学的前沿，而且非常重视结合我国国情,指导研究那些与我国国民经济发展密切相关的科研课题。他亲自参加和直接指导了烟草花叶病毒研究、流感病毒研究、鸡新城疫病毒研究、家蚕脓病病毒研究、肿瘤病毒病因研究和十几种昆虫病毒的基础理论及应用技术研究。在他的指导下,武汉大学的许多昆虫病毒研究成果已进入为农业生产服务的实用阶段。我国第一个病毒杀虫剂——菜青虫 GV 杀虫剂中试生产已经完成,应用面积已达 100 万亩。防治蔬菜害虫的小菜蛾 GV 杀虫剂,防治茶树害虫的茶小卷叶蛾 GV 杀虫剂,油桐尺蠖、茶毛虫、茶尺蠖 NPV 杀虫剂;防治粮食作物害虫的粘虫 NPV、EPV 杀虫剂和防治森林害虫松毛虫的 CPV 杀虫剂等都进入了大田试验,将会产生良好的经济效益、社会效益和环境效益。

高尚荫不担任学校领导后,有人说他辛苦了一辈子,已经功成名就,可以坐享清福了。可他为了国家的科学、教育事业,照样不停地工作。他频繁地接待国内外的来访者,审阅大量的研究报告和论文,组织、协调各方面的工作,还不断为刊物撰写病毒学的稿件。他年逾古稀,仍每天坚持四点多钟起床看书、读报、处理各种文件。并且利用一切机会和干部、教师交谈,了解教学和科研中的各种情况。就是在他住院治病期间也从不放松工作和学习。1989 年高尚荫病重治疗期间,为了组织科研队伍,出版了高质量的《病毒学》教材,为了国家重点学科及国家专业实验室建设,经常在病房召集有关领导、教师开会,分析问题,提出设想,制定措施,一刻也没有停止过他的工作。

1989 年 4 月 23 日高尚荫利用星期天医院人少清静,又工作了整整一天。到了晚上 8 点钟,他感到身体很不舒服,还是坚持对一位美籍华人科学家第二天的访华活动进行了精心安排。晚上 12 点钟,他因心脏病突发,多方抢救无效,瞌然与世长辞。他为我国的科学和教育事业工作到生命的最后一刻。

高尚荫常常说:"努力在我,评价在人。"在庄严隆重的追悼大会上,武汉大学校长齐民友代表党和人民在悼词中给这位杰出的科学家以崇高的评价:"高尚荫教授是一位学术造诣很深,在国内外享有很高声誉的科学家、教育家。在半个多世纪的科学研究、教育生涯中，高尚荫教授始终如一地热爱中国共产党、热爱祖国、忠诚党的科学教育事业，并为之呕心沥血，锲而不舍，奋斗不息，为我国科学、教育事业的发展作出了重要贡献……高尚荫教授学识渊博，却仍虚心好学，手不释卷，密切注视世界科学的新进展，始终使自己站在当今世界生物科学的前沿。他光明磊落，刚直不阿、顾全大局，始终维护党和人民的最高利益。他为人师表，严于律己，谦和平易，为党的科学、教育事业终身奋斗，鞠躬尽瘁，死而后已。"

高尚荫重要论著全文

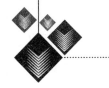

用单层组织培养法培养家蚕的各种组织

■ 刘年翠　谢天恩　高尚荫

为了研究家蚕脓病的防治问题，必须将脓病病毒接种到家蚕的身体中，因此利用组织培养法使家蚕的组织在体外生长，可以解决下面两个问题：（一）家蚕的饲养在武汉地区只能限于春季，如能用细胞传代法将家蚕各种组织细胞在体外生长及传代，则可将病毒接种到组织上，终年可做实验。（二）可在组织培养上筛选抗脓病病毒物质。

关于家蚕组织的培养，1935年Trager曾用悬滴法培养家蚕的各种组织，结果除卵巢外，其余的组织如神经、脂肪、丝囊、腿或翅芽以及睾丸都不能生长。我们采用单层组织培养法，将家蚕的各种组织培养成功，并曾将脓病病毒接种在各种组织的单层细胞上。现将所采用的方法及结果初步报告如下：

血清的采取：采血前先将健康的第五龄蚕儿浸没于1:1000 $HgCl_2$ 溶液中30~45分钟，再用无菌蒸馏水浸洗三次，每次10分钟，这样消毒以后，蚕儿仍能正常生长。取血清时首先从蚕儿的第三、四腹节上的脚采血，用小解剖剪刀将脚的中间部位剪去；若剪脚的基部，则内脏溢出，影响血流，且易污染，若剪脚尖，则所得血清量稀少。血液自所剪的脚下流出，盛于无菌离心管中，以每分钟2500~3000转离心沉淀10~15分钟，除去血中的细胞。用无菌吸管吸取上层血清注于无菌试管中，加盖橡皮塞，置4°C冰箱中保存备用。也可以从尾角取备，但血液流出缓慢，且量较少。采血操作愈快愈好，防止其氧化变黑。

单层细胞的制备：实验必须用严格的无菌步骤，一切的操作都在无菌室中进行。将健康的第五龄蚕儿浸没于1:1000 $HgCl_2$ 溶液中消毒，方法如上所述，但所用的蚕儿必须在实验前饥饿 24～36 小时，使其消化道内食料几乎没有残留，以免解剖时食道破裂而污染其他组织。将消毒的蚕儿置于无菌平板上，事前在平板中铺二层纱布，吸干蚕儿体上的水分，便于解剖。用左手固定蚕身，背部朝上，再用细小解剖剪刀先剪去背部的尾角，从尾角处向头部方向沿背部中线直到腹节的第三、四节，小心勿使食道破裂。用无菌镊子取下气管、皮肤、肌肉、食道、脂肪、丝囊、卵巢及睾丸等，分别置于盛有 Trager 液的小平板中。作为采丝囊的蚕儿必须年幼，因其丝囊还很小而其中丝汁不多（二龄蚕儿较好），如用五龄蚕儿，则丝囊的丝汁太多，不宜用作组织培养的材料。采取食道后必须先在无菌蒸馏水中洗涤数次去其内部残余的桑叶，用 1∶1000 $HgCl_2$ 溶液浸半小时，再以无菌蒸馏水浸洗三四次。将各种组织分别置于小试管中，用解剖小剪刀剪碎，直至几无可见的小块为止。加 Trager 液于各种剪碎组织中，用滴管连续不断地吸出吸入历 20 次，使单细胞脱离组织块而悬浮于 Trager 液中，将试管静置于试管架上 10～15 分钟，小碎块沉降于管底，而单细胞则浮悬于此上层液中。

　　单细胞的培养及观察：所有的培养液包含有 Trager 液 9 份、蚕血清 1 份，每毫升中青霉素 100 单位、链霉素 100 mg。

　　克氏瓶（Carrel flask）培养法：分别用无菌吸管吸取上述的各种组织单细胞浮悬液 0.5 ml，注入直径 3.5 cm 的克氏瓶中，并于各克氏瓶中加入培养液 1.5 ml，加盖棉塞或橡皮塞，顺时针方向缓慢摇荡，充分混匀，但避免产生气泡，置 28 ℃恒温箱中孵育。24 小时后各种组织细胞即开始生长，48 小时后可见各种组织细胞数目逐渐增加于瓶底，60 小时及 84 小时后，即长成一层紧密、均匀而像薄纸似的细胞层。以卵巢细胞生长得最好，肌肉、睾丸次之，皮肤、气管再次之，食道和丝囊有的在实验室中生长，但有的则不生长。

　　平板盖玻片法：先将 18 mm×18 mm 的盖玻片两块置于直径 5 cm 的平板内一同灭菌，吸取上述带有单细胞的各种组织细胞的悬浮液 0.25 ml 于每片盖玻片上摇荡，使之铺满全盖玻片，再加 Trager 培养液 5 ml，将平板盖好置 28 ℃恒温箱中，48 小时后用肉眼观察细胞在盖玻片上长成一薄层，且蔓延到平板上，如将盖玻片取出，在显微镜下观察，可见单细胞紧密平铺在盖玻片上。但有的细胞之间有空隙，有些细胞彼此重叠。产生空隙的原因，多为原来接种细胞在那区域内数目不足，所以细胞生长分裂后还有空隙。细胞彼此重叠的原因是在悬浮液中除单细胞外，还有两三个细胞连成的小块生长繁殖后所致。利用此法可在显微镜下：（1）观察单细胞层的生长情况；（2）接种病毒后观察多角体的形成及细胞病变现象。

试管盖玻片法：此法与平板盖玻片法大致相同，所不同处在于利用 Pyrex 试管附盖玻片代替平板，作斜面培养。操作步骤、用途及结果与平板盖玻片相同。

曾试验过于 Trager 液中不加任何血清，结果各种组织的细胞生长不良。也曾于 Trager 液中加羊血清，但各种组织细胞不能于其中生长。

曾于各种组织单层细胞上接种过脓病病毒，试观察多角体的形成，其详细结构将于以后报告。

（1958 年 1 月 22 日）

培养脓病病毒的组织培养方法的研究*

■ 刘年翠　谢天恩**　高尚荫

1953年Trager氏（Trager，1935）报告在家蚕组织培养中培养脓病病毒。他用"悬滴法"（hanging drop method）培养了家蚕卵巢块，但对其他组织如神经、肌肉、脂肪、丝囊和睾丸等的培养都未能获得成功。最近Vage和Chastang（Vago and Chastang，1957）报告从无脊椎动物的组织培养获得细胞系统的研究中提到进行家蚕的组织培养，但也只培养了卵巢。

培养病毒在组织培养中，由于建立了一个"半体内系统"，对研究病毒的一些基本问题，特别是病毒与宿主之间的相互关系提供了有利的实验途径，因此组织培养在病毒研究上有其重要的意义。本文报告（一）应用最近发明的"单层组织培养"（"Mono-layer tissue culture"）原理培养家蚕各种组织的方法；（二）对Trager氏"悬滴法"的改进；（三）脓病病毒在组织培养中的形成。有关这项工作的结果已发表过初步报告。（刘年翠，谢天恩，高尚荫，1958）

---

* 本文原用英文写成，由作者之一（高尚荫）于1958年10月14～17日在前捷克斯洛伐克科学院第二届病毒学术讨论会上宣读。原文于前捷克斯洛伐克科学院出版的"Acta Virologica"（病毒学杂志）讨论会专号上发表。本文是由原文译出来的。

** 现在工作单位：中国科学院武汉微生物研究室。

材　　料

家蚕（Bombyx mori）的卵是由农业科学院镇江蚕业研究所供给的。

病毒是从人工诱导发病的病蚕血清中获得。由于感染的血清中含有"自由病毒"和多角体，因此先将病蚕的血清进行低速离心（2000 r/min）5 分钟，去其底部沉淀，仅用上层血清，以伊红染色，在显微镜下检查上层血清确证无多角体的血清才作为使用的材料。这材料置于冰箱中结冰保存。

营养液包括 90% Trager 氏 A 液和 10% 健康蚕血清。培养液的 pH 值为 6.7。Trager 氏 A 液是按照 Trager 氏所用的方法制备的（Trager，1935）。上述营养液是培养家蚕组织所用一切培养基的成分，而洗涤组织以及悬浮细胞的制备是利用 Trager 氏 A 液进行的。

家蚕血清是在无菌条件下，从家蚕前足放血，经低速离心（2000 r/min）10 分钟后除去血球后而得。在养蚕期间所进行的实验用新鲜蚕血清，在非养蚕期所有物是干燥血清。

胰蛋白酶的浓度是 0.25%，以 Trager 氏 A 液为稀释液。

营养液中也加青霉素与链霉素，其最终浓度为每毫升培养液含青霉素 100 单位与链霉素 100 毫微克。

全部实验操作及所用一切器材必须于严格无菌条件下进行。

方　　法

蚕组织培养的制备：所用的蚕都是健康的五龄蚕，大约于结茧前一天使用。先将蚕儿浸于 0.5% $HgCl_2$ 中 40 分钟消毒，然后用无菌水洗涤三次，最后用无菌蒸馏水洗涤一次，再将蚕儿置于无菌纱布上吸干。

用无菌小解剖刀及镊子取出蚕的卵巢、睾丸、腿肌、气管、丝囊、食道以及皮肤等，用无菌蒸馏水洗涤数次。为取丝囊的蚕是三龄蚕，因为丝囊内还没有丝汁形成。为取食道的蚕必须先使之饥饿36小时后才能使用。取出食道后洗浸于 1/1000 $HgCl_2$ 溶液中 15 分钟，再用蒸馏水洗涤三次。在进行实验中各种组织都分别置于平板或试管中剪碎。

将各种组织剪成细小碎块后（直径约 0.1~0.2 mm），加 Trager 氏 A 液洗涤，离心后使用。

1. 盖玻片法：将无菌盖玻片（18 mm×18 mm）四块置于无菌平板内。取组织碎块放在盖玻片上，加上血清一滴后盖好平板，置 26℃恒温箱中 10 分钟，这样组织碎块就固定于盖玻片上，再加营养液一滴。各种组织块亦可接置于平板周围（离边约半寸）。最后将平板（四至五个）用玻璃罩住，玻璃罩的四周封蜡，置于 26~27℃培养。置于玻璃罩内后封蜡一方面可防水分损失，同时在一定程度上也可防止污染。

这种将盖玻片置于平板内用玻璃罩封蜡培养各种组织的方法是"悬滴法"的改进。为了培养极小组织，如卵巢、睾丸等，这种方法有它的特殊优越性，既简单，用组织量又少，同时又便于用相差显微镜或油镜直接观察。每平板中可罩四五片盖玻片。有些玻片可做加病毒处理；有些可作对照，不加病毒，便于在各种不同时间作比较，同时也便于染色。

2. 试管培养：将各种组织块置于试管（直径 18 mm×150 mm）中培养。操作步骤与盖玻片法相同，待组织块粘附于试管壁后加营养液。试管加盖后斜面培养使组织完全被培养液所覆盖。培养的温度是 26~27℃。

试管培养可避免污染；便于经常在显微镜下观察，但只能在低倍显微镜下观察。

单层组织培养的制备：单层组织培养在我们实验室广泛地应用着，因为这种单层细胞既薄又均匀，互相连接的单层细胞对于细胞生长繁殖、细胞病变以及细胞内多角体的形成都提供了便于直接在显微镜下观察的有利条件。

1. 细胞悬浮液的制备：将组织剪成极小块，待几乎见不到块状组织为止后,置于无菌离心管中加 5 ml Trager 氏 A 液,经低速离心(3000 r/min)20 分钟后去其上层液,再加 Trager 氏 A 液少许,摇荡后用无菌滴管将组织小块吸出吸入约 20 余次。把离心管置于试管架上静止 10~15 分钟使较大的碎块沉于管底而单细胞悬浮于上层液中。取另一支无菌滴管吸出吸入上层液即得单细胞悬浮液。用红血球计数器在显微镜下计数后,加入 Trager 氏 A 液使悬浮液内细胞含数为 6×10^6/ml。于每克氏瓶(内径 3.5 cm)注入每毫升含细胞 12×10^5 的悬浮液 0.5 ml,再加入 2.5 ml 培养液,加盖棉塞后置于 26~27 °C 培养。

细胞悬浮液也可同样地培养于平板或盖玻片上,但于平板中注入每毫升含细胞 12×10^5 的悬浮液 1 ml,加培养液 10 ml。于盖玻片上则加细胞悬浮液与培养液各一滴。

2. 胰蛋白酶处理的细胞培养的制备:由于气管、丝囊、肌肉等组织较大,因此可用胰蛋白酶(E. Merck 公司出口)溶液处理。将组织剪成碎块(约 2~4 mm),用 Trager 氏 A 液洗涤两次,再将此碎块置于含有 2.5% 胰蛋白酶溶液中 15 分钟。用滴管吸出吸入 20~30 次,使许多被胰蛋白酶处理消化的单细胞从小块组织上脱落,成为单个的、游离的细胞悬浮于溶液中,经低速离心(3000 r/min)10 分钟后去其上层液,再加入 Trager 氏 A 液使管底沉淀细胞再悬浮于溶液中,经这样洗涤三次后的悬浮液置于试管架上静置 15 分钟,则未消化完的块状组织沉淀于管底,上层液即为单细胞的悬浮液。用红血球计数器计数。

用上述方法将胰蛋白酶溶液处理的单细胞悬浮液加入克氏瓶(直径 3.5 mm)中,盖玻片上、试管中培养,这样培养就是单层组织培养。

单细胞的保存与传代:由于武汉地区一年只能于春秋两季养蚕,单细胞的保存与传代至为重要。我们实验室根据下列方法将单细胞保存并传代。

1. 单细胞的保存:用试管依上述方法做成单层组织培养,3~4 天后更换营养液一次。在更换培养液以前,先用 Trager 氏 A 液洗涤单层组织培养两次，洗涤时须特别注意，否则细胞容易脱落。

2. 细胞的传代：我们实验室只将卵巢与睾丸细胞作为传代材料。单层细胞培养依上述操作步骤。为了节省血清等材料用小试管（直径 13 mm × 100 mm）传代。斜置于 26~27 °C 二三天后，细胞在管壁上形成一连续不断的细胞层。将 5 ml 的 0.25% 胰蛋白酶溶液注入试管，并将试管放在 26 °C 的温水浴中 15 分钟。这样会使细胞层破裂，细胞逐渐从管壁脱落，小细胞碎块可用滴管吸出吸入 20~30 次即分散成为单个细胞，再依上述方法用 Trager 氏 A 液洗涤三次。用红血球计数器计数后做成各种单层组织培养。

病毒的培养：接种病毒的组织培养都是 48 小时的培养。除去营养液后，加 5 ml 的 Trager 氏 A 液洗涤两次。接种病毒量是稀释 100 倍的病蚕血清，于平板组织培养中加入 0.5 ml，于试管和克氏瓶组织培养中加入 0.2 ml，于盖玻片上加一滴，再于平板中加入培养液 4.5 ml，于试管中加入 2.0 ml，于克氏瓶中加入 1.5 ml，于盖玻片上加入一滴。置于 26~27 °C 培养。每种作对照数份（即不加病毒）。

染色：一般的组织培养用波氏液（Bouin's Solution）固定，以苏木紫与伊红染色。为观察多角体形成的组织培养用卡氏液（Carnoy Solution）固定，溴酚蓝（bromphenol blue）染色。染色前先用 1N 盐酸于 60 °C 处理 10 分钟，这样的染色法可以观察多角体形成的过程（Smith and Xeros, 1953）。

结　　果

家蚕的卵巢、睾丸、腿肌、食道以及气管的组织都能成功地用组织培养法在体外生长繁殖。新细胞在培养 24 小时后会开始生长，在第三天或第四天就可有大量的新细胞产生。这样的培养可以保持 7~10 天，但每 3~4 天必须换营养液一次。

从各种不同的组织块所长出的新细胞，不论在形态上与大小上都有所不同；例如在腿肌的组织培养中新的游离细胞从皮肤下层的结缔组织中首先出现，48 小时后肌肉细胞也开始生长，但是更多的游走细胞迅速地发育生长。在丝囊与气管的组织培养中经过 24 小时的培养许多不规则形态的细胞从被剪的部分长出。在卵巢的组织培养中许多游走细胞从卵巢壁或输卵管壁生长出来而营养细胞逐渐变长后向外生长。在睾丸的组织培养中最有趣的是在许多精原细胞囊中，精子细胞逐渐长长而向外伸出。事实上这个实验也证明了可用组织培养方法观察五龄蚕在体外精子发育的各阶段。

卵巢、睾丸、气管、腿肌、食道以及丝囊细胞也都能用组织培养方法使它们在蚕体外生长成为一片单层细胞，铺满在小克氏瓶与平板上，卵巢与睾丸的细胞形成六角形的表皮细胞，而肌肉单层细胞则以不规则的成纤维细胞占优势。

当各种组织培养接种病毒后，天天观察其细胞的病变现象以及多角体的形成，显示出接种病毒后表皮细胞的病变现象，在接种病毒 48 小时后就可观察到原来互相连续结在一片的单细胞层破裂成不规则的细胞群，表皮细胞失掉了六角形态而逐渐变成圆形，但气管细胞则仍保持其六角形态。由于病毒的感染，细胞内的核有显著的变化。首先核失掉了它原来的中心的位置而偏于细胞的一端，同时核的体积增大。不规则的细胞群也渐渐分散成为零散的、破碎的单细胞。核逐渐形成马蹄状、环状或半月状。这时就可看到多角体从核中出现。每一细胞内形成一个至两个多角体，但有时也可形成许多多角体，将细胞核胀得很满，最后细胞膜破裂，多角体释放于细胞外。多角体为十二面体。

卵巢与睾丸细胞传代截至现在为止已有 22 代。传代细胞仍保持其原有的形态并且当接种病毒后表现出典型的病变现象。家蚕细胞传代对我们的实验工作提供了极有利的条件，因武汉地区夏冬两季不能养蚕，利用传代细胞和干燥血清则终年可进行研究工作。

总 结

1. 家蚕（Bombyx mori）的各种组织为卵巢、睾丸、肌肉、气囊、食道以及丝囊块等都可用试管法与悬滴法做成组织培养。

2. 用悬浮细胞或胰蛋白酶处理可将家蚕各种组织做成单层组织培养。接种脓病病毒于单层组织培养上可引起细胞病变现象，并且在细胞核内形成多角体。

3. 用试管法可保存单层组织培养 7～10 天，但培养后每隔 3～4 天需换营养液一次。

4. 利用干燥"武汉株"卵巢表皮细胞与睾丸表皮细胞至今已传代 22 次。

参 考 文 献

[1] 刘年翠，谢天恩，高尚荫（1958）科学通报，1958，7：219-220

[2] Smith, K. M. and Xeros, N. (1953) 6th. Internatl. Congr. Microbiol, Symposium, Rome：81-96

[3] Trager, W (1935) Jour, Exp med. 61：501-513

[4] Vago, C. and Chastang, S. (1957) Experimentia 15：110-111

"全国病毒生化研究"学术交流讨论会开幕词

高尚荫

首先让我代表武汉大学和武汉病毒研究所向到会的同志们表示热烈的欢迎。这次病毒生化学术会议在国内是第一次（如果包括一般生化会方式是第四次）。在武汉召开我们感到非常高兴。这次会议也是很及时的。在"四人帮"干扰下任何真正意义的科学研究都是无法进行的。在粉碎"四人帮"短短几年后能召开这样的一个全国性学术会议确实是可喜的，同时也可以作为病毒生化研究开始新长征的起步。

病毒研究在国内可以认为是从1949年新中国成立后开始的。我记得在1956年国务院科技十年远景规划时对国内各学科作了评价。病毒学是"基本空白"或"基础薄弱"（当时的评价分四类：基本空白、基础薄弱、略有基础、基础较好）。但30年来病毒学的研究进展较快。虽然离国际水平在质量上和数量上还有相当的差距。要接近、赶上或超过国际先进水平还要加倍努力。通过这次会议可以了解国内病毒生化研究的状况，当然了解现状是为明确今后走向何处。

筹备小组要我在开幕大会上讲话，我同意了。但说实话我心中无数，不知说什么好，作为一个从事病毒研究工作较早的旧式病毒学者，我想对从1935年以来半个世纪的病毒研究工作中给予我们什么启示提出我的看法不是没有意义的。我认为半个世纪的研究工作中启示我们成功的科学研究工作有三个主要因素：材料、技术与人员。

一、研究工作的材料问题

病毒研究是从植物病毒——烟草花叶病毒开始的。初期要解决的问题是病毒是什么？也就是病毒的性质。植物病毒是比较好的材料。因为含量多，易于提纯并能结晶，这也说明为什么病毒的结构首先在烟草花叶病毒获得成功，当时如果用动物病毒就不大可能。可以看出材料在研究工作中的重要性。病毒结晶体的成功为生物学和医学提供了新的概念——结晶的传染性病原体。建立这一点导致其他许多病毒的物理和化学性质的研究。

噬菌体（细菌病毒）作为研究对象不是偶然的。虽然噬菌体是在1915年（Twort）、1917年（d'Herelle）发现的，但真正的研究是在1936年开始的（Delbruck, Uria, Hershey）。1946年我在美国时听到Delbruck的1946年哈维讲座。他说在他了解到噬菌体感染细菌几分钟后就产生几百以上的子代，是研究繁殖、遗传、感染过程的好材料，并且认为在1~2年内就解决了。当然事实并不如此，问题没有解决而提出了许多新问题。通过他们三人主持的所谓"噬菌体组"（phage group）的工作导致分子生物学的建立。1959年Calrns, Stent, Watson的"噬菌体：分子生物学的起源"和1964年Stent的"细菌病毒的分子生物学"叙述了通过噬菌体研究获得了一系列的重要知识，从"一步生长曲线"、溶原性、转导作用、DNA是遗传物质、新的核苷酸的发现（5-羟甲基胞嘧啶 5-hydroxymethyl cytosine）、基因的精微结构，到突变的分子基础以及明确了基因的概念。噬菌体遗传学的贡献不能不说与选择噬菌体有密切的关系。

利用噬菌体对研究细菌所获得的有关蛋白质合成，基因表达的控制等的启示下病毒学者转向动物细胞在体外培养的技术，分析不受整机体的复杂因素的干扰的感染过程。研究动物病毒的一些重要问题，如细胞的转化成癌细胞，去分化（dedifferentiation）激素作用机理等。近年来出现所谓动物病毒作为细胞探针获得许多新的知识，特别是有关细胞转化问题。

25年前我们实验室提出昆虫病毒的研究，当时并未受到学者的重视。由于昆虫病毒的种类多、形态的复杂性和多样性等特点，是研究病毒的形态发生以及利用昆虫进行生物防治的好对象。在25年后的今天很高兴地看到，不论在国际上还是国内对昆虫病毒研究产生了浓厚兴趣，获得了巨大的成果（去年我在美国和今年在日本参加有关昆虫病毒和生物防治的讨论会以及这次会上有关昆虫病毒的论文的数量充分说明了这一点）。这是我讲的第一点，研究工作中材料选择的重要性。

二、研究工作的技术问题

病毒研究的发展可以说是新技术和新方法不断出现和应用的过程。让我们回顾一下从利用火棉胶膜测定病毒的大小（Elford）后的一系列重要发现和应用：电镜的应用（Lcausche 和 Melchers 在德国，Anderson 和 Stanley 在美国）；利用鸡胚培养病毒（Woodruff-goddpasture）、尿囊膜上的病斑（Beverldge 和 burnet）；血球凝集作用（Hirst）；单层细胞培养和空斑技术（Dulbecco）以及近年来的重组DNA（Berg）；DNA序列分析（Sanger）等。

技术方法对研究工作的重要性是很明显的。这里我想提出值得我们注意的一点：一般工作者往往轻视技术工作，认为技术工作是低级的，不如研究工作重要（表现在研究单位不愿当"技术员"，愿意当"研究员"）。其实不然，技术方法不改进或没有新的技术，研究工作是上不去的。

三、研究工作的人员问题

研究工作的人员不是指数量而是指研究工作人员应该是什么样的人。现在列出10位获得诺贝尔奖金的病毒学者（W. M. Stanley、M. A. Delbruck、S. E. Lurle、A. Hershey、J. Lederbuy、D. Baltlmore、H. Temln、J. W. Watson、F. C. Crick 和 R、Dulbecco），分析一下他们的共同特点是什么，首先是年龄，他们在作出贡献时的年龄都比较小，突出的是 Watson，在发现 DNA 双螺旋结构时仅23岁，Stanley 分离、提纯、结晶烟草花叶病毒时才30岁，Lederbuy 进行转导实验时也不过 20 多岁，Baltlmore 和 Temln 发现反转录酶时都在 30 岁左右。去年我在美国参加冷泉港实验室召开的"疱疹病毒"座谈会，他们对我说出席人员的平均年龄在 25～30 岁！其次他们的基础好，这 10 位学者大多数不是学病毒的。Delbruck 是学理论物理的，是丹麦理论物理学家 Bohr 的学生；Lurle 原来是意大利学医的；Stanley 是学有机化学的；Crick 也是学物理的；Temln 是学化学的。目前病毒研究涉及的面较广，因而要有一定广泛基础才能使工作深入。再次也是我认为最重要的是学术思想活跃，敢于创新。墨守陈规在科学研究中不可能有所成就。爱因斯坦说过："提出一个问题往往比解决一个问题更重要。因为解决问题也仅仅是一个数字上和实验上的技能而已。而提出新的问题，新的可能，从新的角度去看旧的问题，却需要有创造性的想像力。"前年全国科学大会上郭沫若同志在"科学的春天"讲话中提到"科学家应像文艺家那样具有想像力"。想像力在科学研究中是非常重要的，要有想像力才能突破一个问题。试举 Watson 发现双螺旋结构为例说明之。最近读 Watson 写的一本书叫"双螺旋"（double helix）。这本书是他自己叙述发现 DNA 双螺旋结构的过程。从似乎没有关系的一些事实如 Pauling 的双螺旋结构、Chargaff 的 AT-GC 规律（分析多种 DNA AT-GC 的比率总是一致的）、DNA 的 X-线衍射图谱（Franklin 的所谓 A 和 B 型）以及模型制造等通过想像力，启发和实践在短短 2～3 年时间内提出 DNA 双螺旋结构，一般认为是生物学中从达尔文进化论后最大的突破。

半个世纪以来成功的病毒研究可和其他生物科学研究一样要具有三个主要因素：材料、技术和人员，这是我个人的看法，可能是错误的，提出来供参考。

引马克思的话来结束我的发言："科学绝不是一种自私自利的享乐，有幸能致力于科学研究的人，首先应该拿出自己的知识为人类服务。"

（1981 年 10 月）

昆虫病毒与生物防治介绍
——"第六届国际无脊椎动物病理学学术讨论会"

高尚荫

1978年9月11~17日,在前捷克斯洛伐克首都布拉格召开了第六届国际无脊椎动物病理学学术讨论会。我国有中国科学院动物研究所蔡秀玉、沙搓云和本人出席。这次会议主要是讨论昆虫病理和生物防治。有人提出,生物防治可分为两种,即大生物防治(Macrobiological control)和致病微生物防治。我参加了有关病毒方面的讨论,从这次讨论会中,可以知道目前国际上的一些研究动态。

无脊椎动物病理学是昆虫病理学的发展。1966年美国加州大学斯坦豪斯(F. A. Steinhaus)教授建议昆虫病理学扩大范围,包括其他无脊椎动物,命名"无脊椎动物病理学",并发起成立国际性"无脊椎动物病理学会"。从1958年到1978年曾用不同的名称开过几次讨论会,但内容基本上相同,都是报道无脊椎动物病理学家在病毒、细菌、真菌和原生动物中的发现。

这次讨论会是以不同的形式同时进行的:(1)专题报告会。邀请专家介绍某一方面或某个问题的现状,使参加者对这个问题有较全面和明确的认识;(2)宣读论文,由工作者报告自己实验工作的结果,提出自己的看法;(3)工作讨论会,有关专家交流自己进行的研究工作,参加的多为同行专业的几个人,可以深入讨论,也可以在自己的实验尚未结束前与同行们讨论,大约半年开一次;(4)海报展讲,是以图表贴于墙头上,工作者一边讲解,一边答问的方式进行的,这种讨论形式特点是机动灵活,各取所需,涉及面广,能够节省时间,参加者对自己感兴趣的课题可以与工作者自由畅谈;(5)一般讨论会，也称"圆桌讨论"会，可以漫谈的方式互相交换意见，每个人仅能参加和自己专业有关的组进行讨论。

我参加了无脊椎动物的病毒组和赘生物组。

专题报告共 10 次，包括论文 71 篇，每次的题目是：（1）微生物防治制剂的安全评价；（2）非昆虫病原的介绍；（3）媒介无脊椎动物的生物防治；（4）无脊椎动物赘生物；（5）微孢子虫的超显微结构；（6）集群（Colonization）的介绍：生物制剂的释放；（7）生物制剂的作用方式——病理生理学；（8）对环境保护的必需条件；（9）无脊椎动物的免疫；（10）生物制剂的标准。各专题报告的人数，3~12 人不等。

论文宣读共 190 篇，包括 11 个题目：（1）微生物防治制剂的安全评价；（2）无脊椎动物病毒的应用；（3）无脊椎动物病毒的生化；（4）无脊椎动物的真菌；（5）媒介无脊椎动物的防治；（6）无脊椎动物的原生动物；（7）病毒的动物流行病学；（8）生物制剂的作用方式；（9）无脊椎动物的细菌；（10）蜜蜂的病；（11）蠕虫学。每个题目的论文从 4 篇到 32 篇不等。

工作讨论会共两次：（1）真菌；（2）微孢子虫。

一般讨论会共两次：（1）生物防治制剂的安全评价；（2）生物制剂的生产和登记的国际现状。

大家知道，昆虫病毒分两大类：一类为封闭的病毒，如多角体病毒；另一类是非封闭的病毒，只有病毒粒子，没有包涵体，如大纹彩虹病毒，这两者都包括 DNA 和 RNA 病毒，人们把多角体病毒和颗粒体病毒放在一起，叫做 Baculo-virus，即杆状病毒。封闭的病毒在宿主外面往往是非常稳定的，有蛋白质外壳，可能存活几年、十年、二十年，在土壤中也能保持很长的时间。非封闭的病毒在自然条件下不太稳定，到现在为止已分离出不少，可鉴定的不多，宿主范围受到一定的限制。有些具有种的特异性，这一点与真菌不同。宿主的特异性可能对田间生物防治的使用有利，但也有一个不利的条件，即病毒必须在生活的细胞中才能复制。要大量培养就有困难，用细胞培养可能解决大量生产问题。但目前作为生物防治，大量生产病毒还没有很好地解决。一般还是用昆虫培养病毒。用细胞培养在经济上不合算，因此，现在国际上大多是用人工饲料养昆虫生产大量病毒。然而，有些昆虫有相互残杀的习性。如棉铃虫就需要一条条分别地饲养，使饲养上发生困难。总的说来，细胞培养仍是好办法。病毒的宿主范围比较窄，其他生物可不受其影响。在用病毒作生物防治时，必须注意到用纯病毒，要求制剂不含有其他有害物质。假若有其他有害物质，必然有其他不良的后果，在微生物防治中有危险性，主要是病原体的交互传播，有关昆虫之间或昆虫与其他动物之间的交叉程度如何，尚不清楚。例如，某些食虫真菌能感染脊椎动物。微孢子虫能感染脊椎动物与节足动物（包括昆虫）的现象比较普遍。某些细菌如铜绿色极毛杆菌（*Pseudomonas aeruginosus*）、粘赛氏杆菌（*Serratia marcescens*）和立克次体对脊椎动物肯定是有交叉感染的。从安全出发，大致不能利用这类细菌。

上面已经讲过，病毒的宿主范围是有限制的。到现在还没有发现脊椎动物被昆虫病毒所感染。但也不能说一切昆虫病毒在任何情况下都是安全的。许多无脊椎动物的病毒如痘类病毒（*Poxuiruses*）、弹状病毒（*Rhabaovirus*）等在形态上有许多地方很类似脊椎动物的病毒。所以在生物防治上必须十分注意。

现在，国际上一般认为任何病毒作为生物防治制剂，必须了解这种病毒对其他动物的致病性，必须注意病毒的纯度。在田间使用前必须证明病毒制剂不含其他有危害的污染的致病体。在国外，生产细菌或病毒作为生物防治的制剂前，必须向国家登记，交上实验数据，批准后才能进行生产。

关于无脊椎动物病毒的应用这个课题，在分组会上共宣读21篇论文，内容大致可分下列几个方面：

（1）利用病毒进行防治病原的一般工作，包括与防治有关的条件研究，例如病毒剂量、虫龄、病毒在植物上保存的时间等，下面举几个具体的例子：①防治加拿大森林的红头松叶蜂（*Neodlprlonlecontel*）的一种杆状病毒的研究比较深入，包括这种病毒对哺乳类或鸟类的影响，能否感染脊椎动物的组织培养，对水体无脊椎动物的影响，生物物理和生物化学的性质研究。这种核型多角体病毒用做生物防治，在生产方面比较经济，用在处理区可保持一年到数年，并能从处理区扩散，已在加拿大广泛地应用，据说效果很好。②苏联利用一种颗粒体病毒感染落叶松毛虫（Dendrolimus sibiricus）的幼虫，效果很好，但必须注意这种昆虫的发育阶段。日本引进苏联的一株质型多角体病毒，对落叶松毛虫（Dendrolimus sibiricus）和欧洲松毛虫（Dendol-imus pini）的效果很好。③黄地老虎（Euxoasegeium）的混合感染试验。即用一种多角体病毒和一种颗粒体病毒混合感染这种昆虫的幼虫。效果非常好，发现死亡率较单独感染的高，还可缩短其潜伏期，并且用电镜在患病幼虫的组织切片中观察到两种病毒在同一组织中存在，也在同一细胞内存在，这种感染很明显产生了协同作用。④用提纯的多角体病毒防治松黄叶蜂（Neodiprion sertifer）的田间试验表明：不加粘附剂或扩散剂进行小规模试验，每公顷用 3×10^{11}，3×10^{9}，3×10^{7} 的不同的 PIBs 剂量，以观察幼虫死亡情况和树叶损坏程度，结果以 3×10^{11}/ha 的剂量效果好，树叶损坏也较少。⑤有一篇论文是报告在植物表面杆状病毒的物理习性，观察病毒在植物表面消失的情况与气候等因子的关系，看病毒存在的时间。⑥在苹果虹蛾（Codling moih）中发现潜伏性颗粒体病毒感染。潜伏性感染广泛地存在于昆虫，这意味着其遗传信息在细胞内未表达出来，病毒核酸与细胞染色体整合在一起，或以其他形式潜伏在昆虫细胞内，昆虫可以照样生长繁殖，如遇特殊的条件如紫外线照射就可能活化起来，正如溶原性细菌一样，噬菌体核酸整合在细菌核酸上，细胞照样生长繁殖，经紫外线照射后，噬菌体可脱离细菌核酸，自己表达出来。昆虫存在有病毒潜伏性的问题，经环境条件的改变，如温度、食物、紫外线照射等，病毒就可表现出来，引起昆虫的病毒病。他们是用血清学方法发现潜伏性病毒感染，不需要活化的技术；用凝胶沉淀法测出潜伏病毒的存在，在实验室内可测出 55%，而在田间可测出 5%~7% 有潜伏性的问题。

在我与几位国外学者讨论中，加拿大的 Faulker 教授认为：潜伏性的问题在昆虫方面还没有得到解决，现在做的工作从昆虫虫体做的实验解决不了根本性的问题，要从分子水平上才能解决。如果说是病毒整合到细胞核酸中去了，但至今还没有人能够证明这一点。至少要有不带菌不带病毒的动物或昆虫做试验，并且要防止从昆虫卵传下去，美国的 Goldbery 氏就在做这类无菌无病毒的饲养。Max Summers 教授认为病毒潜伏性的问题可用核酸分子杂交来观察，还可以用一种很灵敏的简单方法叫吸附技术（Blotting technique）来测定。

（2）昆虫病毒病的调查和新病毒的发现。法国 Plus 和 Veyrunes 氏在新加坡的果蝇中的两个亚群（*Ananassae* 与 *Montium*）中分离到一种 RS 病毒。形如柠檬，大小为 52 nm×32 nm，这种 RS 病毒与 G 病毒混合存于黄猩猩果蝇（*Drosophila melanogaster*）中，都是致病性和传染性的病毒，RS 病毒为 RNA 病毒，RS 病毒粒子有两个衣壳多肽，其分子量分别为 45 000 U 和 19 500 U。从电镜观察，RS 病毒的形态与蜜蜂的 GBP 病毒很相似，但两者不存在血清学关系，RS 病毒不能感染蜜蜂，GBP 病毒也不能感染果蝇，但两者病毒的形态、大小都相似，并且都是 RNA 病毒，因此认为 RS 病毒与 GBP 病毒为同组病毒。

（3）昆虫病毒的感染过程和昆虫病理学的研究。例如，①"棉铃虫中肠细胞被一种杆状病毒感染时的早期状况"。即从棉铃虫（*Heliothiszca*）核型多角体感染棉铃虫幼虫的中肠细胞的超显微结构中观察到过去从未发现的病毒进入细胞后脱壳的新现象，即病毒脱壳（uncoa-ting）在核内，而不像其他昆虫杆状病毒（*Baculovirus*）脱壳在核孔。这个发现表明了这种基因组脱壳的新机理，也可能在其他昆虫的杆状病毒中发现。②两种杆状病毒在昆虫 *Scotoramma trifolil* 的比较组织病理学的论文中报道，从昆虫 Scotogramma trifolii 幼虫中分离到一种核型多角体病毒和一种颗粒体病毒，将这两种病毒分别感染这种昆虫的幼虫作比较组织病理学研究。发现两种病毒都能感染中肠表层，并在这表层作初步复制，但不是封闭式病毒，即不形成多角体或颗粒体病毒。多角体病毒感染中肠后还感染其他组织如气管质体、脂肪体、上皮层、血细胞及肌肉；而颗粒体病毒则以感染中肠表层细胞为主要部位后，再感染脂肪体，而其他组织极少感染。这两种病毒都能使脂肪体肿大，多角体病毒引起脂肪体肿大主要是由于受感染。这两种病毒都能使脂肪体肿大。多角体病毒能引起脂肪体肿大并常常发生，但在多角体病毒感染后不见有丝分裂现象。赘生物的发生可能与颗粒体病毒感染有关。一种病毒感染脂肪体后阻止另一种病毒的感染。

无脊椎动物病毒的生化方面的工作，宣读论文 20 篇，大致分为两个方面：

（1）一般生化工作：①如"感染有核型多角体病毒（NPV）的昆虫细胞株的氧消耗"，发现感染病毒的与未感染病毒的细胞株对纯 O_2 的消耗水平不同，能应用于生产多角体，培养液中加入 O_2 能生产比加入空气的多角体增加 2 倍。②"两株颗粒体病毒蛋白质组成的比较"的论文中指出，感染一种毛虫的两株颗粒体病毒，它们的囊膜的蛋白质成分和衣壳蛋白质组成不同。虽然它们的蛋白质膜式（pattern）相似，一种仅含有结构蛋白质，另一种除结构蛋白质外，另有一种蛋白质。

（2）生化理论方面的工作：①如"昆虫核型多角体蛋白质的初级结构"。他们用家蚕核型多角体的蛋白质为材料，测出其蛋白质包括一个多肽链。有 244 氨基酸残基。分子量为 28 600 U，也测定了氨基酸残基在多肽链上的分布，蛋白质的多肽链的 C-末端位置决定蛋白质与蛋白质之间的反应，N-末端提供与核酸之间的反应，报告者认为蛋白质部分，除有保护作用外，也可能有某些非结构的功能。②"Autographa californica 核型多角体病毒形成包涵体的遗传制"。报告者分离了温度敏感突变型五个，其中三个在 25℃ 表现正常的表型（phenotype），但在 33℃ 则在蚀斑、形态和大小上都有所改变，1-型在 25℃ 无包涵体，2-型在 25℃ 含有不少于 10 个包涵体/细胞。3-型在非允许温度（33℃）出现颗粒，4-型在 25℃ 只有 1~2 个大的结晶体/细胞，在 33℃ 出现颗粒，现正在检验其遗传控制。③用酶联结免疫吸附技术 ELISA（Enzymelinked-Immunosorent assay），用这个新技术可检查核型多角体病毒和虹彩病毒的特异性。联合国世界卫生组织（WHO）曾派人到上海来开办训练班，传授这个新技术。

在专题讨论中，对微生物防治制剂的安全评价进行了讨论。在题为"以温度稳定型（Thermostable）苏云金杆菌外毒素为基础一种新的生物杀虫剂生产技术的发展"的论文中指出：目前苏云金杆菌（*Bacillus thuringiensis*）及其毒素的几种生物制剂，已在国际上应用于农业。莫斯科全苏兽医卫生研究所发展一种新的生物杀虫剂的技术，包括温度稳定型苏云金杆菌外毒素作为单独的有活性成分。这种制剂不包含苏云金杆菌孢子或温度稳定性晶体内毒素，所用菌种是苏云金杆菌（*Thuringiensis berliner*）变种，用液体酵母菌多糖培养基进行深层培养，可从培养液中提取外毒素，最后获得的杀虫剂为黄色粉末，易溶于水，目前正在苏联推广应用。

"昆虫病毒对脊椎动物的致病性的实验数据的评价"，系用舞毒蛾（*Lymantria dispar L.*）、甘兰夜蛾、松叶蜂的核型多角体病毒与美国白蛾的颗粒体病毒对脊椎动物的影响，用不同年龄的小白鼠、家鼠、家兔，通过不同途径、注射腹腔、静脉、皮下、鸡胚尿囊以及鼻腔吸进，在30天内收集数据。每天测定体温，观察病态和死亡症状，并做尸体解剖检查，同时又用地鼠成纤维细胞接种病毒，看有否细胞病变现象。结果表明：没有潜伏性感染，没有其他病理现象，在鸡胚内没有病毒复制。在地鼠成纤维细胞上也没有病变。

在报告中也研究了昆虫病毒对哺乳动物细胞的突变作用，即以地鼠成纤维细胞株接种昆虫多角体病毒，以观察非致病昆虫病毒能否引起哺乳动物细胞遗传结构的变化，72小时内观察，结果没有细胞病变，不增殖、也没有染色改变。

对环境保护、森林保护中的晶体微生物与环境污染问题也有论文。例如苏云金杆菌特别对落叶松毛虫 *Dendroilimus sibiricus* 的感染，已广泛应用于森林保护，用1千克杀虫制剂（Insectin）于30立升水中稀释。可达到90%~98%的昆虫死亡率。苏云金杆菌适用于森林环境，在森林中维持时间较长，并成为感染源。可使新的宿主昆虫被感染。喷射了细菌并不影响森林中正常的微生物群和生物群的平衡，对环境无害。

还讨论了生物制品的标准问题。例如对甘蓝夜蛾（*Mamestira*

brassicae)多角体病毒的质量评价。用多角体病毒作田间防治效果，判别好坏。定出质量等级，鉴定病毒，测其活性和稳定性。对活性检查，用一种生物测定方法，把多角体加进半合成饲料中添食20天（从二龄幼虫算起），记录死亡情况。对稳定性检查，用有机溶剂、去污剂（dot-ergent）、不同pH值的缓冲液对多角体病毒进行测定。对多角体病毒的鉴定，包括从形态、生化和血清学数据以及宿主范围对病毒作出鉴定。

现在，再谈谈昆虫的肿瘤问题，不仅动物和人类产生肿瘤，就是植物和昆虫也有肿瘤问题，肿瘤是由于细胞增殖失去正常控制而来，我们在考虑能不能用昆虫做模型，用来作研究对象是一个十分重要的问题。无脊椎动物赘生物（neoplasm）近年来受到相当的重视，这可能与高等动物（哺乳类）赘生物研究的进展有关。会上就有12篇论文，其中有的很受启发，例如"病毒诱发昆虫的增殖失常"，意即由于病毒感染，细胞增殖失常，作者提出了是否由于病毒指挥的问题，可能是病毒基因组整合到细胞基因组，如同哺乳动物和细菌一样，或者细胞增殖是宿主的一种退化反应（degenerative response），补充那些由于病毒感染而破坏的细胞，从这方面的工作着手，进一步深入到分子生物学研究，可以了解癌的作用，以及控制调节细胞分裂的机理。值得注意的是，昆虫由于病毒感染而诱发的增殖失常，使我们联想到某些在表面上观察的无关现象而实际可能是有关的。

这次会议专题讨论和宣读的论文共有216篇。研究对象包括病毒、细菌、真菌、原生动物和蠕虫。内容有病原调查、病原性质、病变发生、致病过程和生物防治在各方面有关的条件。还有少数有关分子生物学的论文。这次会议的论文的质量不能说很高，为什么呢？因为：①昆虫生物防治队伍小。涉及面窄，防治效果有待进一步探索。②昆虫病毒研究的广度和深度远不及植物病毒、动物病毒和细菌病毒。今后昆虫病毒的研究要大发展，因为在整个动物中80%为无脊椎动物，而在无脊椎动物中70%~75%为昆虫，从数量上讲是十分可观的。

从这次会议上得到的印象，无脊椎动物病理学的发展趋势可能有下列几方面：①进一步研究和利用病原的防治，扩大范围和有效防治的有关条件，联系到环境保护的安全研究，以及从经济上考虑生物制剂的生产；②病理学研究的重点放在致病过程和机理，不仅限于细胞水平，还必须深入到分子水平（分子病理学）；③病原本身的研究，特别要加强对昆虫病毒的基础研究，包括生物物理和生物化学等方面。

（1978年）

Virus Envelope Acquisition of Nuclear Polyhedrosis Virus in vitro

Gao Shang-yin, *Ph. D.*
Wuhan Institute of Virology, *Academia Sinice*, *and*
Wuhan University, *Wuhan Hubei*, *People's Republic of China*

Received September 15,1980

There have been several reports concerned with the replieation and morphogenesis of insect baculoviruses during the past decade (1-7). While there is general agreement as to the assembly of the virus on the basis of electron microscopic studies, there are still questions regarding the details of the replicative mechanisms, such as the acquisition of the virus envelope. Three possible ways have been proposed to describe envelope formation of nuclear polyhedrosis virus: (ⅰ) acquisition of budding through the nuclear membrane; (ⅱ) acquisition of budding through the plasma membrane, and (ⅲ) derao formation within the nucleus.

This paper briefly describes the observations made on the acquisition of a virus envelope by the cotton 40 bollworm virus (*Heliothis armigera*), a nuclear poly-hedrosis virus, in primary hemocyte cultures. Swirling hair-like clusters, hitherto unreported, were observed in association with virogenic stroma and nucleocapsids in the nuclei of infected cells. It is postulated that the formation of the hair-like structure may be involved in the process of envelopment of the virus.

MATERIALS AND METHODS

Cell Culture

Fifth to sixth instar larvae of Heliothis armigera fed on an atrificial diet were used for experiments. They were starved for experiments. They were starved for 24 hours, imersed in 70 percent theanol for 30 minutes, and washed with sterile distilled water and Hanks' balanced salt sloution. Hemolymph containing hemocytes was collected from the prolegs, and dropped into sterile bottles containing 1ml of culture medium that consisted of 90 percent Grace's medium and 10 percent calf serum. One-tenth ml of saturated pheythiourea swolution was added to each ml of medium, and the pH was adjusted to 6.4. The cultures were incubated at 28℃.

Virus Stock

Nuclear polyhedrosis virus (NPV) stocks containing 5×10^6 polyhedra/ml were fed to healthy third to fourth instar larvae. Five to six days after infection, the larvae were surface cleaned as described above and their hemolymphs were collected into centrifuge tubes. After 90 minutes' centrifugation at 1 000kg, the pellet containing hemocytes and polyhedra was removed. The supernatant fluid was centrifuged again at 6,000kg for 30 minutes, and the supernatant fluid containing the virus was used for inoculation.

Infection of Cells

Each bottle culture containing a monolayer of hemocytes was inoculated with twotenths ml of a 1: 10 dilution of virus suspension and incubated at 8℃ for adsorption; after 60 minutes, 0.8 ml of medium was added. Culture medium without virus was used for the controls. Five days after inoculation, the cells were dispersed by 0.02 percent versene solution. The cell pellet was fixed in 2 percent glutaraldehyde at pH 7.2 phosphate buffer and postfixed in 1 percent osmic acid in the same buffer. After a series of dehydration and infil-tration, the samples were embedded in dialyzed pathlate. Thin sections were made by a LKB-8800 ultratome with glass knives and stained with uranyl acetate followed by lead citrate. The Specimens were examined under a JEM 100 C electron microscope.

RESULTS AND DISCUSSION

The differences in appearance between normal and virus-infected cells were striking (Fings 1 And 2). The presence of virogenic stroma and nucleocapsids was evident only in the nuclei of the infected cells. These morphologic features were always associated with the "swirling hair-like" material. The latter was observed not only in sections of infected culture cells but also in sections of the fat tissues of the virus infected insects.

After examination of a series of sections prepared from the different infected cells, the following sequence of events associated with the envelopment of the virus was inferred: (i) The individual units of the hair-like clusters became elongated to form filaments which later developed into a double-layered structure; as the number filaments increased, the hair like clusters decreased. (ii) When the hair-like clusters disappeared, the filamentous double-layered structures began to enclose the nucleocapsids; at that time immature as well as mature polyheral bodies appeared. (iii) Gradually, the enveloped nucleocapsids were incorporated into the polyhedra which lacked the polyhedral membranes. (iv) As the enveloped.

Nuclaocapsids continued to appear, polyhedral membranes began to form. In the nuclei, the number of polyhedral bodies increased while the filamentous double-layered structures gradually decreased. It was noted that the double-layered structure was approximately 25-35 mm in width, which was the thickness of the envelopes that enclosed the nucleocapsid. Thus, it appears possible that the double-layered viral envelope is derived from the swirling hair-like material, going through the filamentous double-layered stage before final envelop.

We observed, after examination of a large number of specimens, that only the enveloped nucleocapsids were incorporated into the polyhedral bodies, while the unenveloped ones were not. Heliothis armigera NPV is of the single embedded virus thpe; that is, within the envelope there is only one single nucleocapsid.

In insect baculoviruses, the presence of virogenic stroma and nucleocapsids. In the nuclli of infected cell is well-documented. According to Harrap. The virogenic stroma is the site of virus replication . In our experiments, a "swirling hair-like" material was repeatedly observed in association with the virogenic stroma and nucleocapsids. This material, hitherto unreported, and possibly derived from the virogenic stroma, appeared to be involved in the envelopment of the cotton bollworm virus. It seems that there are two alternative ways for describing the process of envelopement; that is, that the virogenic stroma forms the hair-like clusters and through morpho-genesis they in turn evolve into the virus envelop. However, Stoltz et al. believed alternatively that the envelopes of NPV may be acquired directly from virogenic stroma. Figure 7 presents an alternative means for acquiring virus envelopes. It is possible that the differences are due to earlier investigators who did not observe the hair-like structures in their studies. It may be argued that even though the "swirling hair-like" material consistently appeared in the infected cells, it played no part in viral envelvment. While this may be so, the hair-like material was observed in infected cells both in virto cell cultures and in vivo fat tissues; it was always associated with virogenic stroma and nucleocapsids. Furthermore, the sequential timing of the appearance and disappearance of the related virus structures strongly suggests that this swirling har-like material is involved in the envelopement of this vius.

ACKNOWLEDGEMENTS

This work was carried out by the team of "biology of viruses" at Wuhan Institute of Virology under the supervision of Dr. Gao and Mr. Sie Tien.

The author greatly appreciated in critical review of the manuscript by Dr. D. L. Knudson of the Department of Epidemiology and Public Health, Yale University School of Medicine. He also thanks Mary Wright and Kari Hastings for the preparation of the manuscript.

REFERENCES

[1] Robertson JS, Harrap KA. Baculovirus morphogenesis: the acquisition of the virus envelope. J. Invertebr Pathol 23: 248-251, 1973

[2] Stoltz DB, Pavan C, Da Cunha AB. Nuclear polyhedrosis virus: a possible example of de novo intranuclear membrane morphogenesis. J Gen Virol 19: 145-150, 1973

[3] Mackinnon EA, Henderson JF, Stoltz DB et al. Mor-phogenesis of nuclear polyhedrosis virus under conditions of prolonged passage in virto. J Ultra-structure Res 49: 419-435, 1974

[4] Asayame T, Inagaki, I, Kawamto F et al. Electron microscopical observations in the maturation process of nucleopolyhedrosis viruses infected in the fat body cell of the oriental tuessock moth, Euproctis subflava and the Japanese giant siliworm, Dictyoplyca Japonica, Ja J Appl Ent zool 18: 287-298, 1974

[5] Knudson DL, Harrap KA. Replication of a nuclear polyhedrosis virus in a continuous cell culture of Spodoptera frugiperda: Microscopy

study of the sequence of events of the virus infection. J Virol 17: 254-268, 1976

[6] Allen GE, Knell, JD. A nuclear polyhedrons virus of Anticarsia gemmatmlis. I. Ultrastructure, replica-tion, and pathogonility. Rla Entomol 60: 233-240, 1977

[7] Adams JR, Goodwin RH, Wilcox TA. Electron micro-scopic investigation on investigation on invasion and replication of insect baculoviruses in vivo and in virtro Biol Cellulairs 38: 261-268, 1977

[8] Harrap KA. The structrue of nuclear polyhedrosis virus. III, Virus assembly, Virology 50: 133-139, 1972

三十年来的中国病毒学研究（摘要）

高尚荫

（中国科学院武汉病毒研究所 武汉大学，武昌）

THIRTY YEARS' VIRUS RESEARCH IN CHINA

Gao Shang-yin

(Wuhan Institute of Virology, Department of Virology, Wuhan University, Wuchang)

前　言

　　新中国成立前，我国只有少数病毒学工作者在个别大学里和研究机构里，从事病毒研究工作，规模很小，工作分散，有些学者留学国外做了些病毒研究，但研究成果不多，新中国的成立开辟了一个崭新的时代，和其他学科一样，病毒学得到了重视和发展。各大学、医学院和兽医学院微生物教学都讲授病毒学课程和内容。中国科学院、中国医学科学院和有关高等院校都相继成立了病毒研究所，武汉大学成立了病毒学系，卫生部也建立了九个生物制品研究所，发展了我国病毒学的研究。

　　新中国成立三十年来，我国病毒学的研究工作发展很快，仅发表论文报告就有1300余篇，尤其近几年来，每年的论文报告就有100多篇，无论在防治农业病毒、人畜疾病以及对生命起源、遗传机制、大分子结构和功能关系等基本理论的研究方面,都取得了较大的成就。有些研究已达国际水平,有些研究填补了我国病毒学领域的空白,病毒学各个研究领域不同程度的发展,为今后进一步开展病毒学研究打下了坚实的基础。

我国出版了许多病毒学专著,其中有裘维番著的《植物病毒学》(1963)、魏景超著的《油菜花叶病》(1959)、浙江省农科院著的《水稻病毒病》(1979)、方中达著的《链霉菌的噬菌体》(1953)、北京前协和医院检验科主编的《病毒实验诊断手册》(1960)、黄祯祥主编的《医学病毒总论》(1965)、中国医学科学院流行病防治研究所编的《常见病毒实验技术》(1976)、高尚荫编著的《电子显微镜下的病毒》(1962)、武汉大学病毒系编写的《病毒学》和《病毒学基本技术》教材(1979)。另外,还有不少有关病毒学的译著,对我国病毒学发展起到了推动作用。

为了便于总结经验,本文分植物病毒、噬菌体、人类病毒、动物病毒和昆虫病毒等五个方面进行综述。

一、植 物 病 毒

从病毒学的发展历史看,一些开创性的工作和基础理论的研究成果最先是在植物病毒领域里取得的。我国对植物病毒的研究亦是较早的。作为杆状病毒代表的烟草花叶病毒(TMV)在植物中占有特殊地位,国内外对 TMV 的研究较多,从研究 TMV 所获得的有规律的知识,又大大推动和丰富了病毒学的发展。

1. 植物病毒病的病情调查

从我国不同地区不同植物上的调查研究和各地纸烟的检查情况来看,TMV 的存在相当普遍。我国栽培的十字花科植物存在有病毒的,在长江流域及西南地区以油菜为代表。在黄河流域和东北地区以大白菜为代表,对病毒病特征、流行规律、病毒本质及防治措施,进行了大量调查和研究,其中最为普遍的病毒类型是 TPMV(芜菁花叶病毒)、CMV（黄瓜花叶病毒）和 TMV。由于这些病毒的寄主极为广泛和交叉，在茄科和葫芦科植物上也能侵染，给防治工作带来了困难。在东北、华北的白菜产区发现了孤丁病，确定其病原物为芜菁花叶病毒的一个株系，而且孤丁1号病毒可与僵叶病毒混合感染大白菜。从吉林的萝卜环斑病毒和新疆2-1号病毒的抗性等方面来看，似乎不应归入 TPMV 中，仍可单独分成萝卜花叶病毒，而且存在复合病感染，西安市及其他地区曾普遍发生番茄条斑病，经鉴定其病源是 TMV 的条斑株系。在内蒙古甜菜栽培区流行甜菜黄化病毒病，在新疆分离出花椰菜叶病毒。马铃薯种薯退化是个复杂的老问题，有病毒原因也有生理原因。有病毒感染学说和高温诱发学说，研究进展不快，由于从退化马铃薯中分离出 X 病毒和 Y 病毒，病毒感染是肯定的。小米红叶病在华北分布较广，其来源与甘蔗花叶病毒和大麦黄矮病毒相似。水稻普遍矮缩病，水稻黄矮病和水稻黑条矮缩病在长江中下游地区为害。小麦矮丛病是北方小麦生产的限制因素之一，大麦黄花叶病是华东地区的一种新的病害。柑橘黄龙病（即所谓衰退病）是南方各省柑橘产区的一种严重病害，但对其病原体问题长期存在着争论。早先是生理和病毒的争论，现在是病毒病与类菌质体（MLO）的争论。玉米矮黄花叶病曾在河南、河北及新疆一带流行为害。枣疯病是我国枣区的黄化病害，桑树矮缩病发生于江浙、华南一带，亦有生理障碍和病毒病两种学说的争论，甜瓜花叶病毒引起黄瓜、西葫芦花叶病毒除为害瓜类作物外，还广泛分布于其他栽培和野生植物上。对西安、南京等地的瓜类花叶病、广东的番木瓜花叶病、新疆的哈蜜瓜病毒病、北京等地的豆类病毒病、陕西的苹果花叶病、河南及闽南沿海的甘薯病毒病、福建的龙眼病毒病、辽宁的花生病毒病以及从青霉素产生菌产黄青霉中发现了病毒，均有记载。

2. 植物病毒的分离鉴定与形态观察

在油菜和其他十字花科蔬菜，地黄退化等病毒病害中都遇到类似 TMV 的病毒。因为，对油菜花叶病毒（YMV）、地黄退化病病毒、毛白杨叶球丛生病病毒及 TMV 国内毒株的分离物进行了比较研究，进一步肯定了它们都是 TMV 的毒株，对 TPMV、YMV 和白菜枯纹病毒的形态大小也进行了比较研究，并指出 YMV6 花叶系与 YMV 隐蔽系的性质相同，建议改称为 YMV。在鉴定十字花科蔬菜病毒病中，指出其毒病是 TPMV、绝大多数是 CMV 与 TPMV 的复合侵染。

对不同地区的番茄病毒病害的分离物进行鉴定，从病毒的高含量、形态和容易形成类晶体等特点看来，与 TMV 相似，从马铃薯病株中分离出一种脉暗病毒，而与 PYV 没有明显的血清学关系。

分离提纯的水稻普遍矮缩病病毒的二十面体结构较清楚，亚基清晰。应用此病毒制备出的高效价抗血清，能够初步测出单苗与单虫是否带毒。从水稻黄矮病病叶的超薄切片中，观察到弹状或短杆状病毒质粒，分布于细胞膜内外之间，还制成了专化性强的水稻黄矮病病毒（RYSV）的抗血清。水稻黑条矮缩病病毒有三种球形或多面体状质粒，由于形态结构和聚集状态上的特征，推测此病是一种复合病征，其病源是一种多质粒病毒体系，三种质粒代表此病毒的不同发育阶段或不同的存在形式。

过去以为大麦黄叶病毒是一种生理病毒，近几年从病叶的超薄切片中，看到黄型的风轮包含体，为确诊此病毒提供了依据，并显示出属于马铃薯病毒 Y 组，玉米矮花叶病的病原体为线状质粒，用此质粒制出的抗血清，与病株汁液能发生特异性反应，在病叶表皮细胞中有风轮状含体。

对柑橘黄龙病的病原体研究取得了进展，证实了在典型的病树中存在一种线状病毒质粒，具有线状病毒典型的空心和亚基螺旋细纹结构，可能是柑橘黄龙病的病原体或病原体之一。可是，用四环素处理病株能抑制发病，又认为黄龙病源是类菌质体（MLO），而且电镜观察发现在病株中含类立克次体，却不一定含有线状病毒。MLO 能单独引起黄龙病，而线状病毒则不能，有待进一步研究。通过电镜观察和细胞切片研究提出枣疯病病源可能是类菌质体和线状病毒的复合感染。桑树黄化型矮缩病认为是线状病毒和类菌质体的协同作用的病源学说较为恰当，而桑树花叶型矮缩病迄今未见类菌质体，被认为是单纯的病毒病害。同样，证实了甘薯丛枝病是由线状病毒与类菌质体的复合感染所致，至于何者为主要作用，尚待研究。

根据黄瓜花叶病毒各分离物在各种瓜类和心叶烟上的症状反应，可以区分为3个毒株。豆类病毒病为线状质粒，曾用重复沉淀法提高了抗大豆花叶病毒血清的效价。对北京赤豆花叶病病毒与其他豆科植物花叶病毒进行了比较鉴定。从我国的产黄青霉中分离了病毒，提取了病毒核酸，并鉴定了核酸的双链性和病毒的保存方法。

3. 植物病毒的理化及生物学性质

20世纪50年代即指出不同寄主植物来源的TMV在形态大小、等电点、沉淀常数、粘滞性、氨基酸分析和血清学反应上，仍保持其原有的特征性质，没有化学组成的改变，不受寄主植物的影响；即使在同一植株的不同部位的TMV，亦无区别。用烟草花叶病毒普通株（TMVC）研究解离及其蛋白亚基的构型变化，证明只有天然或重新天然化的病毒蛋白才有聚合成棒的能力，为进一步了解病害蛋白解离聚合的机制提供了条件。

研究发现YMV的四级结构与TMVC相同。但YMV_{15}蛋白含有组氨酸和甲硫氨酸及其他性质，与TMV的车前株（HR）相似，又不尽相同；YMV_{15}-RNA的核苷酸组成与TMV-RNA的相同，而与HR-RNA有显著区别。说明YMV_{15}是TMV的一个亲缘关系较远的新毒株。过去曾一度将YMV_6归于TpMV一类，但从病毒吸收光谱、电泳移率、等电点、分子量以及不能感染心叶烟来看，YMV_6应是一个新株。

为了明确白菜弧丁病病毒的特性，作了抗血清的诊断研究，并用萝卜花叶病毒抗原制成抗血清。北疆称之为玉米条纹病者，其实是玉米矮花叶病，而获得纯净的线状病毒，用此病毒质粒作抗原，亦制成了高效价的抗血清。在患枣疯病的疯叶内测定氨基酸总量要高出健叶的10倍以上，说明感染病毒后寄主的生理变化很剧烈，而在枣疯病叶内多种游离氨酸的浓度在整个枣树生长季节内持续地增高，是为不同之点。此外，研究了油乳剂对蚜虫传染非持久性植物病毒的抑制作用。

4. 植物病毒的复制与增殖

实验证明，TMV 在寄主中增殖与寄主呼吸代谢的三大基本过程（糖酵解作用、丙酮酸氧化和氧化磷酸化）紧密相连。病毒感染使寄主细胞葡萄糖异化相对地转向戊糖磷酸的途径，为控制病毒增殖提供了方法。同时，比较了感病与健康白菜植株叶内与根内游离氨基酸的差异，以探索病毒侵染与植物器官之间的关系，放线菌素 G 能抑制普通烟叶正常组织中 RNA 的合成，这为 DNA 在 TMV 合成上存在某种关系提供了一个旁证。从感染了 TMV 并用磷标记了的普通烟叶组织中提取了总 RNA，认为所分离得到的双链 RNA 组分即是 TMV-RNA 的复制型。研究了 TMV-RNA 和 YMT-RNA 及其他一些模板在小麦无细胞体系中促进 C-氨基酸掺入的情况及其最适条件，从感染 TMV 普通株的烟叶中提取感染烟叶中的 TMV 外，还有蛋白质 mRNA，并在小麦胚无细胞体系中验证了功能。在建立了小麦胚无细胞蛋白质合成体系的基础上，分析了 TMV-RNA 的翻译产物，并从感染 TMV 的烟叶中分离到分子量与 LMG 相当的 RNA，初步确定了它的外壳蛋白的信使功能。TMV 外壳蛋白是由 158 个氨基酸组成的蛋白质，用液相法合成了其中的 25 肽（TMV$_{85-110}$）。用固相多肽片段缩合法合成了 TMV 蛋白 C 端的四十八肽。

病毒接种于植物原生质体，多数病毒需要多聚鸟氨酸的诱导。在用心叶烟测定病毒的感染性时，检查原生质体的感染率，发现 YMV$_{15}$ 侵染烟叶原生质体的情况与 TMV 有所不同。且不需加多聚鸟氨酸。YMV$_{15}$ 与 TMV 之间的干扰作用在系统感染寄主普通烟叶上很微弱，若同时接种于心叶烟上，则 YMV 竞争侵染点的能力较 TMV 为大。

研究马铃薯在高温条件下对花叶病抵抗力的改变与种薯的退化的关系时，证明在未退化的种薯中已普遍存在着 X 和 Y 两种花叶病。种薯的病毒浓度与下一代植株的症状呈正相关。马铃薯感染病毒后有氮化物含量的变化，因病毒类型、寄主品种及测定部位不同而异。马铃薯 X 病毒（PXV）和 TMV 对于马铃薯 Y 病毒（PYV）侵染酸浆叶有相互干扰作用。近几年我国在内蒙古建立了第一个马铃薯无病毒原种场。原种的感染率低于 0.05%，达到了国际先进标准。又研究出几种快速而简便的诊断方法，已用于原种生产中检查带毒率。

20 世纪 70 年代发现了类病毒，它是比病毒更小的一种侵染性的 RNA 分子，据 1960 年在黑龙江调查，受马铃薯纺锤体块茎类病毒危害的病株率只有百分之几，而现在已大为蔓延。

水稻病毒病的化学治疗研究亦有报道，许多化学物质（如病毒灵、鸟碱、地霉素等）均可作为抗病毒的治疗物质，可奏减轻病情之效，但其疗效需要合适浓度，并与施药时间及施药方式有关，此种治疗剂在大田应用是有希望的。

二、噬 菌 体

植物病毒的研究，虽然在病毒学的发展史上起着领先的作用，但到了深入研究病毒与寄生细胞的相互关系，从分子水平上研究病毒的复制增殖、生物合成、基因表达、质粒装配等时，噬菌体是最方便的材料，所以纷纷转到噬菌体研究领域里来了。通过噬菌体的研究，大大地推动了分子生物学的发展。

1. 噬菌体的基础理论研究

近 30 年来，国内外通过对噬菌体的研究积累了大量的知识，但大量的工作集中于对大肠杆菌的 T_4 系统噬菌体的研究，在各种 DNA 连接酶中，以噬菌体 T_4 的 DNA 连接酶最为多能，它在 DNA 模板上既可连接 DNA 片段，又可连接 RNA 片段。故研究了由 T_4 诱导的 DNA 连接酶的分离与纯化。从同一起始材料［T_4 感染大肠杆菌（*E. coli*）菌株］可同时提纯三种高纯度的酶制品。用 T_4 诱导的 RNA 连接酶的分离与纯化中，进一步介绍了一种同时提取三种酶的方法，酶制品的最终浓度达 500 个标准连接单位。

λ 噬菌体 DNA 具有一些有价值的特点：对于研究其分子结构、基因功能和表达的调控之间的关系很有利，报道了体外建成了有带 λ 噬菌体 DNA 片段的重级质体。用较简便的方法分离纯化了几种质粒

和 λ 噬菌体 DNA 一致。

发现了 ΦX174 的一种小噬菌斑变异株与 ΦX174m 具有显著的遗传性状的差异，两者的 DNA 感染原生质体时各自保持其遗传性状。这为从分子水平上研究 DNA 的结构和功能提供了新的可能性。

用国产电镜和旋转投影设备，通过一步释放或二步释放法，对北京棒状杆菌 Asl.299 的 DNA 噬菌体 A3、大肠杆菌 RNA 噬菌体 C2 和 F2，以及产黄青霉感染的 DNA 病毒 P.C. 颗粒释放的核酸进行了观察，观察到释放的自然分子、变性分子和再生分子的物理特性，为研究病毒核酸特性、核酸复制及异源双股体提供了简便的资料。对噬菌体 A2、A3 和 A133 的核酸进行了分离与分析，所得到者均为 DNA，这三种 DNA 都含有四种通常的碱基，并成功地制备了北京棒状杆菌的原生质体，利用所提取的噬菌体 DNA 对北京棒状杆菌原生质体进行了转染试验，建立了一个转染系统。

为了阐述药物对噬菌体的诱导作用和原噬菌体的本质，应用筛选诱导药物的新方法对近百种药物的诱导作用进行了筛选，发现诱导量达 5% 以上的药物有 15 种。许多具有致癌和抗肿瘤作用的药物，对溶原性细菌的染色体增殖有影响。从噬菌体的概率分布遵循 Poi Poisson 分布规律，并据此设计出单噬菌体增殖研究法。

从土壤中分离的灰色线菌（*Act. griseus*）和红霉素链霉菌（*Str. erythreus*）的噬菌体，利用不同的噬菌体具有不同的吸附速率，获得了形态上一致的纯培养。又从土壤中分离出根瘤菌噬菌体 W1（武大 1 号），用进一步生长曲线实验，测定了噬菌体的吸附时间、温度和比例、潜伏期和裂解量，并对根瘤菌噬菌体纯化方法作了比较研究，试图弄清噬菌体、细菌和豆类植物三者之间的特殊复杂的相互关系。

金黄色葡萄球菌噬菌体的溶原性转换的研究表明，由溶原性金黄色葡萄球菌中分离出的噬菌体，具有类似"决定噬菌体型"的特性以及噬菌体类型发生特异性改变的能力。菌体被相应的噬菌体所溶原化了，对原来噬菌体具有免疫性。噬菌体的这种变异特性在理论上和实用上都有一定的意义。由溶原性 4a 型福氏志贺氏痢疾杆菌菌株 Sho28 用紫外线诱导方法分离得溶原性噬菌体 F28，此种噬菌体具有发生抗原的溶原性转换的能力。溶原性转换机制是随着溶原化的同时，细菌获得新的性状，表达了原来的状。此特性是否带有普遍性，有待进一步研究。用立凡诺尔（一种化学药剂）代替抗血清作了福氏痢疾杆菌噬菌体的一步生长曲线的比较研究，显示将此药剂用于代替抗血清来作噬菌体研究有一定的前途。

2. 噬菌体的分离与提纯

噬菌体的危害是抗菌素工业和微生物农药工业中普遍存在的问题。故研究噬菌体既能充实病毒的理论知识，又有着重要的经济意义。对危害谷氨酸产生菌北京棒状杆菌 Asl.299 的噬菌体进行了分离鉴定。在所分离的噬菌体中有 A2、A3 和 A133 三种血清类型。一步生长曲线试验表明，三株噬菌体的潜伏期都在 1 小时以上，裂解量基本相近，有较严格的专一性，这对于选择适当菌株以防止噬菌体的危害有一定价值。使用谷氨酸发酵噬菌体侵染的检查方法，调查了侵染噬菌体的发酵液中生物大分子的动态变化过程。表明核酸含量与噬菌体侵染程度有明显的正相关，其中 RNA 比 DNA 有更大的灵敏度，建立了生化检查的基本程序。根据在发现异常现象之前出现的 RNA 量，可作为快速检定噬菌体侵染程度的有效指标，对挽救噬菌体污染倒罐有一定指导意义。

在提纯灰色链霉素菌噬菌体的研究中，采用较完整的提纯系统，总收得率达 60.8%，经电泳测定，仅含有单一的成分。从红霉素生产过程中分离得出的噬菌体，其中 P1、P2、P6 的形态基本一致，对四环素生产中的异常发酵液中分离出的噬菌体作了一系列的鉴定工作，为选育抗噬菌体菌株提供了依据。从生产维生素 C 的工序上分离得的噬菌体的噬菌斑形态相似，血清中和反应均为同一血清类型，可区分为四种血清型，并作了一系列生物学特性的研究，为防治噬菌体的污染提供了依据。研究不同来源的苏云金杆菌噬菌体，可归纳为五种类型，形态上有明显区别，同时开展了抗噬菌体的选育和噬菌体在寄主细胞内增殖过程的观察。根据水稻白叶枯病菌噬菌体研究的结果，分离到三种类型噬菌体，一种属单价，两种为多价的。为了应用噬菌体治疫和预防幼畜副伤寒，进行了副伤寒噬菌体的分离与生物学鉴定，找到一种效价高、溶菌范围广、而性能稳定的噬菌体。最近又报道了齿棒状杆菌噬菌体的鉴定及其核酸的分离与测定。在病毒活疫苗（流感、麻疹、痘苗）及小牛血清中检查出噬菌体的污染，被噬菌体污染的疫苗是否对人有影响尚不明了。

3. 噬菌体的应用防治

利用噬菌体对寄主的特异性和敏感性，不仅可以鉴定菌种，而且可以鉴定菌型，追溯传染来源。选用6株噬菌体与711株不同型的痢疾杆菌做平板裂解试验，发现痢疾杆菌可归纳4种噬菌体反应类型，形成一个新的与血清学方法基本平行的噬菌体分型方法。在葡萄球菌感染的流行病学调查中，噬菌体分型方法具有一定的价值。我国早在1939年对125株伤寒菌作了噬菌体分型，奠定了伤寒菌噬菌体分型的基础。国外很少发现D2型伤寒菌，而在我国利用噬菌体分型，各地检出的伤寒菌均以D2型居多。采用紫外线诱导法对912株伤寒杆菌进行处理，获得了新型伤寒Vi噬菌体，已试用于分型，但报道有三个不能被Vi噬菌体分型的伤寒菌体。试用7株噬菌体，可将不同来源的49株致病性大肠杆菌分为13个噬菌体型。

在防治流行病的诊断中，分离病原菌阳性率不高的原因，往往是病原菌被其相对应的噬菌体溶解所致，若制备较高浓度的抗噬菌体血清以中和噬菌体的溶菌作用，可提高病原菌的阳性率，在利用抗鼠疫噬菌体血清中得到证实。也常用诱导噬菌体法和抗噬菌体法作抗肿瘤抗菌素的初筛，并与精原细胞法作了比较研究，发现不如精原细胞法准确。

利用噬菌体对人体无害，也没有杀死别的细菌的作用，我国自新中国成立以来即生产痢疾噬菌体制剂，以预防和治疗细菌痢疾。事实证明，只有选择溶菌力高、裂解面广、裂解速度快的噬菌体，提高噬菌体的溶菌价，因地制宜地生产多价或单价痢疾噬菌体，注意服用方法，才可以达到预期效果。抗菌素治疗疾病往往对机体有副作用，使用噬菌体进行配合治疗，不但可减少副作用，且可减少抗菌素用量。

例如，石黄胺噻唑与伤寒噬菌体对伤寒杆菌有协同制菌作用，痢疾噬菌体在微量抗菌素配合下有抑制再生作用；氯霉素的各种浓度对伤寒菌噬菌体活性和增殖并无影响，为临床上进行噬菌体配合治疗提供了参考依据。

在兽医方面，用两管对比法，可直接用噬菌体作霍乱沙门氏菌病理材料快速诊断。也有用溶菌特性不同的噬菌体对不同的霍乱沙门氏菌进行分型试验。在研究水稻白叶枯病菌传染来源和病害消长规律方面，利用噬菌体可作种子的快速检验，分析灌溉水和稻田中噬菌体的数量，可作为分析病菌传染来源和防治效果的方法之一。

最有效的防治噬菌体污染的措施是根据菌株和噬菌体的遗传变异规律，选育抗噬菌体突变株，使敏感菌株转化为新菌种，我国不少科研单位和生产单位做了大量的工作。

三、人类病毒

对几种噬菌体系统的深入研究，曾推动了整个病毒学向分子水平发展。但是，大部分的急性病是由病毒引起，由于同疾病作斗争的迫切需要，大量的研究工作转到动物和人类病毒方面来了。30年来，我国医用病毒学的研究成果是显著的。分离鉴定了不少新病毒，培育了较好的新毒株，流感病毒的自然变异规律、乙脑病毒的发病机制和感染性核酸等基础理论的研究，都具有独到的见解。脊髓灰质炎、麻疹、乙型脑炎等疫苗研制，都进入了先进的行列。

1. 人类病毒的流行病学与抗原分析

流感病毒的最大特点是其抗原性质的易变性，我国学者在20世纪50年代总结了40余年甲型流感病毒的演变过程，根据流感病毒的变异过程划分为四个时期：即猪型、原甲型（A0）、亚甲型（A1）、亚洲甲型（A2）和甲3型（A3），从北京流感局部暴发中分离出原甲型流感病毒后，在北京、天津、沈阳、南昌、开封、上海、广州等地流感流行区域分离到的病毒，均为亚甲型和一部分乙型，并讨论过亚甲型病毒的演变过程。1957年全世界流感流行时，首先发源于中国的贵州，从长春、北京、张家口、洛阳、贵阳、郑州、乌鲁木齐等地均分离到一种新的甲型流感病毒，定名为亚洲甲型流感病毒，该病毒的抗原性与以往的株型、原甲型、亚甲型完全不同。当时也有乙型病毒的局限性暴发，但所分离的乙型病毒与乙型病毒标准株（Lea株）不尽相同。1957~1962年间，对从各地分离得到的亚洲甲型病毒的抗原分析来探讨其变异性，发现A2型的抗原结构有逐渐推移的现象，对1968年出现的变种是否代表一个新的亚型（A3），并提出亚型划分的四点意见，现在的A3型似乎比A1、A2型变得更快。近年来，又在东北发现了新A1型流感病毒。从近20年来国内研究甲型流感病毒变异的过程，得出几点规律性的认识：即流感病毒抗原性变异的连续性；按其变异的幅度可分为三个阶段；变异性是不定向的；而新旧毒株代替的过程是一个普遍性规律；甲、乙两型病毒变异在现象上有差别，而在本质上无差别。这个见解对于选择疫苗毒种、预测流行方向和识别新变异株，打下了基础。从病毒学上证明1957年的A2型发生了H（血凝素）和N（神经胺酸酶）的大变，A3型已接近其末尾，我国学者预测将会出现A4型是有一定根据的。这可能仅仅发生H抗原大变异，即从目前的H3N2变为H4N2，流行规模不会太大，也可能两种抗原都变异了，成为另一大组的H4N3，就会引起世界性大流行。

在上海确定了丙型病毒在我国的存在。从小白鼠上发现了一种新的病毒，开始称为"小鼠类流病毒"（EMV），后证实属于丁型流感病毒。并发现丁型病毒在我国人群中及豚鼠、猴等中有广泛的自然传播。

我国流行的脑炎病毒的媒介有各种不同种属的蚊类。从北京、南京、大连、上海、福建、广州的自然界尖音库蚊淡色变种、骚扰伊蚊、中华按蚊、三啄库蚊、白纹伊蚊和台湾蠛蠓中，都分离鉴定出乙脑病毒。多数蚊虫能在实验室内人工感染乙脑病毒。从鸡胚和小白鼠中也分离出乙脑病毒，在北京、天津、沈阳、西安、长沙、重庆等地死于脑炎患者脑内，都分离出乙脑病毒和抗原。

以上所述，都是日本乙脑病毒的分离，亦有报道天津市有"非日本乙型脑炎的存在。在待检材料中加入粘液素，可提高乙脑病毒分离的阳性率。"

过去，对我国普通感冒的病原认识不一，现已弄清普通感冒的主要病原是鼻病毒和流感病毒，还出现了一些副流感病毒、腺病毒、肠道病毒等的散发性小流行。我国曾经分离到较难分离的鼻病毒和冠状病毒。国外分离出40株冠状病毒，而我国从北京、昆明两地即已分离出12株，且与国外分离出的代有株（229E）有明显的抗原关系，但又不尽相同。从婴幼儿中毒型肺炎病例中，证明腺病毒是其主要病原体，A2型流感病毒有效地干扰了3型及7型腺病毒的繁殖，而麻疹病毒却可与病毒产生合并感染，通过21省市人群腺病毒抗体的调查研究，所获得的资料是很有意义的，以7型抗体阳性率最高，3型次之，为预防腺病毒提出了重点。从南到北，人群腺病毒抗体水平有逐渐增高的趋势，说明腺病毒引起的婴幼儿肺炎多见于北方。应用直接荧光抗体技术检查婴幼儿病毒性肺炎的腺病毒抗原，为该病提供了一种快速、准确的诊断方法。已分离出合胞病毒，并进行了生物学性状的研究，推测流感病毒和合胞病毒在引起人群感染方面可能存在某种协同作用。

国外在1954年分离出麻疹病毒，我国于1957年即分离出麻疹病毒。流行性腮腺炎在临床上早已发现，但于1958年才分离出腮腺炎病毒，并用不同动物接种腮腺炎病毒，使猴子引起了典型的实验性流腮。我国东北及西北一带林区流行森林脑炎，已分离的嗜神经性病毒与前苏联春夏型脑炎病同属一型。

无菌性脑膜炎是多种病原所引起的、而且有共同临床表现的一种综合征，已从各地的病例中分离出30余型肠道病毒。全国有十几个省市蔓延脊髓灰质炎，已分离出Ⅰ、Ⅱ、Ⅲ型脊髓灰质炎和疑似脊髓灰质炎患者中以及婴幼儿科赛奇病毒患者中分离出的Coxsackie病毒。Coxsackie A6型病毒能引起非化脓性腮腺炎伴有周围组织水肿，为人类病毒性腮腺炎的病原学研究提供了新的方向。同时证实，Coxsackie A2、A8病毒与PolioⅠ型活疫苗病毒能在小儿肠道内共同繁殖。

自从分离出急性结膜炎《红眼病》的新病原后，证明与腺病毒无关，可能属于新型肠道病毒。过去认为沙眼病原是大型的非典型病毒。近 20 余年来我国做了不少工作，首次分离出沙眼病毒。国外采用我国学者的方法也同样分离出沙眼病毒，并对其形态学、生物学以及抗菌素对沙眼病原的作用都进行了研究。据新近资料，沙眼病原属于衣原体，但我国学者对沙眼病原研究的贡献是有价值的。

在新疆特定地理景观和生物群落中调查了出血热，比较了导致传染病的 6 株病毒。认为蜱是本病的媒介。羊可能参与病毒在自然界的循环。

通常是病毒培养成功以后，才有病毒性抗原的应用。而乙型肝炎表面抗原已发现 10 余年，乙肝病毒尚未分离培养成功。对甲型肝炎的研究进展，由于缺乏相应的抗原，甚为缓慢。在 20 世纪 60 年代，有人认为，从肝炎患者血清中分离出的 motol 株病毒与传染性肝炎有一定关系，但从生物学特性和血清学实验，证明 motol 株属于粘液病毒群之一，而没有传染性肝炎的病原意义。曾从肝炎患者大肠中分出用于肾组织培养的 K3 株病毒，但用血清学试验和加温试验证明，K3 株的特性亦不符合肝炎病毒的已知条件。那时，曾用细胞培养对不同来源的传染性肝炎患者的标本进行病毒分离工作，并用了 etrit-B 细胞，企图复核 kightsel 氏的报告，但所得结果均为阳性。关于人类传染型肝炎与狗传染性肝炎病毒有无关系的问题，过去存在着争论，血液学调查结果表明，人类传染性肝炎与狗传染性肝炎病毒无关。

HBsAg 具有几种特异性抗原组分，我国曾对 17 个省市 11 个民族的乙型肝炎抗原亚型分布进行了调查。在新疆、西藏、内蒙古为 Y67（ayw）优势区，广西为 adw 优势区，其他各省市均为 adr 优势区，后在河南发现了罕见的 ayr 亚型，并从流行病学和遗传因素分析了 ayr 亚型的来源，利用免疫酶标记抗体（间接法）对原发性肝癌细胞手术标本，经免疫酶标显色定位，在光学显微镜下检查 HbsAg 全部是阳性反应，并讨论了 HbsAg 阳性细胞分布类型与肝病轻重的联系等现象，说明肝癌与病毒性肝炎之间的关系极为密切。用微量简化补体结合试验方法对甲胎蛋白阳性，临床诊断为原发性肝癌病人的血清标本进行调查，其乙型肝炎抗原的阳性率达72％，而且比肝炎病人的阳性率还高，亦可看出 HbsAg 与原发性肝癌之间的密切关系。

据最近报道，我国提取甲型肝炎病毒成功，用电镜、免疫电镜、血球粘连的方法找到了病毒颗粒和甲型肝炎病毒抗原，并用此抗原做了正常人群血清学流行病学调查，发现不少健康人带有甲型肝炎的抗体，反映了此种疾病存在的广泛性。

2. 人类病毒的生态学与形态学

应用红血球吸附病毒的方法，观察到亚甲型流感病毒具有两种不同的形态。用萤光抗体法检查了兔肾细胞和鸡胚细胞中流感病毒的动态。用电镜方法研究了乙脑病毒在细胞中的形态特点、繁殖动态乃至所引起的细胞超微病理变化，从而探讨了乙脑病毒与细胞间的相互关系，通过多年实践，已总结出一套呼吸道病毒的形态学鉴定方法，对鼻病毒、肠道病毒、正粘液病毒、腺病毒和疱疹病毒等进行了形态分类鉴定，经生物特性试验和电镜观察，急性结膜炎病原 Sec17 病毒可鉴定为微小 RNA 病毒，且与肠道病毒近似。

曾从过冬卵育的白纹伊蚊和天然的狞猎库蚊中分离出乙脑病毒。白纹伊蚊可经卵传递病毒，而狞猎库蚊则兼有成虫带毒越冬及经卵传递病毒到下一代的两种方式，成为乙脑病毒的储存宿主。由人及蚊虫分离的乙脑不同毒株的毒力差异较由猪获得的为大，了解病毒在自然界中的循环方式才有可能提供有效的预防措施。

HBAg 的发现对于乙型肝炎病原的研究是一个重大的突破，对乙型肝炎的诊断提供了简便可行的新途径。我国对 HBAg 进行了分离工作。从一名血友病患者血清中获得了乙型肝炎抗原的抗体（HBAb），HBAg 阳性血清与 HBAb 形成特异的沉淀弧，而正常人血清与 HBAb 无反应。用电镜观察 HBAg 可见到三种主要类型的粒子，而以近似球形颗粒较多，其次是长形粒子和"油炸圈饼"似的大粒子。从肝炎患者血清、多次输血血友病患者血清中检得乙型肝炎抗原及其抗体，均显示乙型肝炎抗原的已知特征。

HBAg 的三种形态颗粒中，其中直径为 42nm 的大颗粒很可能就是病毒颗粒。还试用分部离心法及差速区带离心法作了 HbsAg 的分离和沉降性质的研究，且建立不连续对流免疫电泳法，用于检测 HBAg 有一定的价值。为了简化乙型肝炎诊断的操作，建立了耳全血连续对流免疫电泳法，为乙型肝炎诊断和普查工作提供了有利条件。用免疫粘附血凝法和反向被动血凝法和放射免疫扩散提供了有利条件。用免疫粘附血凝法和反向被动血凝法和放射免疫扩散自显影法检测 HBAg，证明在乙型肝炎流行地区，水源很可能是一种传染源。

3. 人类病毒的理化性质与血清学

将流感病毒 PR8 株培养于鸭胚，并对流感病毒的性质进行了比较研究。证实了 PR8 株能培养于鸭胚尿囊液中，各种物理性状与培养于鸡胚中者差别不大，而化学和血清反应性质则因寄主不同而有差异，而且是区别 Lee 株与 PR8 株的关键性氨基酸，并说明在鸭胚培养中的病毒具有正常鸭胚尿囊液蛋白的特殊抗原，以实验结果支持了流感病毒包括两种抗原结构的论点。用葡聚糖凝胶柱层析成功地建立了一种简易提纯流感病毒的方法，为流感病毒的分子生物学研究，特别是对于生产灭活流感病毒疫苗提供了方便条件。

为了探讨乙脑病毒的生命本质，对乙脑病毒核酸进行了研究。从乙脑病毒（京卫研 1 株）感染的鼠脑组织中提取了有感染性的病毒 RNA，获得具有感染性的病毒 RNA 结晶，所提取的 RNA 制品比较纯净，所得制剂的感染性主要是病毒 RNA 的作用。为了提高乙脑病毒 RNA 的提取量和感染浓度，又研究了影响提取量及其感染浓度的因素。证明收获受染鼠脑的时间与所提取 RNA 的感染浓度有一定的关系；用改进的方法可使病毒 RNA 的 LD50 浓度较旧法提高 2 个对数；据此可制定出一套较适合于该病毒感染性 RNA 的提取和浓度的常规方法，用鼠脑病毒 RNA 经不同途径感染鸡胚，病毒可在鸡胚繁殖，但对鸡胚的感染率不高，表明是 RNA 酶及非特异性物质对病毒 RNA 的灭活作用或其他原因所致。在研究乙脑病毒的繁殖时，指出黄嘌呤氧化酶活性的增加与病毒的繁殖有密切关系。用乙脑病毒及其感染性 RNA 感染小白鼠时，观察到脑组织中 RNA 酶活性有先增加后降低的现象。乙脑病毒 RNA 经皮下注射小白鼠后，虽然在脑内查不到病毒繁殖，血液中查不出明显的中和抗体，但动物对病毒的攻击却有相当的抵抗力，而用少量病毒（完整颗粒）皮下感染，在活存者血液中虽有明显的中和抗体，但动物对病毒的攻击力却不如病毒 RNA，说明病毒 RNA 引起动物保护的原理可能是病毒 RNA 诱发出干扰素的结果。乙脑病毒在等电点范围内几乎全部沉淀，但在提纯乙脑病毒时，单纯利用降低 pH 值的方法以沉淀提纯病毒却较困难，用简便的方法制备了森林脑炎病毒感染性 RNA，其活力高，将此种感染性 RNA 做感染试验，得出此 RNA 不如病毒稳定，在离体材料易被 Rnase 灭活，或与其他碱性蛋白质相结合而失去活性。感染后大多未见有病变，但仔猪肾细胞不论对病毒或其 RNA 都很敏感，新合成的子代病毒感染浓度与原病毒基本相同。

  补体结合试验是确定脑炎病毒的一种有价值的方法。在解放初期由于设备差曾用丙酮与乙醚浸渍法制备具有高度敏感的脑炎抗原。但应用醋酸乙醚抗原和本浸抗原的敏感性较高，丙酮乙醚和醋酮本浸抗原特异性较高。研究改良法做补体结合试验，以检查病人及免疫动物血清，所得阳性率较高。若将全部补体结合试验操作在冰溶中，并延长其结合时间，可提高试验的敏感性。将在室温条件下做补体结合试验进行某些改进，更适用于作森林脑炎的血清学诊断。森林脑炎用浓缩提纯的鼻病毒抗原进行鼻病毒补体结合试验，亦获成功。

  用血凝抑制试验可作为早期脑炎的血清学诊断。研究乙脑病毒的血凝性质，必须在一定条件下才能发生血凝作用，做乙脑病毒血凝和血凝抑制试验时，用成鸡红血球可代替雏鸡或成鸡血球，而且能凝集绵羊血球，对乙脑病毒在鸡胚细胞培养中产生血凝素的条件及血凝抑制物对血凝素产生的影响，亦作了研究。

  用乙脑病毒、圣路易型脑炎病毒和西方马脑脊髓炎病毒分别与动物血清做中和试验，进行了病毒性脑炎不显性感染调查。曾用中和试验和补体结合试验，在全国 32 个城市对健康人进行了隐性感染的调查，在常用的三种检查乙脑抗体的方法中，中和试验的敏感性和特异性最高，间接血凝法具有与中和试验相同的敏感性和特异性，是一种快速、敏感、简便的血清学方法。在做血清补体结合试验中,发现少数人畜血清对圣路易脑炎与西方马脑髓炎抗原有阳性反应,说明我国亦有西方马脑脊髓炎或相近似的病毒存在。

检查麻疹抗体的血凝抑制试验管法、塑料板法与组织培养中和试验,均具有同样的敏感性,并探讨了影响麻疹病毒血凝浓度的某些因素;还试验出不经过浓缩而获得浓度较高的血凝素,为大量应用血凝抑制试验提供了有利条件。用血凝抑制试验鉴定肠道 ECHO 病毒的型别,既简化了操作规程,又节省了免疫血清。肠道病毒的许多型别没有血凝能力。研究使缺乏血凝能力的毒株变为有血凝能力的毒株,有着一定的理论和实用价值。

为了寻找理想的腮腺炎动物免疫血清的制造方法,以不同免疫方法在不同类动物上进行了比较,发现豚鼠免疫血清比鸡免疫血清效价高。从抗森林脑炎病毒小白鼠腹水抗体的免疫学化学的比较研究,证明水中抗体效价很高,可代替血清,作为检定用抗体。

随着乙型肝炎抗原检测在临床和普查中推广应用和研究工作的需要,需用免疫动物制备抗体,以腮淋巴结为基础免疫途径,成功地制备出乙型肝炎抗原的抗血清。后选用颌下淋巴结进行基础免疫,制成乙型肝炎抗原的抗血清。

检测 HbsAg 的方法较多,但有的方法灵敏度较低或需要特殊的仪器设备,因此对几种检测 HbsAg 方法进行了比较研究,结果用放射免疫自显影法、红血球免疫粘连法和反向血凝法的敏感性最高,比对流电泳的敏感度提高 100~200 倍左右。后将此法改进,测定高滴度的 HbsAg 阳性血清比用对流电泳法灵敏度提高 500 倍左右。

探讨乙型肝炎病毒的本质,生产 HbsAg 诊断血清等,都需要纯化的 HbsAg,但很难得到纯品。因此,建立了包括胃蛋白酶消化,DEAE-纤维素离子交换层析,亲和层析和凝胶过滤等四个工序的综合分离提纯方法,制得了高纯度的 HbsAg,此法不需要特殊条件,具有较大的使用价值和经济意义,并用此综合方法制得的 HbsAg,免疫豚鼠和马匹,可获得高效价的单项特异抗-HBs 血清。放射免疫及反向被动血凝等高敏感检测 HbsAg 的方法需要有纯的抗疫化学分析,应用 DEAE-纤维素离子交换层析和亲和层析制出了抗-HBs，已应用于反向被动血凝和放射免疫自显影，效果良好，并证明马抗-HBs 的性质主要为 IgGao，对乙型肝炎的被动免疫有肯定的效果，但人的抗-HBs 血清的来源较为困难，迫切需要安全有效的高效价动物抗-HBs 抗体供临床用。因此，在用纯 HbsAg 免疫马匹获得了高效价的单特异抗-HBs 血清，经 DEAE-纤维素离子交换层析提纯其中的 IgGao 的基础上，再用胃蛋白酶消化，硫酸锌沉淀，制得马抗-HBs 的 F（ab）2 制品，并对消化产物进行了各种分析，结果证明所制备的抗-HBs 片段不含有 Fo，但仍保持有抗-HBs 活性，为乙型肝炎的被动免疫提供了可供人体试用的制品。比较了几种检测 HbsAg 的方法，以放射免疫自显影、对流电泳法具有敏感度高，特异性强，检出率高等优点，方法简便，24 小时可出结果，用于大量人群筛选与普查之用，其敏感性比对流电泳高 200～1600 倍，并对免疫放射电泳自显影的原理、方法以及简便性、敏感性、特异性、稳定性作了比较研究，指出 IRA-CEP 法与 IAHA 法和 R-RHA 法的检出率相似。对于控制输血后肝炎的传播、流行病学调查以及临床诊断的实用价值较大。由于免疫粘附血凝试验（IAHA）的敏感性高，常用以检测 HbsAg，但此法的干扰因子较多，经改进后，所检出的阳性例数和阳性血清的滴度，与用原来方法所得者基本一致。

4. 人类病毒的生物学性质

鸡胚培养常用作分离鉴定病毒、制备抗原、生产疫苗和研究病毒性质的一种手段。比较 5 株甲型流感病毒在鸡胚肾和人胚肾细胞上的敏感性，PRS 株在鸡胚肾细胞繁殖的 EID50 比人胚肾稍高。将 2 株乙型流感病毒分别置于不同温度，比较了各组鸡胚尿囊液的血凝效价。将丙型流感病毒于鸡胚尿囊中繁殖传代，打破了过去认为丙型流感病毒对实验动物敏感，在鸡胚尿囊中很难适应的结论。对 I、II、III 型副流感病毒在 10 种细胞培养上的繁殖特性作了比较研究，为试用人胚肾和豚鼠肾细胞以代替来源不易而伴有隐性病毒的猴肾细胞来分离病毒提供了可能性。试验 1 株人胚肾传代细胞（MERN 株）对肠道病毒的敏感性，表明此种细胞对多种肠道病毒均敏感。比较人胚肾和人胚肺细胞在肠道病毒工作中的使用价值，表明大多数血型的肠道病毒能在这两种细胞中传代，并保持原有的血凝特性，还观察了流感病毒（FM1株）在小白鼠肺繁殖的动态。以乙醚处理后流感病毒的崩裂现象，表明了乙醚崩解病毒的过程，似乎像流感病毒在鸡胚中的发育过程的一个倒行逆转。

微量元素铜、镓、铅等及这些元素的盐像氯化铜、硝酸铅等。衡土元素铈、镨、钕以及放射性元素铀，对流感病毒都有不同程度的抑制作用。三乙烯甘醇蒸气对流感病毒的灭活速率快，可用作空气消毒。以6-硫基嘌呤（6-MP）可完全抑制家兔产生流感病毒（PR8株）的免疫抗体。可用来降低动物的防御机能，增强动物对某种病原微生物的感受性，不同浓度的重水（D20）对乙脑病毒繁殖滴度，可用于脊髓灰质炎活疫苗的生产，亦可用作疫苗生产及研究病毒遗传特征的标记。

在感染乙脑病毒的鸡胚组织培养的病毒培养液中发现了一种类似干扰素的物质。研究干扰素产生与灭活程度的关系，表明乙脑病毒增殖曲线与干扰浓度的曲线密切相关，当病毒被灭活后，也失去刺激细胞产生干扰素的能力，干扰素并不参与乙脑灭活疫苗的免疫机制。选择乙脑病毒于小白鼠系统进行了干扰素产生的研究，比较了两株乙脑病毒产生病毒抑制物的情况。从甲型流感病毒（Ws株）干扰素形成机制的初步结果显示，不仅灭活的整体病毒能促使干扰素的形成，就是病毒RNA、非病毒的RNA及外源的DNA，都可在离体的鸡绒毛尿囊膜上引起对病毒的干扰现象。

在制造乙脑免疫血清时，若用粘液素稀释病毒，较之用健康兔血清稀释病毒所得的结果为好。当乙脑病毒小白鼠试验感染时，粘液素有增强乙脑病毒对小白鼠的致死力的作用。研究药物性睡眠对各种实验性感染的影响时，用小量的鲁米那纳盐催眠小白鼠，使小白鼠接近于生理性睡眠，可降低小白鼠的死亡率和延长生存时间。豆鼠对乙脑病毒有高度的感染性，但冬眠豆鼠不仅可阻止乙脑病毒进行显性感染，也有促进觉醒后感染过程的猛烈发展。利用对豆鼠的感染性与否，可区分乙脑病毒与圣路易病毒。

选择几种有机溶剂对乙脑病毒（京卫研1株）感染力的作用研究，为探讨提纯病毒的方法提供了依据。研究乙脑病毒在中枢神经外组织进行繁殖动态，证明病毒能广泛地在中枢神经外组织进行繁殖，还进行了不同温度对乙脑病毒稳定性的研究、乙脑免疫机制中若干问题的研究以及红血细胞对乙脑病毒的吸附和释放过程的研究。

现在认为，从乙型肝炎抗原血症的人血清中发现的Dane氏颗粒就是完整的乙型肝炎病毒。Dane颗粒的表面部分的抗原性特异性是不同的，证实有核心抗原（HBcag）抗体（抗-HBc）系统的存在。核心颗粒在HBV的分子生物学的研究中占有重要的地位。它是HBV在肝细胞内繁殖的重要指标，从尸解肝组织中提取到HBcAg，应用补体结合试验方法测定了不同人群乙型肝炎核心抗体的情况，并初步制备了豚鼠的核心抗体。制备大量的纯化核心颗粒，乃是开展HBV分子生物学的必要前提，因此，我国进行了HBcAg标准品的研制工作，在掌握密度梯度离心法小量制备的基础上，又进行了区带离心的较大量制备，为今后的生产提供了经验，所制得的较纯的HBV核心颗粒，已用于临床和疫苗的安全性鉴定的研究中。间接血球凝集试验（PHA）的敏感度较高，曾广泛用于检验乙型肝炎表面抗体（抗-HBs），亦可用于检测各型肝炎病的抗-HBs。

Dane颗粒中有三种可以明确测出的生物活性，即HBsAg、HBcAg和DNA多聚酶。在检测HbsAg阳性患者血清中，DNA多聚酶活力可作为判断患者体内是否存在有Dane颗粒及其繁殖程度的灵敏标志，我国在乙型肝炎抗原携带者血清中，加入适量的NP40及疏基乙醇，较好地测出了DNA多聚酶的活力。DNA多聚酶伴随于HbsAg，说明HbsAg可能具有合成DNA的模板，从而推断乙型肝炎病毒可能属于DNA病毒。

对最近发现的e抗原（HbsAg）的本质尚未阐明，初步证据提示，HbsAg和病毒体的存在可以说与感染性有密切关系。通过电镜观察DNA多聚酶测定和DNA杂交试验，显示HbsAg与Dane颗粒呈平行关系。我国用改进了的琼脂扩散法和对流电泳法，建立了乙型肝炎

e抗原检测法。同时，在 HbsAg 的放射免疫自显影法的基础上，提纯了人体 HBe 的抗体（抗 HBe）经 ^{125}I 标记后，用琼脂扩散放射免疫自显影法检测 HbsAg，结果线条清晰，检出率高，且 HbeAb 用量大为减少，可用作临床检验。

此外，开展了抗菌素、化学药物抑制牛痘病毒空斑的实验研究，在研究抗肿瘤药物丝裂霉素和纺锤霉素对牛痘病毒、新城鸡瘟病毒等在鸡胚细胞上繁殖的影响时，表明适当的浓度可抑制牛痘病毒的细胞变出时间和病毒繁殖。

5. 人类病毒的遗传变异研究

无论在自然流行中或实验室中，流感病毒的抗原性及其生物学性状极易发生变异，在1957年世界性流感大流行时分离到的新变种（A2）是甲型流感病毒变异的一个新阶段，选择 A2 型的 I 相和 II 相代表株与亚甲型间作了抗原和血凝性状的比较。根据 A2 型流感病毒对特异性抗体的亲和性与非特异性抑制素的敏感性不同，在流感病毒毒株之间存在着相的区别。我国在1957年创立的 I 相和 II 相的名称，不能包括新的内容。进一步研究了相的变异，建议以敏感相（或不敏感相）和亲和相（或不亲和相）来表示某一毒株对抑制素的敏感与否，以及对抗体的亲和程度，确切表达了某一毒株的相别。由于 A2 型流感病毒的敏感相与不敏感相对非特异性抑制素的敏感性不同的特性在一定条件下可以发生相的变异，对敏感相和不敏感相的抗原结构，吸附红血球后游离的能力、血凝范围、乙醚处理的影响等性状进行了比较研究，不同型别的毒株在引起家兔发热的能力上有所不同，继发现 α-抑制素和 β-抑制素后，又发现 r-抑制素。为了寻找雪貂的代用品，发现可利用小猫来研究病毒对人体的毒力变异。

乙脑病毒通过鸡胚肉组织传代后，有明显的毒力变异。研究乙脑病毒在小白鼠传代时的毒力变化，表明病毒通过鼠脑传代，皮下毒力变化的过程可分为三个阶段：潜伏期、显性期和稳定期；通过鼠脑内传代的病毒，皮下毒力下降的潜伏期及幅度与鼠龄有关。以前报道乙脑病毒接种于鸡胚组织培养，未发现细胞病变，后用感染鼠脑的病毒悬液接种鸡胚单层细胞中可见到明显的细胞病变。并从病毒、宿主细胞与培养环境三个方面探讨了影响乙脑病毒致细胞病变的因素，实验表明用简便的鸡胚组织培养法检查活病毒比用小白鼠脑内接种更为敏感。用荧光抗体直接法研究了乙脑病毒在细胞培养中的繁殖动态，用空斑技术作了乙脑病量滴定，并对影响乙脑病毒蚀斑形成的因素进行了探讨。

探索各种组织培养对麻疹病毒的敏感性，表明传代羊膜细胞 FL 株更适合作疫苗，病变出现快而显著，适用于麻疹 L4 株的滴定和中和试验。森林脑炎病毒 Co 株通过乳小白鼠脑腔传代，获得一株变异种，其变异性相当稳定。在森林脑炎病毒的发病与免疫机制研究表明，病毒经过边缘途径侵入机体，首先经过一个中枢神经外繁殖的阶段，然后侵入脑体，进而发病。人和动物的隐性传染即停留在此阶段。

6. 人类病毒的疫苗研制与人群防治

流感病毒减毒疫苗虽然是预防流感的有效措施之一，但由于流感病毒的不断变异，活疫苗毒种往往落后于自然界的病毒抗原变异。实验证明，流感病毒在鸡胚中传代后毒力下降，这是获得减毒疫苗株的可靠方法，对研制活疫苗及研究流感病毒的毒力变异规律有着理论和实际的意义。从亚洲甲型、乙型、丁型流感病毒中筛选出了适合疫苗生产的毒株（沪防 60-1 株，京科 58-26 株等）。

随着自然界流感病毒已有了新的变异，人们不断地进行疫苗毒种的筛选工作。应用鸡胚绒毛尿囊膜小块法测定了 A2 型和乙型病毒的滴度和 A2 型病毒的中和抗体，并从疫苗接种后的病毒分离率及抗体升高率分析，说明接种者原来的免疫水平对活疫苗的生存性和免疫原性有很大的影响。试用低温连续传代选育出噪声防 72-1E28 和汉防 76-9E18 减毒活疫苗生产毒种；利用杂交技术研究温度敏感减毒活疫苗（Ts），开辟了快速选育和疫苗制造的新途径。用地鼠肾细胞制造流感疫苗，为提纯精制流感疫苗提供了新的可能。为了扩大疫苗的抗原谱，达到一次接种同时提高人群对甲、乙型流感病毒的免疫力，增强预防效果，又试制成甲、乙型双流感灭活疫苗。虽然对活疫苗的效果有不同的评价，但多数观察结果证明安全有效，这在全国来说意义很大。

我国研制的乙脑灭活疫苗有两种：一是精制提纯脑疫苗，一是组织培养灭活疫苗。自1950年以来即开始鼠脑疫苗的研究。由于粗制鼠脑脑疫苗中含脑组织成分较多，引起接种后发生变态反应，在精制提纯鼠疫苗方面做了不少工作。所用的精制方法有普遍沉淀离心、冻融后沉淀、鱼精蛋白沉淀等。亦曾制成羊脑疫苗，但效力不如鼠脑疫苗。1951年开始研制不含脑组织的鸡胚组织培养疫苗，鸡胚疫苗经人群使用虽较安全，但效果欠佳，后用地鼠肾组织培养乙脑病毒制成疫苗，使用安全有效，但由于地鼠来源较少，不宜大量生产，故研制了猪肾组织培养疫苗。我国进行过乙脑减毒活疫苗的研究工作，将乙脑病毒 SA14 株通过地鼠肾细胞连续传代，纯化，获得了三个蚀斑系病毒弱毒株，进一步减毒，获得了高度减毒而稳定的 5-3 弱毒株，用 5-3 株制成安全有效的疫苗，为预防乙型脑炎开辟了新的前景。另一毒株经紫外线处理进一步减毒，获得 2-8 弱毒株，同样是我国选出的毒力低而免疫较好的毒株。用无血清生长液代替加血清生长液来培养地鼠肾细胞制成的组织疫苗，效果良好。

曾以麻疹病毒 L4 株试制了多批麻疹减毒活疫苗，试用效果肯定，但有发热反应。在接种活疫苗时，加用胎盘球蛋白肌注，可达到减轻临床发热反应而不抑制抗体反应的目的，但随着胎盘球蛋白剂量的增加，疫苗的治病性却降低。对 L4 株进一步减毒，获得了数株高度减毒的疫苗株。L4 株和我国分离的 M60-5 株在人羊膜细胞、鸡胚羊膜腔和鸡胚细胞传代都有减毒的效果，但在某一系中长期传代不是减毒的惟一因素，倘若更换另一系统传代后，又出现进一步减毒，这就初步解决了疫苗发热反应问题。1960年我国首次采用国内分离的麻疹病毒株，通过鸡胚细胞传代，获得了高度减毒株（S191CEC 系统），并制成减毒活疫苗，经临床使用高热率减至 4.38%，血凝抑制抗体及中和抗体阳转率均达到国内外高度减毒活疫苗的水平。

1960年我国制成了第一批脊髓灰质炎疫苗（用 Sabin 氏减毒

株），试用安全、有效、反应小，可显著降低发病率，控制了季节性流行。同时研究了脊髓灰质炎Ⅰ、Ⅱ型活疫苗在小儿肠道组织内的繁殖动态和口服活疫苗的生产问题。又制成服用方便的脊髓灰质炎Ⅰ、Ⅱ型混合糖丸活疫苗。为了建立我国自己的疫苗毒株，采用快速传代方法减毒，选育出脊髓灰质炎中Ⅲ2和中Ⅲ17变异株，为我国脊髓灰质炎Ⅲ型活疫苗的生产提供了较好的新毒株，并已投入生产。由于猴肾细胞培养物隐藏猴病毒因子，1972～1973年我国建立了人胚肺二倍体细胞株（2BS株和KMB-17株）以替换原代猴肾细胞培养物，并用以制成三个型别的脊髓灰质炎活疫苗，效果良好。

我国应用灭活混合疫苗（鼻病毒、副流感病毒，流感病毒等）进行了普通感冒的预防。由于猪肾组织培养对7型和3型腺病毒都很敏感，用以制成了腺病毒猪肾灭活疫苗。将此猪肾灭活疫苗与百日咳菌苗、精制白喉毒素混合制成三联疫苗，其效果显著高于单纯腺病毒灭活疫苗，为制备多价疫苗提供了依据。

取减毒的Ender株流腮病毒鸡胚尿囊液制成了冻干活疫苗，经人体接种，产生的血清抗体良好，引起的人体反应轻微。森林脑炎灭活疫苗经不同方法和条件所免疫的小白鼠，行脑腔攻击病毒时保护力很低，而以脑外部位攻击时，则保护力极为显著，可能是脑神经组织缺乏免疫反应之故。

黄热病毒善于变异，通过组织培养，可使毒性很高的黄热病毒Asibi株，转变为对人及猴无毒的有免疫功能的17D变异株。用此17D变异株制成多联多价黄热疫苗，受到广大群众的欢迎，用17D黄热疫苗与牛痘疫苗、霍乱菌苗同时接种于家兔，对家兔抗体产生的影响，结果黄热疫苗并不影响牛痘与霍乱抗体的形成，对黄热抗体的产生也无明显的影响。

我国已基本灭绝了狂犬病，但由于狂犬病是一种自然疫源疾病，要为交通不便的地区生产各种狂犬病疫苗进行预防治疗，并对国内外株固定有毒的抗原性和免疫原性进行比较研究，从1954年开始用北京株固定毒生产狂犬兔脑疫苗（Sample疫苗）在全国使用，收到了肯定的防效。在疫苗生产中用兔脑还是羊脑制备的问题上，做了三种固定毒的毒力试验，结果以鼠脑最强，羊兔之间无差别。各地测得的羊脑疫苗的效价比兔脑疫苗的为高。为了获得高价而稳定的疫苗，研制了两种真空冷冻干燥疫苗，冻干病苗引起麻痹症状比液体疫苗为少。上海、武汉、长春等地均试制了抗狂犬病血清。由于脑组织疫苗可能产生严重的变态反应或成残废，近几年来研制了甲醛灭活的地鼠肾细胞减毒死疫苗、人二倍体细胞培养的减毒活疫苗和病毒亚单位疫苗，以期效果好、反应小，现已取得了进展。利用北京株狂犬兔脑固定毒，通过地鼠肾细胞传代，获得一株性能良好的组织培养狂犬疫苗（aGT株），为制造不会造成变态反应原的组织培养狂犬疫苗创造了条件。利用猪全血水解蛋白，来替代人的白蛋白做狂犬组织培养疫苗的保护剂，在乙脑和狂犬疫苗生产中已大量试用。

自新中国成立以来，我国推行义务痘和定期复种的措施，每年使用疫苗接种近亿万人次，基本上消灭了天花。蛋白胨混于甘油中对痘苗病毒有良好的保护作用，其耐热性、稳定性和发痘率显著高于普通甘油痘苗。对牛痘苗病毒变异的研究，将牛痘苗在鸡胚中连续传代，最后获得了BB-41变异株，为创造"无疤痘苗"提供了线索。我国进行的国内外痘苗毒株反应原性的比较试验结果表明，国内生产的毒株天坛株与研究毒株广9株，均与国际公认的强毒株相似，并将痘苗病毒在鸡胚纯毛尿囊膜上挑单疱的以低温传代方法，筛选出纯系弱毒株。

乙型肝炎的免疫治疗虽处于试验阶段，我国亦做了些工作。由于HbsAg不含有DNA和DNA多聚酶，不会引起感染，却可激发产生具有保护作用的抗-HBs，我国已从慢性HbsAg携带者血清中提纯HbsAg制作乙型肝炎疫苗，经初步人体试用，未发现乙型肝炎感染和不良反应，部分接种者已产生了抗-HBs。

7. 中药对人类病毒的抑制作用

为了发掘祖国医学宝库，我国研究了中药对人类病毒的抑制作用，对病毒防治工作起到了指导作用，给祖国医学以科学的论证。例如，分别在试管内用直接接触法、鸡胚体外法和鸡胚半体内法对500

余种中草药（包括单味药、复方合剂）进行了筛选，结果以黄连、泽漆、槟榔、常山、柴胡、桂皮、贯众、桂花、香薷、香茅、半夏、九木香、金银花、褐狼、巴巴草、黄连煎剂、藿香淡剂、黄龙合剂、银翘散合剂、茵陈酒精浸剂、满山香水煎剂、大青叶水煎剂、大蒜油吐温注射液、香藿油烟熏剂，对流感病毒有明显的抑制作用。但必须指出，由于各种中草药所含的有效成分不同，采用不同的筛选方法，往往得到不同的药物效果。中药多半是抑制病毒的繁殖，而不是杀死病毒。中草药抑制病毒的作用是多方面的，有的是药物与病毒直接接触灭活（如贯众等），有的在病毒感染细胞后给药起抑制病毒作用（如葫芦等），有的在感染病毒前给药也有抑毒作用（如猪仔笠等），有的药物只有一种给药方式有抑毒作用，有的则几种给药方式都有抑毒作用，这与中药的有效成分是挥发油还是单宁质有关。联系到病毒感染细胞过程是通过五个步骤来完成的（即病毒吸附、穿入、病毒核酸复制和蛋白质合成、病毒颗粒成熟、病毒颗粒释放），凡是作用于这五个环节中的任何一个环节，对阻止疾病的发展都是有效的。初步看出，感染前给药可能是阻止病毒的吸附与穿入，感染后给药可能是抑制病毒在细胞内繁殖，这为研究药理机制提供了有益的资料。

用一些中药复方及单味药对乙脑病毒感染进行实验治疗，得出用白虎汤治疗组的小白鼠存活率较对照组为高。以筛选出的抑制普通感冒病毒的中草药中，选出金银花、射干、牛旁子、贯众制成抗感冒合剂，获得了疗效。在200余种中草药中，发现桑寄生、淫羊藿、柴胡及两种复方对脊髓灰质炎病毒及其肠道病毒有抑制作用。中国鲍鱼浸液亦有少许治疗小白鼠实验性脊髓灰质炎的作用。用100余种在肝炎防治上常用的中药，筛选黄柏、虎杖、蚕砂、贯众、鱼腥草等10种对乙型肝炎抗原有抑制作用。

四、动物病毒

动物病毒与人类病毒在自然界中的病毒起源和病毒循环中并无鸿沟。我国动物病毒的研究，主要是家禽家畜方面的病毒性传染病。各种疫苗的研制与应用，为控制疫病，发展畜牧业作出了很大的贡献。

1. 动物病毒病的疫情调查

人类甲型流感病毒新亚型，多次在我国和我国附近首先出现，在禽类和哺乳动物中是否亦存在流感病毒，已在湖北禽类中分离出两类具有新的神经氨酸酶表面抗原的甲型流感病毒及新城鸡瘟病毒，还分离出草鱼出血热病毒。

马、骡中乙型脑炎流行的发病率高于人群，是乙脑病毒储存寄主之一。从患流行乙脑炎而致死的马脑组织中分离出乙脑病毒。在牛属动物中，乙脑病毒的隐性感染亦甚普遍。

猪是乙脑病毒繁殖的主要扩大寄主，并由猪属分离出乙脑病毒。在人群流行乙脑前，猪群中已有乙脑病毒的不显性感染和乙脑病毒血症的流行，从而使大量蚊虫受到感染。因此，在蚊虫未完全被控制之前，人工预防接种免疫的猪，对控制人群间乙型脑炎的流行具有重要意义。还从家鸡疫区分离出乙脑病毒，北京鸭对流行乙脑炎的不显性感染率亦高。

当调查疑似马脑脊髓炎的病原时，发现一部分与发生于七八月份的病例和病毒有关，并分离出乙脑病毒，推断此类病例属于乙脑病毒所致的马脑脊髓炎。某些地区还发现一种类似口蹄疫的猪病毒传染病，名为猪疑似口蹄疫。马传染性贫血症是最早发现的病毒性传染病之一，据新的病毒分类，马传贫病毒属于逆转病毒科的一员。在青海发现山羊痘疫情，并分离出山羊痘病毒。绵羊痘疫病在我国也常流行，给皮毛业带来很大的损失。

某些地区尚有口蹄疫的流行，同一地区在短期内，易感动物可能发生几次不同亚型的口蹄疫，给防疫工作造成困难。在东北发现了潴假性狂犬病，在福建发现牛伪狂犬病，在内蒙古发现水貂伪狂犬病，对此进行了流行性病学调查、病毒分离鉴定和疫苗研制等工作。对甘肃的绵羊"口疮"和察北的病毒性马流产病，均作了病原分析和病理学观察。从脾中分离出嗜神经病毒，从小白鼠脱脚病的流行中发现鼠痘病毒和典型的包涵体。鸡新城疫在各地均有散发性流行。鸭瘟、小鹅瘟和猫瘟热均有报告。

对于猪喘气病原体，过去认为可能是病毒所引起的，我国曾做过一些研究，后来证实是猪肺炎支原体，亦分离培养成功。

2. 动物病毒的理化性质与形态学

由于猪传染水疱病的临床表现与猪口蹄疫难于区别，曾认为是家畜口蹄疫弱毒疫苗通过猪体传代演变而来。但实验证明，猪水疱病与口蹄疫之间并无交互免疫性，而能与柯萨奇病毒 B 组 5 型发生交互免疫。从猪水疱病病毒提取的感染性核酸为 RNA。其形态学、血清学和理化特性与肠道病毒一致，将该病毒归于小核糖核酸病毒科肠道病毒属，说明该病毒可能起源于人类肠道病毒。利用放射免疫分析法，作微量抗原抗体检查，初步摸清了猪水疱病的几个毒株之间的抗原性关系。改进免疫电镜方法，观察到该病毒颗粒以及病毒与血清中某些链状物质结合的状态，为鉴别诊断该病毒提供了有效的指标。

牛流行热病毒为 RNA 病毒，其核衣壳的装配在细胞质内进行，成熟病毒粒子呈弹状。该病毒对有机溶剂和胰蛋白酶敏感，能耐受多次的冰冻-融化处理而不降低其感染力。另外测定了该病毒对温度的敏感性，从其理化特性和流行病学资料该病毒与国外报道的牛暂时热病是一致的，而与牛兰舌样等病毒有本质的区别。

研究了几种脊椎动物病毒在细胞内的繁殖（复制）与寄主细胞的超微病变。其中包括 RNA 病毒和 DNA 病毒，证明除猪瘟病毒外，其余几种病毒均能引起寄主细胞的明显的病变，最终导致细胞裂解，并对病毒在寄主细胞内复制的基本特征、病毒复制与寄主细胞内某些新结构的形式进行了探讨。

3. 动物病毒的生物学性质

有意义的是，通过马传贫所生哺乳幼驹的带毒试验，证明对于具有补体结合反应是阳性的母马所生的幼驹，也是补体结合反应阳性，认为当动物的生殖细胞受到逆转病毒感染时，整合到细胞基因组中的前病毒造成病毒的垂直传播，我国许多单位将马传贫的补体结合反应和琼脂扩散试验广泛地用于检疫工作。

在疫区使用相应型的抗口蹄疫疫苗,效果并不一致,系因存在不同亚型之故,因此,研究了口蹄疫的亚型的分型鉴定和组织核糖核酸的研究,不仅具有理论意义,且为制造疫苗提供了科学依据。由于口蹄疫流行于寒冷地区,研究了在低温条件下口蹄疫的有效消毒方法。

对鼠痘病毒进行了主要农田害鼠的感受试验和易感种的毒力测定,又进行了多种动物的细胞培养,引起了明显的细胞病变。应用组织培养做血球吸附及血球吸附抑制试验,可作为早期和快速鉴定鼠痘病毒的方法,并利用鼠痘病毒开展害鼠试验,取得了成功。

报道了新城鸡瘟Ⅱ系、印度系、北京系强毒的血清学、组织培养研究及其免疫血清的电泳观察。用组织培养进行了数十种中药对新城鸡瘟病毒的抑制作用研究,表明三七、黄连、白芷、百部等药均能抑制病毒,延长鸡胚生命。实验证明,小白鼠机体中的艾氏腹水瘤细胞接种新城鸡瘟病毒,能获得较高效价的抑制痘苗病毒的抑制物质。此抑制物与已报道的干扰素相似。更有趣者,用雌鸡接种Ⅰ系新城疫苗做非条件刺激的试验证明,抗原刺激和其他刺激可形成条件反射,通过神经体液途径,促进抗体的释放与形成,但说明条件性抗体的产生是非特异性的。试用间接血凝试验检查新城鸡瘟的微量抗体,所得的免疫血清的间接血凝滴度与血凝抑止价呈现大致的平行关系。

4. 动物病毒的疫苗研制与防疫

为人群使用而制备的乙脑2-3株减毒活疫苗,先对马群进行免疫,可有效地控制马属牲畜的乙脑流行,并为制备乙脑弱毒活疫苗提供了科学依据。根据脑减毒活疫苗具有预防乙型脑炎的效能。减毒攻击后免疫马匹不出现病毒血症,可切断马匹与蚊虫间的自然病毒循环。在猪群中接种乙脑活疫苗,收到良好的免疫效果。

用上北系猪源毒制成的猪水疱病组织培养弱毒活疫苗,安全性不够稳定,后改用秦皇岛系或武肉Ⅰ、Ⅱ系种毒试制,对猪的安全性较稳定,免疫原性较好。为了解决出口猪的免疫问题,又制成灭活疫苗。从康复猪交叉感染试验中,确认猪水疱病毒各毒株间存在有免疫生物学差异，给防治工作带来了困难，因此，进行水疱病病毒的分型工作，就地筛选种毒，制造混合弱毒活疫苗或多价灭活疫苗，有着重要的意义。

新中国成立初期即开展了猪瘟结晶紫疫苗的研究，为了提高疫苗产量，试用猪的淋巴结、脾脏制造疫苗，比血苗产量提高三分之二。淋脾组织疫苗在免疫力和保存时间方面，均优于血源疫苗。自1956年全国扩大使用猪瘟兔化弱毒疫苗以来，在预防猪瘟方面取得了很大成绩。考虑到猪瘟与猪丹毒、猪肺疫有时相继发生或同时存在，制成三联冻干疫苗，还制成猪瘟与猪水疱病的二联疫苗，均安全有效。由于生产猪瘟兔化疫苗需要大量乳兔，不能适应我国日益发展的养猪业的需要，因此进行了兔化弱毒猪肾细胞-病毒连续增殖的研究，为大量生产猪肾疫苗提出了革新措施。

对牛瘟疫苗研究亦较早，先研制了山羊化疫苗、冻干兔化疫苗和冻干鸡胚化疫苗，并用于防疫。后对冻干兔化牛瘟疫苗作了改进，其保存性能比新鲜毒较好，毒价稳定，有优良的免疫力。试验了疫苗对各种不同品种牛的免疫力和免疫期长短问题，也做了兔化牛瘟疫苗的保存试验。兔化牛瘟疫苗的毒种来自中村Ⅲ系的继代毒，从356代起就在北京继代培养，统计了此毒种在继代过程中的毒力变化。预防牦牛牛瘟时，曾用绵羊化兔化牛瘟疫苗免疫牦牛，收到良好的免疫效果。

由于西北寒冷季节，不便使用羊痘氢氧化铝疫苗，故用山羊痘皮下一代水肿组织痘毒，制成蛋白筋胶疫苗，对绵羊痘有良好防效。用此疫苗感染山羊，能引起典型的山羊痘，而免疫绵羊，则对绵羊痘有坚强的抵抗力。改进了羊痘病毒鸡胚培养研究，并用鸡胚细胞培养鸡痘鹌鹑化弱毒，制成冻干疫苗。

用牛源古皮病毒制造口蹄疫结晶紫甘油疫苗和氢氧化铝甲醛疫苗，用牛甚多，遂改用初生乳兔以代替牛古皮繁殖病毒，制成兔化弱毒疫苗。后又制成了A4系兔化弱毒灭能疫苗，A5系直线系弱毒疫苗，仔猪上皮细胞组织培养疫苗和适用于出口猪的灭能疫苗等。鉴于口蹄疫病毒多型多变，各地根据需要发展了O、A两型弱毒疫苗的共同注射，并进行了几种常用冻干赋形剂对口蹄疫兔化弱毒冻干性能的测定。

新中国成立初期研制的新城鸡瘟福尔马林弱毒或减弱活疫苗，对我国本地鸡使用安全有效。用差异离心术浓缩制备鸡新城疫苗和以甘油制备鸡新城弱毒疫苗，效果较好。对几种化学方式沉淀新城鸡瘟病毒进行了比较研究，简化了接种和收获病毒的技术，探索了延长疫苗保存期的方法。新城鸡瘟病毒通过鸽及小白鼠传代，为改进疫苗制备提供了资料。比较点眼法与刺种法接种新城鸡瘟疫苗，同样安全有效。

5．研究活跃的肿瘤病毒

动物肿瘤病毒是当前最活跃的研究领域，已进入到人类肿瘤病毒病因的研究阶段。我国有许多单位开展了这方面的研究工作，已有良好的开端。用肿瘤组织（小鼠淋巴肉瘤）无细胞滤液注射新生动物的方法，发现小鼠淋巴肉瘤的无细胞滤液有诱发肿瘤的作用，而且此引瘤因子有增殖行为，此细胞滤液对于新生小鼠有显著的致死效应，并在小鼠体内形成核内包涵体和细胞病变。由于此无细胞滤液的引瘤因子能在离体条件下生长繁殖（即发生细胞病变），似于 S.E. 多瘤的特性，能在 TCTD50 血凝培养细胞感染 S.E. 多瘤病毒后，研究病毒抗原的出现时间、定位及其在寄主细胞内整个繁殖的过程。人腺病毒引起的地鼠肿瘤与人淋巴肉瘤的超微结构有相似特点。

传染性软疣病毒（人类病毒性肿瘤）的动物感染试验结果，与国外报道相同。利用电镜研究了该病毒的发育过程及其相应的细胞超微病变，根据形态特点描述了病毒发育过程中的三种类型。利用化学处理和阴性反差染色技术，发现该病毒有四种不同的形态，并提出了该病毒的细微结构的立体概念。

鼻咽癌在我国南方发病较高。从人鼻咽癌活检组织的组织培养，建立了类淋巴母细胞株，并用电镜对此细胞株作了病毒颗粒检查，就其结构、大小、形态及成熟过程而言，与疱疹病毒相似，有单纯疱疹病毒的感染离体培养细胞的特征性病变。从我国八省鼻咽癌患者中进行了 EB 病毒壳抗原的免疫球蛋白的 A 抗体的测定，还从树枝状角膜炎标本中分离出疱疹病毒，用环胞苷做了抗单纯疱疹病毒的实验。在疱疹病毒 II 型空斑滴定中，采用甲基纤维素作为覆盖物比用琼脂优越。

已从宫颈癌的普查脱落细胞中分离出六株病毒，并在研究肿瘤病毒病因的过程中，提出了两种病毒相互作用的致癌假说，认为宫颈癌以及其他肿瘤的病因有可能是疱疹病毒和 C 型 RNA 病毒，通过研究缺损基因和辅助病毒，表明也可能是两种病毒 DNA 的重组的相互作用而发生肿瘤。进一步验证这一学说，将对肿瘤形成与转化机制的研究有益。

用组织培养方法建立了人体肿瘤细胞株（EBL-7402），首次使人的肿瘤细胞可以在试管内培养传代。对此细胞株的形态、生理生化、抗原免疫、体外生长行为及染色体分型等作了观察。用 4-二甲基偶氮苯（DAB）诱发大白鼠实验性肝癌，并测定其免疫系统的器官（脾、胸腺与淋巴结）、所含的水溶性总蛋白和糖蛋白含量的变化，表明致癌作用使防御系统的成分改变，从而使免疫功能发生了显著变化。

从人乳腺癌组织病理切片中，观察到三种类似病毒颗粒。我国已分离出马立克氏病毒强毒株，并用火鸡疱疹病毒制成了组织培养疫苗，正在推广使用。逆向转录酶存在于多种肿瘤病毒中，制备供实验用的逆向转录酶，一般采用鸟类成髓细胞增多症病毒（AMV），提出了一种能获得较大量的 AMV 的方法，并测定了纯化的逆向转录酶的一些性质。

五、昆虫病毒

我国昆虫病毒研究的进展，可分为两个阶段，在 20 世纪 50 年代，以研究家蚕病毒居多，到了 20 世纪 70 年代，则普遍开花。截至目前，全国各地已从农、林、桑、茶、果、蔬的昆虫中分离出昆虫病毒 58 种，并广泛地开展了病毒生物防治。

1. 昆虫病毒的资源调查

早在 1955 年即进行了家蚕（*Bombyx mori L.*）胃肠型脓病的调查和研究，观察到质型多角体和游离态的病毒颗粒（CPV），同时，在家蚕血液型脓病分离出了核型多角体病毒（NPV）。国内外对家蚕空头性软化病的病原长期认识不一，1960 年我国首次分离鉴定其病原为非包涵体病毒（FV），且与日本人分离的 FVSⅡ型毒株相似。蓖麻蚕（*Philosamia cynthia ricini D.*）血液型脓病的病原是 NPV。对柞蚕（*Saturnia attacus*）脓病的 NPV 也作了研究。

20 世纪 60 年代发现了粘虫（*Pseudeletia separata W.*）的 NPV。在研究粘虫多角体病毒的形态结构方面，特别提出有"病毒束"的存在，为粘虫病毒多角体的一个结构单位，却不含有发育意义。

1973～1974 年分离出棉铃虫（*Heliothis armigera H.*）NPV。后又发现棉铃虫的 CPV，且与家蚕 CPV 的结构模型相似。对斜纹夜蛾（*Prodenia litura F.*）NPV 的 DNA 和分子量做了测定，其 DNA 为双股旋体。在进一步探讨其形态和精细结构中，发现多角体蛋白质晶格的形状差异，在晶格的周围散见有大量的螺丝帽状的结构，认为是多角体蛋白质晶格的一个"亚单位"。

在危害桑树的桑毛虫（*Euproctis similis F.*）中发现了 NPV。从自然死亡的松毛虫（*Dendrolimus spectabilis B.*）虫体上分离出 CPV。对感染马尾松毛虫（*Dendrolimus punctafus W.*）的病毒作了广泛的调查和电镜观察，发现有 NPV 和 CPV 两类，而以 CPV 较多。

大尺蠖（*Buzura suppressaria beneseripta P.*）NPV 的病毒粒子形态结构较特殊，大多在中段腰折成"V"形。茶毛虫（*Euproctis pseudoconspersa S.*）多角体病毒，有人认为是 CPV 发生在核内的新品系，亦有报道已分离出典型的茶毛虫 NPV。

常年危害蔬菜的小菜蛾（*Plutella Xylostella 1.*）和菜粉蝶（*Pieris rapae L.*）幼虫以及黄地老虎（*Euxoa segefum S.*）体中，都分离出颗粒体病毒（GV），并做了电镜观察、感染实验和安全实验。

此外，我国各地发现的农林害虫的病毒如下：

宿 主 害 虫	病 毒
舞毒蛾（Lymantria dispar L.）	NPV
大袋蛾（Cryptothelea varlogate S.）	NPV
棉小造桥虫（Anomis flara F.）	NPV
彩节天社蛾（Phalera assimills B）	NPV
柳枯叶蛾（Bhima undulosa W.）	NPV
木毒蛾（Lymantria xylina S.）	NPV
折带黄毒蛾（Euprotis flavinata W.）	NPV
木撩尺蠖（Culoula panterinaria）	NPV
葡萄天蛾（Ampelophaga rubiginosa B.）	NPV
杨毒蛾（Leucoma saliois L.）	NPV
黄褐天幕虫（Malacosoma neustria testacea M.）	NPV
尺蠖（Acidalia carticcaria K.）	NPV
小地老虎（Agrotis ypsidon R.）	NPV
甜菜夜蛾（Thosea sinensis W.）	NPV
扁刺蛾（Thosea sinensis W.）	NPV
甘蓝夜蛾（Barathra brassicae L.）	NPV
褐刺蛾（Thosea baibarana）	NPV
粉纹夜蛾（Tricho plusia ni H.）	NPV
茶云尺蠖（Buzura fhibetaria O.）	NPV
杉叶毒蛾（Dasyohira abietis S.）	PV
银尺蠖（Seopula subkumctaria）	PV
茶茸毒蛾（Dasychira glaucinoptera C.）	PV
茶小卷叶蛾（Adoxophyes privatana W.）	GV
红缘灯蛾（Amsacta）	GV
苹绿刺蛾（Parasa Sinica M.）	GV
杨树天社蛾（Melalopha anochoreta F.）	GV

2. 昆虫病毒的感染与病理研究

家蚕血液型脓病的潜伏期问题，过去国内外都用群体饲养来研究，1963年以来改用个体隔离饲育方法，取得了较好的进展。探讨有毒蛾蚕卵的次代蚕对发生脓病的关系，试图通过蚕蛾胶病多角体检查以建立检疫途径。在研究蚕体 NPV 增殖与若干生理条件时，表明 NPV 在蚕体增殖的特征曲线可分为四个时期，但没有"下降期"。从

CPV在蚕体内增殖特征曲线的变化图形来看，却有下降期。通过不同蚕种、在不同发育阶段、不同性别的家蚕对NPV和CPV致死中量测定，能看出家蚕由于生理因素不同，其感染性亦有差异，这对于制订防治措施有参考价值。家蚕NPV经口传染与否同发病有关系。感染病毒的蚕体，与其蚕体含磷化合物代谢亦有关系。研究家蚕脓病病毒DNA的感染性，无论经口腔强迫进食和环节间膜穿刺接种法感染家蚕，均表明离体核酸无感染性。改用分子筛凝胶柱层析的方法纯化病毒，可得到高纯度的病毒颗粒，其生物活力［LD50］较国外报道者高100倍，说明此法温和、简便。所得病毒颗粒完整，为开展病毒研究提供了方便的条件。利用此法纯化CPV抗原，并用对流免疫电泳检测，进行了家蚕CPV的血清学的研究，为早期认断胃肠型脓病提供了一种方法。用均一的CPV制品作CPV及其RNA的研究，在电镜放大时可清晰看到六边形的病毒颗粒及其顶端放射出的突起；以紫外扫描和染色结果，可清楚分辨出CPV-RNA的10个片段。不同品种的家蚕的抗体腔型脓病性能有明显的差异，引起家蚕育种工作者的注意。开展桑园害虫多角体病毒与家蚕互相感染的关系的研究，为夏秋期养蚕的防病消毒提供了科学依据。还进行了水稻普通矮缩病病毒的免疫血清与家蚕CPV颗粒及其双链DNA的免疫交叉反应，以及家蚕CPV体外的RNA的复制。为研究以双链RNA为模板的RNA复制酶的功能及此病毒的复制机制提供了条件。此外，对家蚕空头性软化病与胃肠型脓病的混合感染、几种消毒方法比较、抗菌素防治脓病软化病以及蚕脓病多角体的稳定性，也作了研究。

在蓖麻蚕蛹感染NPV后血淋巴中蕈糖含量变化的研究中，表明蕈糖在蓖麻蚕蛹血中的含量占总糖量的90%，感染病毒后蕈糖在血糖中的比例越来越少，体内总糖量也降低。粘虫核多角体病及其多角体的某些性质较特殊，不同龄期粘虫对NPV的感性有明显差别，即龄期愈长抗病性愈强，利用1~2龄期是最好的防治时期。用NPV对不同龄期的棉铃虫做感性试验，亦发现1龄最敏感，并能与烟青虫进行交叉感染，此点对害虫生物防治有重要意义，同时还作了组织病理学观察。而且感病的棉铃虫能连代发病。在棉铃虫NPV不同分离株活性比较中，发现病毒的不同包埋型（多粒包埋或单粒包埋）其活性有一定的差别（LT50 不同），得出多粒包埋病毒的活性较单粒包埋病毒者为高。对感病的斜纹夜蛾幼虫进行了生物测定，当龄期相同时，其死亡率随多角体浓度和环境温度而变化。进行小菜蛾 GV 与菜粉蝶 GV 的交叉感染与混合感染时，得出小菜蛾 GV 对菜粉蝶幼虫的交叉感染，幼虫死亡率达 88.5% 以上；而以菜粉蝶 GV 对菜粉蝶幼虫的交叉感染，幼虫死亡率达 88.5% 以上；而以菜粉蝶 GV 感染小菜蛾幼虫，则死亡率不高。然而，这两种 GV 的混合感染，可获得比单感染更好的效果。在大尺蠖多角体病毒的内感染试验中，其致死浓度与致死日期成反比。对棉小造桥虫多角体和菜粉蝶幼虫颗粒体进行单感染和交叉感染的病毒涵体蛋白的电泳分析。三种处理各具有不同的区带。

3. 昆虫病毒的人工诱发与组织培养

关于家蚕病毒的人工诱发，我国学者提出了独到的见解。较之过去国外提出的"病毒内生说"和"病毒活化说"更有说服力。1964年采用个体隔离饲育和灭菌饲育的方法，对家蚕脓病软化病是否有隐性感染作了研究，证明蚁蚕、2~3 龄起蚕接种 N 型脓病病毒后，不是蚁蚕感染的病毒潜伏于体内呈隐性感染，而是受冲击后外界病毒感染所致。国外认为外观健康的昆虫体内均有潜伏性病毒，或称为前病毒，但过去的实验方法都是低温或高温冲击后在普通环境中饲养，不能排除饲养环境中微量病毒感染的可能性。我国应用灭菌饲养方法，研究了冲击后微量病毒感染发病的关系，指出诱发脓病的实质，主要是刺激因素引起家蚕生理机能的虚弱和紊乱，提高了蚕体对病毒的感染性，只需极微量病毒感染的情况下，就会造成蚕病暴发（特别是夏秋季家蚕病毒病），这项研究成果对防治病毒病有着积极的指导意义。

在 20 世纪 50 年代，国外报道的家蚕组织培养只在卵巢块培养成功，我国对培养家蚕脓病病毒的组织培养作了研究。证明卵巢、睾丸、肌肉、气管、食道以及丝囊块等都可成功地用作组织培养。在此种单层组织培养上接种脓病毒，可引起典型的细胞病变，在细胞核内形成多角体，并利用干燥"武汉株"卵巢表皮细胞与睾丸表皮细胞传至 22 代，仍保持其原来的形态，且对研究病毒与寄主之间的相互关系，提供了极为有利的实验途径。我国专家进一步指出，用胰蛋白酶溶液消化家蚕蛹的卵巢组织，能顺利地获得大量细胞，用脊椎动物血清配制培养，或不含有血淋巴的培养液均可成功地培养家蚕卵巢细胞，这些结果为配制人工合成培养液，建立细胞株而提供了实验条件。为了探讨病毒的形态发生、致病机制和潜伏性问题，进行了 NPV 在家蚕卵巢单层细胞中复制的超微结构研究，在细胞核中清楚见到病毒增殖的不同形态结构。

4. 昆虫病毒的制剂生产与生物防治

研究防治桑蚕病毒病的途径是多方面的，我们应用免疫学原理对桑蚕 NP 型病、CP 型病和柞蚕脓病，做了不少免疫试验。采用桑蚕 CP 型病毒病的多角体，溶解为游离病毒，再经减毒处理，使其成为不活化病毒。口服此不活化病毒的试验蚕区比单独攻击对照的 CP 发病率可降低 50% ~ 70%，这个苗头预示了一个新的防治途径。在 1972 ~ 1974 年总结出一套疫苗制造方法，但尚未达到实用化阶段。

从棉虫多角体病毒的大田使用结果表明，用每亩含 300 亿多角体病毒悬液 25 公斤防治第二代棉铃虫，虫口下降达 93.3%，而用 1605 + DDT 作对照者，虫口下降率只有 73% ~ 80%，说明 NPV 的防治效果优于化学农药，为防治棉铃虫开辟了新途径。在大田防治中，各地所用多角体病毒的浓度或剂量不同，所得结果亦异。在多角体病毒中加少量化学农药或青虫菌或植物质提取液，其防效均比单用病毒为佳，可臻取长补短之功，故开展了多角体病毒制剂的增效剂、补助剂、诱饵剂和保护剂的研究。一般用计算 PIB 含量的方法来估计病毒的毒力，也有研究用准确而简便的测定病毒毒力的生物测定方法。广泛采用了通过饲养昆虫进行病毒土法生产，使用效果良好，并首次制成了"78-3"号棉铃虫病毒可湿性杀虫剂和小菜蛾、菜青虫的病毒杀虫制剂。拟订了生产工艺流程，更提出了病毒制剂生产工艺机械化的设想。

对斜纹夜蛾、桑毛虫和松毛虫全国各地也开展了大面积病毒生物防治。对松毛虫 CPV 的自然扩散、飞机喷洒大面积防治效果和安全性进行了研究，为林区松毛虫防治开辟了新的前景。安徽利用 NPV 防治扁刺蛾、新疆利用 CV 防治黄地老虎、东北使用 NPV 防治舞毒蛾，防效均好。贵州利用 NPV 防治茶毛虫、湖南利用 NPV 防治大尺蠖，提高了茶叶质量。

国家环境保护法规定：推广综合防治和生物防治。由于利用昆虫病毒治虫有着专一性高、扩散性强、毒效较久、使用安全而方便等优点，能保护自然环境，防除化学农药公害，成为害虫的综合防治中重要的一环，已引起广泛的重视。为了配合推广，还拍摄了"利用昆虫病毒治虫"的科教电影片。

结 束 语

20 世纪 30 年代萌芽、20 世纪 50 年代兴起的分子生物学，进展很快，已成为现代生命科学发展的主流。病毒研究一直处于分子生物学进展的前沿阵地，由于病毒学的研究推动了分子生物学的发展。反过来，分子生物学的成就又指导了病毒学的研究。国外病毒学发展的主流是分子病毒学的研究，并与在分子水平上发展的生物物理、生物化学、遗传学、免疫学等互相渗透，用以阐明病毒的结构、功能和生物合成，其目的是为了从理论上揭示生命的本质，试图作人工合成生命的尝试。病毒分类法已经打破旧传统，主要是以理化性质和形态结构为基础；对几种病毒的蛋白质四级结构和病毒核酸和碱基分析已较详尽，对许多病毒核酸和蛋白质在细胞内合成的部位和成熟过程已有清楚的了解，并能将结构与功能联系分析、在分子水平上研究病毒的变异原理，已开始用于改造病毒；化学治疗药物有赖于在基础理论的指导下进行筛选，了解病毒的生物合成机制将为病毒的化学治疗提供方向。与病毒学有关的边缘学科富有极大的生命力，往往是新进展的突破口。我们要利用分子生物学方法，加强病毒学的基础理论研究，迅速赶上国际水平。

慢病毒感染和缺损病毒研究，从根本上改变了人们对病毒感染的概念。应用慢病毒感染的概念研究人类疾病，已发现许多新苗头。慢病毒感染与机体的某些免疫缺陷有关。将从慢病毒感染中寻找新的抗原或抗体抗原复合物。缺损病毒可用一种相关病毒（辅助病毒）同时感染的方法诱导出来，病毒之所以缺损是由于缺乏某些基因或由于某些基因受到压制不能实现其功能所致。但对持续性感染和缺损性病毒感染的病因和发病机制不甚明了，我国对这方面的研究基本上是空白的。因此，要加强持续性感染和缺损病毒感染的发病机制及其与遗传、免疫关系的研究。

国外的肿瘤病毒以及肿瘤病毒因研究十分活跃，现已进入研究人类肿瘤病毒阶段，从现有资料看来，可以认为病毒和病毒的遗传物质是某些人类肿瘤的主要原因之一。国外大量的工作是从生物化学、细胞遗传学、免疫学的角度出发，集中研究正常细胞如何在病毒的诱发下转化为癌细胞的机制，试图为防治肿瘤寻找有效的新途径。由于逆转录酶的发现和核酸杂交技术的应用，以及分子遗传学的新成就，使肿瘤病毒研究得到了重要进展。人癌病毒的发现已到了可能突破的前夕。预期将有新的重大突破，我们要加强这方面的研究。

近30年来，我国的疫苗研制和疫苗毒株的筛选，成果比较突出。国外疫苗研究的新动向，是用理化方法裂解病毒，制成了流感、麻疹和腺病毒亚单位疫苗。同时，利用诱变法产生温度敏感株制造减毒活疫苗。我国已开始这方面的研究，还要加强研制各种病毒性疾病的高效疫苗或干扰素制剂，以控制主要的传染病。许多病毒作用于细胞，诱发细胞染色体畸变，还要研究病毒诱发的染色体畸变对人类遗传的潜在危害。

目前对噬菌体的结构和功能、遗传与变异及其在细胞内的生物合成过程已有了解，预计今后的噬菌体研究，将向试管内合成病毒成分以及完整病毒粒子的方向发展，我国也要开展这方面的研究。在疫苗生产与抗菌素生产中如何避免噬菌体污染，以及噬菌体对人体可能产生的影响，是一个值得注意的问题。

国际上已将昆虫病毒研究的范围扩大到无脊椎动物病毒研究的范围，因此不能局限于昆虫病毒的研究。利用昆虫病毒防治农林害虫前景广阔。国外已发现 300 余种昆虫可被病毒感染。我国要继续发现生物防治的新资源，改进病毒杀虫制剂，大力开展病毒生物防治。另一方面由于昆虫病毒在形态和感染过程在病毒中占有特殊地位，特别是潜伏性病毒的普遍存在，因此开展有关昆虫病毒的潜伏性研究是非常必要的。我国的昆虫病毒研究略有基础，在国际上也开展较早。今后除了生物防治工作外，还应加强基础理论研究。

虽然，农业植物病毒学是以为农业生产服务为目的的，但不能局限于防治病毒病和选育抗病毒品种，也要研究一些基本理论课题，才能提高防治水平。国外已将所有重要的植物病毒都制成了相应的高效价的抗血清，而我国对这方面的工作还刚开始。要加强血清学的研究，以提高植物检疫和植保测报工作。

新知识、新技术的应用，是促进病毒学蓬勃发展的重要因素，往往可以开拓一个新的领域。病毒的深入研究，是与核酸杂交、免疫电镜、放射免疫、免疫酶标记、薄膜层析、亲和层析、X 光衍射等新技术的发展分不开的。植物病毒的同步培养，原生质体以及无细胞体系的应用，将对植物病毒的动态和生化的研究有很大的促进作用。创造新的敏感培养方法和免疫测定新技术，预计会发现更多的新病毒。我们要继续进行新技术新方法的探讨，拥有先进有效的实验手段，朝着细微、快速、高效、精确而轻便的综合方向发展。

由于类病毒是目前已知的最小致病因子，又是独立于高等有机体的核酸分子，设想病毒不仅存在于已发现的植物中，而且在其他植物、动物及人体上都有可能存在，有些不明病因的疾病可能是类病毒所引起的。类病毒的研究将会发现更多的类病毒。在复制、致病、免疫等方面开辟一些新领域，使对生命世界的认识更加深入。我国尚无这方面的正式报道，仅只在黑龙江作过马铃薯类病毒的调查，亟待填补这项空白。

（1982 年）

试论分子生物学

高尚荫

前　言

　　20世纪自然科学上的一系列重要发现被认为是一种永久性的革命,特别是1900年后科学家们的思想两次产生了关系到人们对自然界认识的变化。第一次变化在物理学,第二次变化在生物学。在这两者之间,我们对于生命科学则更感兴趣,因为"生命之谜"一直是学者们所探索的问题,但是直到现在人们所了解到的大多是物理学的变化历史。

　　物理学变化产生较早,Max Planck 的量子学说和 Albert Einstein 的相对论学说在20世纪初期出现,它接触到原子的内部以及空间和时间的关系,直到1930年导致量子理论的现代化概念的形成。但是,生物学的革命相应地在20世纪30年代后期才出现所谓"分子生物学",在以后的几十年中,直到1970年对生命的本质才有了较为一致的初步概念,它涉及细胞核内核酸的性质(见作者《对生命的了解》一文,武汉大学70周年校庆"生命科学在前进"学术报告会专刊前言,待出版)。

　　回忆1962年我在校内作的一个报告"介绍分子生物学的一些问题"(武汉大学"学术报告选编",1：55,1962),当时有些"生物学家"曾提出异议,因为我说了"今后生物学的发展趋势是分子生物学,谁也阻挡不住。"近年来国内对分子生物学产生了很大的兴趣,出现了不少"分子生物学家"。分子生物学已成为一门时髦的学科，正如法国微生物学家 A. Lwoff 在《前噬菌体和我》一文中写的"前噬菌体是一个特殊的实体，是一个分子，由于我必须分子化，谁又不是如此呢？"（POMB，1966）但是分子生物学究竟是一门什么学科，它的来源、它的内容包括什么，据我了解现在似乎还没有一致的意见。本文试图提出有关分子生物学的看法，向分子生物学工作者们请教。

"分子生物学"名词的提出

"分子生物学"这一名词是谁先提出来的，至今还未定论。一般认为这一名词是英国晶体学家 William T. Astbury 于 1930 年首先提出来的。但是 L. Rauling 查明美国洛氏基金委员会主管生物学的 Warren Weaver 在 1933 年的工作报告中提到以物理学、化学与生物学结合在一起"探索这些学科的边缘领域"。他说"逐渐会出现一门新的学科——分子生物学——它开始揭露生物细胞的最小单位的许多秘密"（Ann. Rev. Rockefeller Foundation，1933，P. 203；Mo 1. Biol. Origin of the Term，Science 170（1970）581-582）。因而，Pauling 认为"分子生物学"这个名词是 Weaver 最先提出来的（EDC，1981），1979 年耶鲁大学 G. E. Hutchinson 在"The kindly fruits of the earth"（Yale Univ. Press，New Haven，CT，1977 P. 239）中提到 1940 年 G. K. Baitsell 是第一个在报告中提到"分子生物学"这个名词的人（"The Cell as a structurel Unit" Amer，Nature 74：5-24 1940），究竟谁是第一个提出"分子生物学"这个名词的呢？Asburg（1952，ACD）说过，虽然他帮助促进提出"分子生物学"这个名词，"但不大可能是我发明的"。事实上分子生物学具有较早的起源。早在 1867 年 Spencer 的"生物学的原理"（Principles of Biology）中曾说过"从各方面推测生物体是由某些极复杂分子组成的，这些分子是我们对生命加以区别的特殊的生理单位"。虽然各种概念和现代对分子生物学的了解并无直接关系，但是 1867～1900 年如 Spencer 所说的已暗示分子生物学的意义。根据上面说的来看，分子生物学这个名词的发明权现在还不能得到可靠的答案。

分子生物学的定义及其研究内容

F. Crick 说过"分子生物学下的定义是对分子生物学家有兴趣的任何东西",这并不是说笑话而是说明"分子生物学"这个名词是不明确的。事实上这个名词包含有两种意义,第一种是具有非常普遍的意义,可作极广义的解释——试图了解在原子和分子水平上的任何生物学问题。你可以说动物习性的分子生物学并不离题太远,某些生物学家正在朝这个方向努力。第二种就是该名词的经典意义,其范围较窄。所谓经典分子生物关系到长链分子——生物大分子——核酸、蛋白质以及它们的合成。生物学上这意味着基因和它们的复制和表达,意味着基因的产物。例如,研究肌肉的收缩所包括的分子结构就是属于分子生物学的第一种意义而不是第二种。研究 DNA 的结构与功能则属于分子生物学的第二种意义而不是第一种。

早在 1954 年 Astbury 在美国纽约的哈维讲座的报告中还给分子生物学下了一个定义:"分子生物学包括……在经典生物学的大量出现下寻找相应的分子基础,特别是涉及生物分子的结构以及它们的演化,在其构成上加以探索并上升到更高的水平,分子生物学主要是研究三维结构,但这并不意味着它只不过是形态学的提炼,它必须同时深入到发生和功能的研究中去。"(IMB,1964)经典分子生物学的特征之一是对所有生物系统最简单的共性问题进行研究,因而选择的对象在相当长时间内集中在原核生物,如细菌、病毒或蓝绿藻。由于它们增殖快以及它们的细胞染色体内的 DNA 一般不与蛋白质结合在一起,这给实验工作提供了很多方便。

经典的研究强调几种思想,最基本的思想是生物信息的传递和表达。尽管生物信息极为庞杂,但它能以极简单的字母语言的形式进行传递和表达。从遗传上来说,信息储存于碱基的序列中,而各种各样的碱基序列又能通过特殊的生化机理翻译成其他语言——蛋白质的氨基酸序列。这种生化机理相当精确,然而它的基本生物学机理在原则上又是比较简单的，在自然界除发现微小的变异之外基本上是相同的。这些机理的单纯性和普遍性是促使分子生物学进展较快的一个主要原因，我们不能否认从 DNA 结构发现后分子生物学的研究是非常成功的，至少在经典的初期阶段是如此。对单细胞来说我们所需了解的东西已有了一个基本概况，这就意味着目前研究工作的一个方面也是一个重要的方面就是巩固、充实和填补生化方面已知微小的各种细节。

Watson 在"基因的分子生物学"一书中宣称："在大肠杆菌我们已了解至少有五分之一甚至三分之一的代谢反应，结论是非常满意的。这预示在今后的 10 年或 20 年内我们将接近搞清楚大肠杆菌细胞的一切代谢反应。因此，就是谨慎的生物学家也可以不再认为细菌细胞是没有希望弄清楚的复杂体。相反，他们不像 19 世纪他们的同行那样，他们现在至少有工具来描述生命的本质特征"（MGB，1978）。

目前研究的第二个方面是对高等生物进行类似于对最简单的原核生物所进行并取得成功的相似水平的研究工作。而当中最大的问题在于基因表达的速率和时间不同，由于真核细胞不同于原核细胞，对它的研究要复杂得多。因此，到目前为止，研究工作仅仅局限于原核细胞。在简单的细胞研究中，我们已获得了一个基本的轮廓概念，即怎样将基因打开或关闭。但是，我们如何将这些基本的经典概念再应用到高等生物的研究工作中去呢？这就是有待于我们努力的第二个方面。

有人提出两种不同的主张，第一，是把我们已有的知识放在详细的物理和化学基础上，因为大部分的工作现在处于开创阶段，所以分子生物学的一部分将成为物理和化学的分支。第二，是将其他生物现象归结到分子水平加以研究，这些现象彼此不同并且对它的了解也是不平衡的。例如，关于肌肉，我们要了解肌肉的化学能是怎样释放的，我们需要知道在这种化学能释放过程中分子间的相互反应。又如我们知道细胞通过它们的膜面对巨大的电化性梯度引入选择性的分子，这种上升的注入是非常重要的。但是我们对这些"引入机理"完全不了解，我们不了解它们的分子结构，也不了解它们是怎样工作的。

当我们开始研究多细胞生物时就面对发育问题：胚胎学、不同种类细胞、组织和器官的分化、创伤的治愈、再生等许多问题，分子生物学家现在正进入这些领域。发育、卵子怎样变成生物体，发育问题最后将包括生物学的一切问题，所有这些都将放在分子水平上加以研究。我们开始把分子生物学放在这个基点上，其他的生物学问题还在等待着人们去解决。

促进分子生物学发展的因素

分子生物学进展有几个原因：先进实验技术的应用起到很大促进作用。放射性示踪物、电镜术、抗体作为分析这些过程的工具等。我们可以把它们加以分类：首先是有关分级分离技术，如层析、电泳和超速离心技术，用这些技术分开极小量的相似物质。第二，化学检测用的技术，如放射性同位素、重或轻同位素等，没有这些标记方法几乎什么事也不行。但我们不能过分强调某一种技术方法的作用，这些技术往往结合使用。第三，测定生物大分子三维结构的技术。如电镜，虽然它并不是在原子水平下进行观测所选择的最佳工具，但是在原子水平上它仍不失为有用的工具，如许多有关病毒结构的研究工作或表明在DNA的复制分岔式样的观察和分析工作中都将使用电镜。当然在原子水平上X光结晶学对测定大分子的三维结构是一种非常有效的方法。特别是现在多采用高度自动化测定和电子计算机分析数据相结合的方法。技术的应用不是固定不变而是不断发展的，某些仪器非常昂贵，虽然价格远远不能和电子望远镜、粒子加速器或空间研究所需要的仪器相比，但问题是分子生物学进入新的领域如发育和分化或神经生物学，目前的技术是否适当？显然需要新的技术、新的仪器，同时也需要新的实验生物和新的途径探索生物的特性。这些方面还没有解决好，尝试了许多生物，如利用蝌蚪、小鼠、蠕虫、酵母菌和真菌，再次利用果蝇，人细胞以及小鼠细胞和人细胞的融合在玻璃瓶中增殖等。

分子生物学迅速发展的另一原因是在某阶段出现一套比较简单的假说,一个比较明确的理论纲要。这纲要能指导实验并在某种程度上能预计将发现什么。这些纲要大部分是在 20 世纪 50 年代提出的。所以发生这种情况是取决于 DNA 分子的功能有一定的限制,这就有助于理论的形成,因为提出一种学说,最容易的途径是给予某种限制,即要有一定的先决条件,因而 DNA 的结构就很自然地引出一些理论性见解,遗传密码的一般性质,DNA 译录的机理,由中间的信使 RNA 到蛋白质,基因表达的调节和控制以及一旦制成的酶和其他蛋白质的性质和功能。

分子生物的来源与兴起

关于分子生物学的起源存在有两个学派,一派是结构的和三维的,也就是英国传统的结晶学者(Brayg, Perucz, Kendrew 等)加上美国的 L. Pauling;另一派是遗传学的和一维的,大部分是美国的噬菌体组(Delbruck, Luria, Hershey 等)。DNA 结构把两派融合了。此外分子生物学的法国学派(Monod, Jacob, Lwoff 等),特点是利用微生物进行的遗传工作作为工具探索各种不同的问题。在基因信息的表达概念方面前进了一步,发现基因——决定事物的相互反应和调节。1952 年末期他们发表了一系列的论文,形成了有关细胞的控制机理的主要思想。

分子生物学能不能认为是试图了解生命系统在分子水平上有关结构的变化和功能?不能,因为这并不是新的观点。早在分子生物学出现前,在 19 世纪早期已有生物学家坚信生命是可以降低到物理和化学水平。1912 年 J. Loed 发表的《生命的机械概念》,("The Mechanistic Conception of Life", D. Fleming ed., the Belknap Press of Harvard University, 1944, p. 5)提到"最后,生命即所有生命现象的总和,能以物理—化学来解释",所以上述观点不是新的(HBC, 1979)。

分子生物学的兴起是 20 世纪最重要的科学成就之一,也可以说是生物学的革命。正因为这样它引起了学者们的注意并根据各种立场表示各种不同的看法，从这些不同的看法中可以概括出一种一般性的见解。1965 年英国分子生物学家 John Kendrew 认为分子生物学是两种思潮的合流，他称之为"信息和结构"（"Information and conformation"）。信息学说是 1940 年及以后形成的理论，一般认为数学家和物理学家对分子生物学有影响，但事实上完全不是这样。Kendrew 认为：第一，分子生物学一部分的根源在遗传学，特别是微生物学以及包括用遗传学来阐明生物化学的途径和控制，如 Monod 和 Jacob 的工作。第二，一部分来源于研究生物大分子的结构如 L. Pauling 和英国结晶学家，最后达到阐明 DNA 和蛋白质结构与功能的关系。这些有关分子生物学的早期思潮更明确地可称为一维的（即遗传学和序列的）和三维的（即立体化的或结构的），这两者是相互联系的。

但是我们必须进一步认识到分子生物学的兴起是五门学科的特殊部分的综合所致。这种综合是在 20 世纪 30 年代开始的，第一，遗传的信息和 X-光结晶学，Watson 与 Crick 和 DNA 结构是综合途径的一次成功并达到成熟。第二，是物理化学，如美国 L. Pauling 从英国传统的结晶学家 L. Bragg 和他的学派获得力量从而发展了这一学科。第三，是遗传学——它本身逐渐生物化学化。第四，是微生物学——从它本身的变化出现在 20 世纪 40 年代。第五，是生物化学——在分子生物学形成的同时发生了效率。

生物的特异性与分子生物学的关系

从 20 世纪 30 年代到 20 世纪 60 年代分子生物学兴起的同时在生物学逐渐形成和发展了生物的特异性概念。在 20 世纪 30 年代生物学家和生物化学家所接触到的许多现象——基因（不论它们是什么物质）、酶和抗体（已知的蛋白质）——它们的作用都表现有特异性，所以很自然地提到特异性问题。但是特异性的概念几乎是没有什么内容的空洞的名词，例如，生物学家试图了解蛋白质时他们往往注意蛋白质装配的一般化学的规律或在它们结构中重复的物理单位就认为他们已找到了答案，虽然根据任何这些规律和单位所得出的见解与特异性是相反的。40年后生物特异性的内容已大大地充实了。我们现在可以概括生物特异性为：一、线性（Linearity）长链的生物分子，蛋白质和核酸的序列是特异性的；二、结构，生物大分子和三维间的相互作用；三、直线特异性决定三维特异性。生物的特异性的现代意义是20世纪50年代中期F. Crick提出的所谓"序列假说"（Sequence hypothesis）。

对分子生物学形成有贡献的五门学科的特异性的意义有极不相同的地位和性质。在微生物学，特异性问题表现在微生物究竟是怎样的，在生物学上有不同的看法。一种意见是微生物在最基本方面是否能和高等生物相比，特别是它们的生命过程是否决定于基因。主要的相反意见则认为微生物对四周环境的反应比较敏感，因而环境对它们起了变更和适应的作用。1923年，Oswald Avery证明肺炎球菌存在有不同的多糖作为它们的保护外膜并创立了细菌是有特异性的独立品种。如果说特异性的见解是一个基本转折，则Avery的贡献除发现DNA是遗传物质外，他发现了微生物的特异性问题。后来，在20世纪30年代，A. Lwoff的工作表明微生物和多细胞生物一样有营养需要。1943年Luria和Delbruck认为细菌的抗性特别是对噬菌体不是由于适应而是由于遗传性突变。Monod和Auduseau证明细菌通过遗传性突变获得所谓适应酶，后来称之为酶合成的诱导，这些认识使细菌进入孟德尔遗传学领域。1944年，Joshua Lederberg发现了细菌的交配，从而把细菌最后纳入经典遗传学范畴。

孟德尔遗传学本身一直是特异性的，并且从早期遗传学特异性——图谱——是直线排列的。这是在了解DNA或蛋白质没有分歧之前，也就是T. H. Morgan坚持基因的直线序列。但是B. Ephrussi和G. Beadle测定酶决定果蝇眼色以及Beadle和Tatum证明链包霉一个基因一种酶假说使遗传变得更为生物化学化了。

物理化学，特异性不是抽象的，也不是直线的，而是三维的。Pauling关于原子的紧密装置的规律以及分子结构中的电荷平衡，化学键的角度和长度能比较精确地了解在生物大分子中氢键的重要性等方面的论述加强了特异性的概念。

结晶学也渗透了特异性。19世纪前半期，血红蛋白的结晶，1934年，J. D. Bernal 从蛋白质晶体获得衍射图，证明它们是在原子水平上有规律。1938年 Felix Hauzowica 观察到血红蛋白在它的脱氧到有氧形成过程中晶体结构起了变化。对结晶学家来说特殊的分子结构特异性并不是惊奇的事了！

在分子生物学综合中的第五个学科是生物化学。大家都认为细胞内的一切活动毫无疑问是生化过程，这一点没有争论。但是现代对生命过程中的分子特异性的了解是由于 F. Sanger 的工作。在20世纪40年代开始，Sanger 测定牛胰岛素双链的氨基酸序列并证明这个序列是独特的，也就是说每个胰岛素分子是完全相同的。1951年无可争辩的事实是蛋白质是完全特异性的。

与此同时核酸也有类似的情况。Sanger 的对蛋白质正如 Chargaff 的对核酸，1949～1950年他在推翻"四核酸假说"时宣称核酸的序列很可能也是特异性的。DNA 结构的特异性是容易理解的，但是直到 Watson 和 Crick 结构的时候没有人想到特异性能被一个序列或一个密码怎样简单地携带。正如 Delbruck 说的"对每个人说这是个最大的意义"！（ACD，1979）1957年9月 Crick 在英国生物学会议上的报告"蛋白质合成"提出所谓"序列假说"和"中心法则"。从这时起到现在有关生物学中的特异性的见解才为人们所接受。核酸与蛋白质再一次认为是完全相似的，即都具有特异性。

展　望

在科学发展史中以物理学为例，Copernicus，Newton，Einstein 和量子时代紧密相互联系并完全了解的一些见解被另一些见解推翻了、代替了。但是，分子生物学的兴起并不如此，它不像物理学中有屹立的突出的学说（Copernicus 天文学，Newton 物理学，Eiustein 相对论，量子力学等）。除了由于突变和自然选择的进化论外，生物学的前进是从许多规模较小的和较零碎的认识——"游击作用（guessilla action），生物学是在没有大规模紧密相关而又完全了解的事实上逐渐形成的，可以认为生物学的革命是从生物化学、细胞学研究和分子生物学的出现上开展而不是推翻。

到1970年有关生命过程已形成有条理的理论。基因是什么，基因是怎样复制和突变的以及在蛋白质合成时怎样表达，表达是怎样控制的，蛋白质是怎样起作用和相互反应的——生物体是怎样形成和继续生存的。这些概念来自最简单的生物，如单细胞的无明确细胞核的以及生活在它们中的病毒。许多分子生物学家认为这概念也可引申到高等生物体从而补充经典的分子生物学。J. Monod的"对大肠杆菌怎样对大象也怎样"反映了这个观点（EDC. 1976）。从高等生物填补经典分子生物学是不现实的，因为高等生物不可能脱离生物的分化问题——长期以来胚胎学的问题，或者一个受精细胞是怎样形成一个具有不同类型而又相互协调的多细胞生物体的问题。要弄清楚这个问题无论处在理论上或在实验技术上都是比较困难的，许多困难还不能预见，生命的探索过程中将充满着意外。

分子生物学的出现是生物学发展的必然。随着新技术、新方法的创立和有关知识的深入，生物学的研究从整体水平，细胞水平到目前的分子水平（虽有人提出所谓亚分子水平）。这是任何一门学科不断前进的过程，但不能理解为分子生物学就能解决生物学的一切问题，而整体水平和细胞水平已过时、没有必要了。我们认为从这三个水平去了解生物是密切联系、相互补充的。

分子生物学不是一门明确的学科（discipline），而是一个领域（area），是了解生命现象的深入。20世纪20年代后期分子生物学出现以来主要通过原核生物如细菌、病毒等的研究已接触到生命的核心，但作为一个领域今后的发展很难预料，不过有一点似乎可以肯定，研究对象转移到高等生物体的分子生物学，事实上现在已经在这方面进行工作了。至于具体内容可能包括如Hood, Wilson和Wood提出的真核细胞染色体的结构和组织，染色体的复制和分离，真核细胞的基因表达，染色体的重复性等（I. E. Hood, J. H. Wilson,

W. B. Wood. 1974,The Benjamin/Cummings,Menlo Park,California)。

后　　记

虽然20世纪30年代后期出现了分子生物学这个名词，当时在国内并没有引起重视。直到近几年由于DNA双螺旋的发现，遗传密码的破译和基因工程的成功，分子生物学才成为一门极其"时髦"的学科，同时出现了一批"分子生物学家"。大学办"分子生物学系"，或办"分子生物学研究室或所"。但对分子生物学的理解似乎不一致并有争论。最近有机会读了H. F. Judson的《第八天的创造》（"The Eighth Day Creation"，1979，Simon and Behuster, N. Y.）和其他有关分子生物学书刊，启发了我写这篇文章，主要内容取材于Judson一书，我没有提出什么创造性的观点。说实话我没有直接从事有关分子生物学的研究工作，虽然在20世纪40年代接触过有关病毒氨基酸的功能研究，但不是一个分子生物学家。本文仅试图说明分子生物学究竟是什么样的一个领域（或学科），但可能没有把问题说清楚，这只是我个人的部分读书笔记，提出来作为抛砖引玉。

（1983年）

参　考　文　献

ACD F H Lartugal, J S Cohen. Century of DNA（1979），The M. I. T. Press, Cambridge, Mass.

EDC H F Judson. The Eighth Day of Creation（1979），Simon and Schuster, N. Y.

JMB G H Haggis, D Alchie etc. Introduction to Molecular Biology（1964）. Longman. Green, London.

MBG J W Watson. Holecular Biology of the Gene（1976），W. A. Benjamin, Menle Park, California.

POMB J Cairs, G Stent J D. Watson. Phage and the Origins of Molecular Biology (1966), Cold Spring Harbor Laboratory of Quantative Biology.

对生命的了解

高尚荫

"在原子的核内我们已接触物质与能量的核心,在细胞的核酸我们已接触生命的核心。"

Rober Sinsheimer, 1981("The DNA Story", 146 页)

最近,有机会读了几本很有启发性的书,其中包括 Schrodinger 的 "What is life", 1945(《生命是什么》);Luria 的 "Life—An Unfinished Experiment", 1973(《生命———一个未完成的实验》);Lewis Thomas 的 "The life of a cell", 1975(《一个细胞的生命》);Watson 的 "The Double Helix", 1968(《双螺旋》);Curins, Stent 和 Watson 的 "The phage and the Origins of Molecuar Biology", 1966(《噬菌体和分子生物学的起源》);特别是其中两篇文章,Delbruck 的 "A Physicist looks at Biology"(《一个物理学家观察生物学》), Bienc 的 "Waiting for the paradex"(《等待着矛盾》)等。这些书激发了我对生命问题的兴趣,认识到生命的统一性和多样性(Univcy and disersity)。从 Schrodinger 提出生命是什么后的近半个世纪以来,我们对生命的了解深化了,而这次报告会的总题是"生命科学在前进"。作为这次报告会的组织者,我冒昧地先发一个言,主要是重温一个世纪以来有关生命的了解的过程,作为这次报告会的前言,同时提出在阅读过程中接触到的对我们目前科研工作有现实意义的一些问题的看法,我武断地称之为 "Philosophy of scientific research",包括科学道德,同行间的关系,科研工作的组织和合作,发表论文的准则,科学上重大突破的因素等(关于 Philosophy of scientific research 的提法,曾向一位历史学家朋友请教过，他认为用英文是可以的并且比较确切，如用中文"科学研究的哲学"，似不妥，我同意他的意见，所以没有用"科学研究的哲学"，而借用了 philosophy of scientific research，特此说明）。

1944 年，理论物理学家 Erwin Schrodinger 写了一本小册子《生命是什么》。一位著名的量子力学奠基人为什么在那个时候提出这个问题，让我们先说明一下当时的历史背景。中世纪哲学家的所谓"活力论"（Vitlism）迅速地被科学家们否定后，物理学家 Niels Bohr 认为有些生命现象无法完全用经典物理学概念来解释。在形成原子结构的量子力学时，Bohr 发展了更具普遍意义的见解，就是从常规的物理学范畴的观点不可能说明量子的作用，因而称它为"不合理性"（irrationality），"不合理性"的说法似乎很难理解，但在科学史中，遇到无可争辩而又和公认的观点不符合时，往往把似乎互相矛盾的现象统一到更广泛、更高一级水平上来。Bohr 认为在研究生命时应记住这种可能性，虽然认识到原子的特征在生物体起作用的重要性，但对生命现象还不足作出全面的解释，争论的问题是：分析生命现象是从物理学经验的基础认识生命之前，是否还缺乏某些基本特征。Bohr 暗示遗传学是生物学研究的一个领域，用物理学的和化学的解释可能是不够的。他的学生 M. Dulbruck 1935 年在"基因突变和基因结构"一文中将这个观点表达出来了。他指出在物理学中所有度量应归根到地点和时间的度量。但是遗传学的基本概念如性状的区别没有一个例子可用绝对单位来表达。根据 Dulbruck 的意见，遗传学是独立的，不能和理化概念混为一谈。但是，他承认从果蝇的研究导致对基因大小的估计，它们可以和具有特殊结构的最大已知的分子相比较，结果导致学者们考虑基因不过是一种特别类型的分子，虽然还不了解它们的详细结构。

1945 年，第二次世界大战后，Schrodinger 写了《生命是什么》这本小册子，他向物理学家指出生物学研究的新纪元已到来，而生命是什么值得他们深思。当时物理学家们面对研究方向上的苦闷，渴望引向新的领域。他认为现代的物理和化学显然没有能力解释生物体中发生的事件，但也没有理由怀疑它们最终会被解释的。Schrodinger 的观点鼓舞了某些物理学家并向他们提出了挑战。因而他们中有些人放弃自己熟悉的领域转向遗传学的研究（Dulbruck 是一个突出的例子）。遗传学的历史特别是基因是科学史中最突出的问题之一，是长期以来探索的目标，从孟德尔和他的豌豆到摩根和他的果蝇，到 J. W. Watson 和 F. H. C. Crick 的 DNA 双螺旋，遗传学家阐明表面上似乎十分复杂而实际上比较简单的遗传规律，他们以特殊的物质实体——基因——解释这些规律。生命的关键性特征在于维持高度的有序（order），这是由于生物体能通过被基因所控制的多样化化学作用，从环境中吸取能量，基因本身能持续地存在并起作用，给予生命能继续存在的能力，依赖于 DNA 的特殊的化学性质。1958 年双螺旋结构被发现时，Watson 说过"这（指 DNA）是一个奇怪的模型且有平常的特性，因而 DNA 是一种非常物质，我们毫无踌躇地采取大胆推断"，(DH) 基因是 DNA 的一片段，因此了解 DNA 是了解生命本质的关键。本文试图简单地回顾一个世纪以来对 DNA 认识的深化，也就是说生命的了解比 1944 年 Schrodinger 提出"生命是什么"时前进了一步，但我们必须认识到解决"生命之谜"还有很大的距离。

一、核酸的发现和早期工作

核酸是 Friedrich Miescher 在 1869 年发现的，虽然后来认识到它是遗传物质，但在发现它后才认识到这一点。并在此又过 10 年后一般学者才接受这一观点。当时称之为核质（nuclein），核酸这名称是 1889 年 Pichand Altmann 命名的。

有关核酸的早期工作者主要是 Albrecht Karl Luding Martin Leonard Kossel 和 Phocbus Aaron Theodor Leverne。前者鉴定核酸的四种碱基、五碳糖和磷酸，后者作了详细的化学分析并提出核酸有两种 RNA 和 DNA。由于从 1909 年和 1904 年发现核酸含有等量的四种碱基成为无可争论的信条导致核酸结构的所谓"四核苷酸假设"（Tetra—nucleotide hypothesis）。这名称可能是 Kolssel 提出的，但 Leverne 长期坚持这一假设，直到 E. chargaff 报告 DNA 碱基比率的定量关系才把"四核苷酸假设"否定了，但是Chargaff未能认识这显著的规律性，因而不可能提供任何解释。我们知道这一规律后来启发了Watson和Crick的双螺旋的碱基配对思想。

核酸在1869年被发现后，为什么在相当长的时间内认识不到它的重要性，有人认为这是科学史上的讥讽之一。分析其原因可能有两个方面：（1）方法学上的——缺乏一种对核酸具有的特异性的直接生物学测定方法；（2）理论上的——有机化学认为核酸是均一的多聚物，缺乏信息的多样性的简单模型。结果，虽然长期以来了解它和染色体的关系，但似乎没有方法把它联系细胞的功能，更谈不上在医学、农业和工业上的应用。

回顾早期的研究可以分为三个阶段：在19世纪末从植物和动物组织中分离到某些不太了解其重要性的天然产物；第二，Kossel等后来证明这些产物是核酸的组分或有关部分；第三，Kossel和Leverne工作的启发导致后核酸的化学和结构的研究。

二、一个基因——一种酶学说

20世纪初期Archibald Garrod注意到所谓"代谢的先天性错误"引起的病，如"尿黑酸尿症"最早把遗传学和化学联系起来，但是当时学者们并没有体会其重要性，包括著名遗传学家如H. J. Muller和R. Goldschricdt等，主要原因可能是Garrod走在时代的前面。1920年Alfred Stuevant的雌雄复合果蝇（gynondrosorph）眼颜色观察的意外发现启发G. Beadle（先和B. Ephrarrac后和E. T. Tatum）从1953年起进行代谢反应的遗传控制研究。由于用果蝇作为材料，组织移植作为手段遇到困难，他改变材料，选择链孢霉为对象，Beadle创造性地提出解决问题的途径，不是从遗传的差别鉴定化学反应而是从选择链孢霉的突变型以已知化学作用反过来检查遗传学的作用从而把遗传学和生化反应紧密地联系起来。经过几年的努力，在1940年形成所谓"一个基因——一种酶学说开创了生化遗传学"。这个学说的名称什么时间由谁提出的，Beadle本人说他始终没有查出来，虽然他和Tatum早有这想法（POMC）。这里必须指出，生化遗传学仍属于经典遗传学范畴，因为它并没有暗示基本指令氨基酸装配成蛋白质一级结构的多肽，更没有阐明基因的本质，这些都是分子遗传学的工作。但是 Beadle 和 Tatum 的学说是经典遗传学到分子遗传学的有力桥梁，对基因的作用提供了初步的认识，并且无疑地对后来遗传学的"真正核心"的思想具有深远的影响。正因为这样 Beadle 和 Tatum 获得 1958 年诺贝尔奖金。

我认为 Beadle 和 Tatum 的工作给我们两条重要的启示：一、在基础理论研究中，也就是揭露事物发展的规律，实验材料（或对象）的选择是非常重要的，甚至可以说起决定性作用的。从果蝇改为链孢霉，才有条件提出一个基因———一种酶学说，果蝇的研究对经典遗传学，噬菌体的研究对分子遗传学的发展所起的作用充分说明这一点。当然关于应用研究的材料那是另一件事了；二、研究工作中的突破来源于创造性的学术思考。爱因斯坦说过："发展独立思考和独立判断的一般能力，应该始终放在首位。而不应当把获得专业知识放在首位。如果一个人掌握他的学科的基础理论并且学会了独立地思考和工作，他必定找到自己的道路而且比起那种主要的获得细节知识为其培训内容的人来，他一定更为适应和有贡献。"对一个问题从已知的根据进行推测（speculation），推测导致理论性假设（hypothesis），假设又是获得成功设计的主要步骤。

三、Avery 发现作为一个遗传分子的 DNA

1934 年我在美国耶鲁大学读研究生时，在一次学术会议上第一次听到 A. O. Avery 提到他的肺炎球菌转化工作。10 年之后，1944 年，Avery, Cnlin, Macheod 和 Mcclyn Me Carly 正式发表他们有关肺炎球菌的第一篇论文（J. Exp. Med. 79：137—158，1944）。为什么相隔 10 年之久才发表，可能有两个原因，第一，Avery 治学严谨，不轻易发表他认为还不成熟的工作，他说过："吹气泡是很有趣的，但是聪明的办法是在别人戳破气泡以前自己先戳破它"（ACD）；第二，当时一般认为，蛋白质是遗传物质，对 Avery 等的工作表示怀疑，未被接受，特别是他所在研究所的同事 A. E. Mirsk。其实早在 1928 年英国一位 Frederieh Griffith 曾观察到这些现象，但没有提出或暗示这种转化现象与核酸有关。科学发展中重要的发现，在当时往往不被人们所接受，有时还受到怀疑，这可能与当时的学术空气不适合有关，并且有些人认为简单概念必然是错误的，举几个大家都熟悉的典型例子：Wohler 合成尿素，达尔文的进化论，孟德尔的遗传规律，Garrod 的基因——酶——反应概念，Sumner 的尿素酶结晶，Stanely 的烟草花叶病毒的结晶，Watson-Crick 的 DNA 结构。Avery 的工作确实是非常重要的，Lederberg 认为是"现代生物学的科学性的革命开始（DS），也可以说是基因工程的先导（DS）"。

四、噬菌体与分子生物学

1946 年病毒研究工作已进行了近 50 年，噬菌体（细菌病毒）工作已有 25 年，但由于两位"病毒学外行"科学家加入研究阵营（Max Delbruck 和 Salvador E. Luria），噬菌体工作进入了一个革命性的阶段。他们的合作以及逐步扩大研究队伍形成自称所谓"噬菌体组"（Phage group）是该组作出贡献的原因之一，该组的研究目的非常明确，正如 Delbruck 在 1944 年说明的："记住，我们研究增殖过程（噬菌体）是要弄清楚在一个病毒进入细菌后很短时间内产生几百个子代究竟是怎么回事，我们所要做的一切工作都围绕这个中心问题"（根据我当时做的记录）。当然，要达到这个目的，需要了解病毒各有关方面的知识，换句话说，主要是鉴定病毒的遗传物质，也就是基因是什么。1953 年 DNA 双螺旋结构发现后，对了解噬菌体的遗传物质提供了基础，从而导致其高速发展。到 1960 年后 Delbruck 自己认识到他们开辟的噬菌体研究基本上达到原定目标，噬菌体复制的机理和指挥病毒蛋白质合成等问题大致已弄清楚，在 Delbruck 60 岁生日时，噬菌体组成员祝贺他生日，献给他一本包括有关噬菌体研究工作的主要原始论文集（"噬菌体和分子生物的起源"）。这本书不仅记载有噬菌体研究工作的过程和主要成果，并且通过论文可以领会该组人员的学术思想和工作作风，特别是同行科学家之间的友谊和合作。

美国噬菌体组的工作取得很大的成就，成员中有五人获得诺贝尔奖金。他们在科学上的严密性、学术思想上的独创性以及成员之间的合作、经常不断地交流经验和教训是该组成功的主要因素。但是他们的问题也是突出的,他们自成一派(有人称之为"俱乐部"),和别的学者来往不多。他们态度傲慢,不相信别的学者说过的或做过的任何东西,坚持他们自己去解决问题,不相信生物化学家和较前期的微生物学家。噬菌体组吸引人们的注意到了不相称的程度,但必须指出这些问题并不能低估他们在学术上的成就,更不能说他们的科学态度不严肃。我认为在资本主义国家里,科学界出现这种情况并不奇怪,而我们应该引以为戒,应特别警惕!

五、双螺旋结构的发现

由于围绕核苷酸主链中许多化学键的可能旋转,DNA 就有许多不同的三维排列,如果是这样,我们就不能了解基因是怎样的,要解决这个问题,必须利用 X 射线衍射法。

1953 年,J. D. Wacson 和 F. Crick 提出现在出名的 DNA 是一个双螺旋。在这螺旋中,走向相反的两条多核苷酸链的碱基对之间被氢键连接。其中腺嘌呤(A)往往与胸腺嘧啶(T),鸟嘌呤往往与胞嘧啶(C)以氢键相连,在键的任何一点,能插入四个核苷酸中的任何一个,获得 AT、TA、GC、CG 碱基对。因此双螺旋结构是适合所有可能的 DNA 序列,这些大家是非常熟悉的。

1953 年 Watson 和 Crick 发表他们的论文(Nature 71:737—738),文章仅 900 余字,说明科学论文的质量不在论文的长短,其内容才是重要的,近年来我感觉到国内有这样一个趋向,论文越长越好,一些无关的东西也包括在内,这是值得我们注意的。他们的工作在 1952 年获得诺贝尔奖金,但受到不少学者的批评,认为他们利用了别人的数据,这是事实。根据 Porrugal 和 Cohen(ACD),别人的数据包括以下几点:1)核苷和核苷酸的化学性质,部分是 Leverne 的工作(1909~1937 年),而核苷酸间的键的性质是 A. R. todd 等提出的(1945~1952 年);2)Casperssan 等(1933 年以后)指出 DNA 是极其巨大的分子;3)DNA 甲嘌呤和嘧啶碱基的定量关系是 E. Chargaff

和 Wyatt（1948年以后）测定的；4）DNA 的遗传重要性是由 Avery 等提出的（1944年以后），并由 Hershey 和 Chase 证实（1952）；5）Cochran，Crick，Vand 和 Stokeo 阐明螺旋的 X 射线衍射学说（1952）；6）Astbury 和 Bell（1936年）以及 Wilkins 和 Gosling（1950）的 X-射线相片表明碱基重叠的一种结晶纤维式样；7）核苷的 Furberg 结构表明碱基环与糖环是垂直的，从而导致 DNA 结构是一条单链螺旋的假设（1949年）；8）从结晶纤维衍射式样，Wilkion 和 Gosling（1951年）认为 DNA 是螺旋的，他们估计了螺旋的螺距和直径的数字；9）Frankli 和 Gosling 和 Gosling 有关 DNA 水化作用的 X-射线衍射研究表明有两种形式，磷酸盐——糖主键在外部，碱基在内部，并指出分子是双股或三股的，并有二元轴对称式（1951～1953年）；10）用碱基间的氢键来解释 DNA 滴定曲线，是由 Gulland 等建议的（1948年）；11）碱基的正确互变异构是 Donohue（1953年）向他们指出的。上述重要事实确由许多学者在不同时期提出的，但是把所有这些事实统一起来考虑 DNA 的结构并不是轻而易举的。虽然这些事实大家都知道，但不等于说这领域里的所有人在当时都了解其重要意义，同时也应注意在 Watson 的"双螺旋"的一书中指出了别人的有关贡献。当他们的论文在 Nature 上发表时，同时也发表了与他们工作有关的论文，即 Wilking，Stokes 和 Wilson 的论文（Nature 171：738—740）和 Franklin 和 Gosling 的论文（Nature 171：740—741），对 DNA 双螺旋的发现，化学家 L. Pauling 的评价是"我相信双螺旋的发现以及发现后的发展是最近百年来对生物和对生命了解的最大进展"（ACD），遗传学家 C. H. Woddington 指出"他们的工作当然是20世纪在生物学中最大的发现"（Nature 221：318—321，1969）。综观近30年来有关社会科学的迅速发展，以及对生命的了解，可以认为 DNA 双螺旋的发现是自达尔文进化论后的最大突破。

六、关于遗传信息

1953年双螺旋发现后到1966年全部遗传密码建立的13年中，对 DNA 的了解有了一系列的重要发现：

（1）从遗传学实验了解到 DNA 的遗传信息是由四个碱基的序列传递的。基因突变代表碱基序列的改变，V. Lngram（DG）（1956 年）发现的遗传病，镰刀形红细胞贫血病的病因就是一个例子。

（2）M. Meselson 和 F. Stahl（P. N. A. S，44：671—682，1958）用 ^{15}N 同位素标记 DNA，进行转移实验，令人信服地证明 DNA 复制是"半保留"的复制过程（Semicoservative）。在这个过程中两条亲代链（重）打开作为它们互补链（轻）的模板，从而每个子代分子有一重一轻的双链。至于复制前互补链是否全部打开还不了解，但近年来在电镜中观察到丫形复制叉表明链的打开和复制是同时进行的。

（3）20 世纪 50 年代通过转移实验努力研究 DNA 复制的 A. Kornberg（DNA Synthesis, W. H. Frunian, San Francisso, 1974）采用完全不同的实验途径发现试管中合成 DNA 的酶，Kornburg 的儿子 T. Kornberg 后来发现的两种新的 DNA 多聚酶，现称为"DNA 多聚酶 Ⅱ"和"DNA 多聚酶 Ⅲ"。DNA 多聚酶 Ⅱ 在体内的作用还不了解，除了它的活力能被"基因 DolB"突变法去掉，但是 DNA 多聚酶 Ⅲ 确实在细菌染色体复制中起主导作用，是名副其实的 DNA 多聚酶。至于细菌中为什么存在几种 DNA 多聚酶，是否还有更多的聚合酶，以及它们怎样起作用，现在还不清楚。

（4）1959 年发现 RNA 聚合酶，这是将 DNA 的遗传信息转录到（mRNA）的一种酶（以及表现其他功能的 RNA 分子）。mRNA 是生命过程中的一个中心环节，它担任着从 DNA 到 RNA 的模板作用的转移任务，使蛋白质能在体内的任何部分制成，更重要的是它提供扩增作用，由于 RNA 多聚酶能制成基因的许多转录本而不需要基因的增殖，这样就有可能通过不同细胞内或不同环境中由多聚酶制成的转录数目的调节来调节个别基因的功能。

其实从 DNA 到蛋白质合成过程中，涉及三种形式的 RNA。首先是核糖体 RNA（rRNA），核糖体由两个大小不同的亚单位组成，每个亚单位包含几乎等量的蛋白质和 RNA。出乎意外，rRNA 的两种不同组分不起模板作用，真正起模板作用的是细胞质 RNA 的一分段，含量约 2%。由于它带着基因的特异特性转移到细胞质中，所以称为

"信息RNA"（mRNA）。同样重要的另一RNA，是合成蛋白质前，氨基酸与之连接的一小RNA分子，就是转移RNA（tRNA），这是Crick提出的（Biochem Soc. bym. 14:25，1957）所谓"适应物"（adaptor），后来的研究说明适应物在蛋白质合成过程中的详细情况与Crick的原意有很大差别，但他的想法对了解这一复杂过程起了很大促进作用。

七、遗传密码的破译

遗传密码的研究者先遇到的是编码问题，DNA的四种核苷酸怎样决定20种氨基酸的排列。最初提出密码是三联体的是A. Dovnce（ACD），但他只是推测（虽然后来证明是正确的），后来通过噬菌体T，突变型的遗传学研究导致S. Brenner和F. Cick肯定每个密码子是三联体，从而解决了编码问题。

核糖体本身是非特异性的，它不过把mRNA结合起来依次建成特异性RNA，导致两位青年科学工作者M. Nirenberg和H. Hatthaei进行大家熟悉的具有历史意义的密码翻译的实验。他们的工作最初由Nirenberg在1961年莫斯科国际生化会上宣读时引起了"触电般"的反应。所以有这样的反应是由于这项工作意义重要，而Nirenberg又是一位"不出名的，没有发表过论文"的青年（当年仅34岁，Hatthaei 31岁）（他们的论文发表在Biochem. Biophys, Res. Commun 4：707，1961）。1966年遗传密码的大部分翻译出来了。在H. Gobind Korana发现用重复的多聚物（如GUGUG……AAGAAG……GUGU……）建成密码子，才能建立其他还未鉴定的密码子，到1966年6月遗传密码的探索工作宣告结束。我们现在确实知道：（1）所有密码子包括三个连续的核苷酸；（2）许多氨基酸由一个以上的密码子编码；（3）四个碱基的三联体的64种可能组合中，61个用来编码特异性氨基酸；三个组合UAA，UAG，UGA是例外，它们不编码任何氨基酸，但发现它们是肽链的终止信号。终止三联子的发现，使人自然推测到可能有特异性的起始三联子，特别是由于逐渐肯定了所有蛋白质是从甲硫氨酸开始的，密码中又只有一个甲硫氨酸的密码（AUG），它是为肽链内部甲硫氨酸编码的，但同时也是起始三联子。

除 Nirenberg 和 Hatthaei 外，在密码问题上进行工作的还有其他学者，其中包括更有经验或更成熟的科学家，如 S. Ochon 等。他们之间的竞争，有人认为"比科学史上任何一次竞争更激烈"（ACD）。为什么 Nirenberg 成功地突破了遗传密码呢？我认为下列几个因素值得注意：（1）Nirenberg 年轻，研究经验虽不足，但勇于探索，敢于在学术上与一位已成名的科学家挑战；（2）刻苦钻研，不怕困难，对所进行的工作有很大的热情和信心；（3）学术环境对他们有利。他们的工作单位是美国国家卫生研究院，不仅经费比较充足，仪器设备比较先进，更重要的是有机会向本单位的各方面专家请教；（4）朋友和同事的鼓励。Nirenberg 在科学上的成就值得我们重视。

多年的工作说明，所有研究过的生物的遗传密码都是三联密码，出乎意外的事实是，所有生物——从病毒到人的密码是相同的。我们有理由想像上亿年的进化过程中，密码的特性应该发生许多变化，但事实并不如此。

对这种情况我们可以提供部分的解释。生物的演化在于它们的作为功能工具的蛋白质——许多是生化反应中的催化剂或酶——的合格性。每种蛋白质的功能保存或毁灭或由于一种或几种氨基酸的替换的变化，密码的演化必然找到一种使一个 DNA 的"字"转译成为和原来氨基酸不同的另一种氨基酸的方法，如果这种方法由突变而产生，则不是一种蛋白质而是一切蛋白质都会发生变化，不仅在它们结构中的一点而且在许多点上，翻译机器的改变等同于每个单独基因的改变，它将给生物的所有蛋白质带来大破坏（正如一架印刷机的缺陷使一本中文字典完全不能用），酶不起作用，则整个生物体就分解。改变转译的机理是致命的，这种突变的破坏性的结果必然是从早期的生物一直到今天的生命保存遗传密码的关键。

遗传学家和生物化学家发现遗传密码的特性和真实详情，可以说是继 DNA 双螺旋发现后的又一次突破，确实是惊人的。更值得注意的是遗传密码的破译需要表面上似乎各不相关的研究工作和结论的汇总——从病毒的提纯和化学分析，到不正常的核酸合成的酶的分离，对噬菌体一个单独基因的多年遗传学工作，到在试管中合成蛋白质的

10 余年的工作。但比遗传密码更重要的是这工作对基因的功能提供比较完整和详细的前景，而且也有可能对遗传病提出直接矫正。

八、重组 DNA 的出现

DNA 双螺旋的发现和遗传密码的破译带来了重组 DNA 的出现，重组 DNA 并不是一般技术方法的进展，它和 DNA 序列分析结合构成一种生化技术的重要研究工具。这项技术的出现使正在研究细菌取得很大成功的经典遗传学和生化技术已不再适应于研究有关真核细胞和它们基因的复杂性，没有重组 DNA，要进一步发展有关高等生物的分子遗传学存在很大的困难，而重组 DNA 无疑地提供了一种工具加速对 DNA 的进一步研究。正如 1975 年由美国科学家基金和美国科学院主持下召开的"Asilnolar（美国加州的一个小城）会议"讨论重组 DNA 实验是否应立法限制问题。到会的几位诺贝尔奖获得者，如 James D. Watson, Joshua Lederberg, Paul Berg, David Baltinore 等都认为重组 DNA 对人类健康并无危害，相反不论在实践和基础理论上都会给人类带来非常有益的前途。

回忆 1977 年作为我国高等教育代表团成员赴美访问时，我曾到加州斯坦福大学医学中心生物化学系会见 Paul Berg 和 Stanley Cohn 两位教授，他们热情接待，并在参观实验室时比较详细地介绍他们进行有关质粒（Cohn）和重组 DNA 的首创工作（Berg），当时，"我的脑里没有准备"（Pastur："My mind was not prepared"），他们给我上了一课。但在 1977 年后的短短几年中，重组 DNA 研究的进展令人吃惊。我国也重视这一新技术，几年来已有许多综合性文章介绍，以及在各种有关学术会上的"进展"和"现状"的报告中往往包括遗传工程和重组 DNA 的内容。据我所知，国内有不少单位正在或准备进行这方面的工作。

在重组 DNA 建立过程中创建了许多新技术和方法，如现在大家都熟悉的限制酶的发现（Linn 和 W. Arder, 1965（DS），Harmilton Smith, 1970（DS）），高度特异性的限制图的制作（N. Nathans, 1971（DS））；发现限制片段导致 DNA 序列分析的有力的新方法

(F. Sanger, 1975, W. Gilbert, 1977, F. Sanger, 1977（DS）)，连接酶的发现（Bernard wciss 等, 1976(EDS)），质粒作为外来基因扩增的载体（S. Cohsn 和 H. Boyer, 1973(DS)）。

九、结束语

从 1896 年 Friedrich mirscher 发现核质到现在已有一个世纪了，通过 DNA 的认识，我们对生命的了解可以说比 1944 年 Schrodinger 写《生命是什么》时大大前进了一步，特别明白基因是什么，基因概念是生物学的核心（Luria, 1973）。

由于对 DNA 工作向纵深发展，近年来认识到双螺旋并不像过去想像的那样简单，1952 年发现双螺旋时，对它似乎非常清楚，以为在不太长的时间内可以了解 Watson 称之为"奇怪的，非常特殊的模型"。但 30 年过去了，DNA 的结构看来并不简单。Watson 当时的话是正确的，对 DNA 进行工作的科学家必然体会到需要有勇气和创造性的探索才能发现螺旋构型的不断出现的极端复杂性。DNA 不仅能在酶的严格控制下超螺旋或负螺旋，可以转向左，也可以转向右。由于这些复杂性并不是实验室的假象，但事实上是对生物体的遗传物质的功能进一步提供分子基础，无疑地，各种形式的 DNA 的进一步研究对目前有关基因的性质等问题提供了更精确的解释，如移动的遗传控制部分（move-legenetic control element）、基因簇（gene cluster）及其基因进化的含义；体细胞重组引起有功能的抗体基因；高等生物的隔裂基因（split gene）。对生命的认识已前进了一步，但我们还没有发现所谓"其他物理学规律"，正如 Stent 和 Caleuder 说的："了解遗传物质的功能不过是氢键的形成和破坏而已。"（1978, DS）。但必须指出，我们到现在所了解的仅仅是简单生物体，如噬菌体和细菌的基因性质，它们没有包括未知的物理学规律，但是高等生物体怎样呢？我们怎样能说明多细胞生物体的有序的形态发生过程呢？我们要问对 DNA 知识的累积究竟有没有限度？需要多少时间达到顶点？上面提到 DNA 的极端复杂性，许多问题须等待我们去了解和解释。从一个世纪以来 DNA 研究的曲折过程来看，未来的一个世纪的研究估计会出现更多激动人心的发现。谁说下个世纪生命科学不会在自然科学中处于领先地位？不会发现其物理学规律？"生命之谜"终有一天会得到了解！

（1983 年）

参 考 文 献

［1］Cairns J, GS Stent, JD Watson. Phage and the Origins of Molecular Biology, Cold Spring Harbour Laboratry. N. Y. （POME）, 1966

［2］Judson HF. The Bight Day of Creation, Simon and Schuste. N. Y. （EDC）, 1981

［3］Lehniger. A. Biochemistry worth. N. Y. 1970

［4］Luria SB. Life-the Unfinished Experiment, Charles, Scribner,. N. Y. 1973

［5］Luria SE, SJ Gohen. A View of Life, Benjamin Cummings. Menlo Park, California 1978

［6］Portugal FH and JS Cohen. A Century of DNA. M. I. T Press, Cambridge, Mass（ACD）, 1978

［7］Schrodinger E. What is Life. Cumbridge Unipress, N. Y. 1945

［8］Stent GS and R Calendar. Molecular Genetice. W. H. Freeman, San Francisco. California（M. G）, 1978

［9］Homas Lewis. The Life of a Cell. Bantan Book, N. Y. 1975

［10］Wstson JD The Doufle Helix New Amer. Library, N. Y. （D. H）, 1966

［11］Wastson JD and Tooze. The DNA Story. W. H. ressman San Francisco Colifornia（DS）.

重组 DNA 成功的道路

高尚荫

引　言

重组 DNA（这是科学上的术语，又称"基因工程"或"遗传工程"或"基因连接"）不是一种普通技术的发展，它与 DNA 序列分析相结合成为一种非常有力的研究工具。经典遗传学和生物化学技术已逐渐不适用于真核细胞和它们复杂的基因组的研究，没有重组 DNA 技术，要进一步了解高等生物的分子生物学存在着一定的困难，进展也会比较迟缓。重组 DNA 拯救了这一领域的"老化"。近年来科学家们利用基因重组技术成功地在细菌诱导制造出人胰岛素和其他药物，这是一个开端，不久的将来，细菌以及其他微生物将变为"生物工厂"生产大量的药物及其他物质，包括血清蛋白和疫苗等。事实上现在已出现基因工程的新工业，前景十分诱人。基因工程可能是一次对世界经济发展不亚于微电波的新革命，过去有人认为双螺旋这一类理论对社会的实际应用并没有什么贡献，基因工程的出现给予有力的反驳，过去是物理学和化学的黄金时代，现在轮到生命科学了！

科学研究中的一项突破，如 DNA 双螺旋的出现，往往影响其他有关领域的进展。近年来重组 DNA 技术的出现无疑地会促进有关遗传物质以及生命本质的进一步了解和在实际中的广泛应用。我们知道，并不是科学家灵机一动就出现奇迹，而应该说有赖于前人的独立思考和辛勤的实践劳动。科学突破有其历史根源，重组 DNA 技术的成功也不例外。本文追溯几十年来遗传物质和有关方面的研究，从而导致重组 DNA 技术突破的历史事件。从各历史时期的研究过程中，吸收经验教训并在独立思考科学问题方面得以启示。

1. 1871 年 DNA 的发现

核酸是 1871 年 Miescher F 从莱茵河的鱼精子中发现的，当时称之为"核质"（nuclein）。核酸这个名词是 1889 年 Altman R 命名的。此后 80 年人们才认识核酸作为遗传物质的重要性，又过了 10 年一般学者才接受了这样的观点。

2. 1943 年证明 DNA 是遗传分子，能转化细菌的遗传性

遗传工程并不是新的。1930 年在美国洛氏医学研究所（现改为洛氏大学）发展出一种技术，在试管内能转化肺炎球菌的遗传性质。这个发现导致证明这个转化物质是遗传物质，也就是现在大家熟悉的 DNA。发现者是 Avery O 和他的同僚 Macleod C M 和 McCarty M G。

他们三人在 1944 年发表的文章认为 DNA 是遗传物质。这一发现使科学界感到惊奇和怀疑，因为当时几乎没有人同意 DNA 的信息作用，但是并不能说从来没有人考虑过这一点。1900 年哥伦比亚大学的 Wilson EB 教授在他的经典著作"在发育和遗传中的细胞"（The cell in development and inheritance. Macmillan NY 2nd, ed：1900，3rd. ed. 1925）一书中写道"DNA……在化学意义上说是细胞的组成中心，它直接关系到食物参与创造细胞物质的过程。我们如果承认了这一点，则我们应该具有细胞通过核控制的代谢过程的线索"。但在这本书的第三版（1925 年）他又否定了 DNA 是细胞的组成中心的观点。Wilson 最后认为基因的信息作用必须归属于蛋白质而不是 DNA，因为当时认为 DNA 分子的性质不可能带有遗传信息。

Avery 鉴定 DNA 是转化物质后，试图在大肠菌中证明转化现象时遭到失败。最后在 1970 年，大肠菌获得转化成功。因为发现从大肠菌抽取出来的 DNA，如果培养基中加高浓度钙离子也能在大肠菌中占极其重要的地位。

3. 1953 年提出 DNA 是互补的双螺旋结构

1953 年 Watson 和 Crick 提出 DNA 是一个双螺旋，在这螺旋中位于中间的碱基对由氢键连接，两链走向相反，在双螺旋中腺嘌呤（A）连接胸嘧啶（T），鸟嘌呤（G）连接胞密啶（C），在链的任何一点能插入任何四种碱基获得 AT、TA、GC 和 CG 碱基对，双螺旋适合所有可能的 DNA 的序列。

由于这种特异性配对，如果我们知道一条链的碱基序列（TCG-CAT）也就可知道它伴随链的碱基序列（AGCGTA），相对的碱基序列称为互补，相应的多核苷酸链为互补链。虽然保持碱基对的氢键比较弱，每个 DNA 分子含有许多碱基，它们的互补链在一般生理情况下从来不自发地分开，但如果 DNA 处于接近沸点温度时，许多碱基对就崩溃，双螺旋分成两条互补链（所谓变性）。双螺旋的发现对 Chargaff 规则 A＝T，G＝C 提供结构化学的解释，仅有这些特性才使所有主链醣磷酸组具有相同的方向并使 DNA 和任何碱基序列有同样的结构。

继达尔文的进化论之后，DNA 双螺旋的发现在生物学上是最大的突破，对生物学的发展以及对生命的了解具有深远的影响。

4. 1956 年遗传实验支持 DNA 遗传信息是碱基对序列传递的假说

双螺旋确立后就有可能更正确地推测"一基因一蛋白质"的关系。首先在 DNA 的遗传信息表达必须通过四种碱基的直线序列，因而突变必然代表碱基序列的改变，突变型是一种氨基酸被另一种氨基酸所替换。

镰刀形细胞贫血性症是由于镰刀形血红蛋白（HbS）带有一种替换的氨基酸。结果突变种的血红蛋白链与正常血红蛋白链不同。1956 年 Ingram V 这一发现表明 DNA 遗传信息是碱基对序列传递的假说。

5. 1958 年证明 DNA 的复制涉及双螺旋互补链的分开

1958 年 Meselson M 和 Stahl F 用 ^{15}N 同位素标记 DNA 进行所谓

"转移实验",证明 DNA 以"半保留"方式进行复制。他们创造性地提出一个办法将亲代 DNA 分子和子代 DNA 分开。最初将大肠菌培养在高浓度重同位素 ^{13}C 和 ^{15}N 的培养基中,由于 ^{13}C 和 ^{15}N 的参入,细菌的 DNA 重于正常的 DNA,由于它们的密度较大,重 DNA 和轻 DNA 在高速离心下容易分开。

当"重"DNA 细胞转移到正常"轻"培养基并使它们增殖一代,所有"重"DNA 被密度在重轻中间的 DNA 替换。重 DNA 的消失表示 DNA 复制不是保留过程,即双螺旋互补链保留不变。相反,它由杂种-密度 DNA 替换,表明是一种半保留过程即亲代双链(重)分开作为它们互补链(轻)的模板,而每个子代链就有一重一轻的双链。

我们不了解在复制前互补链是否完全分开。现在许多电镜照片的证据显示存在有 Y 形复制,表示双链的分开和复制是同时进行的,在复制时当双螺旋开始分开,出现的单链迅速地作为模板,然后成为新的双螺旋。

6. 1958 年在试管中 DNA 酶(DNA 多聚酶)的分离

20 世纪 50 年代中期通过转移实验研究 DNA 复制时,Kornberg A 和他的同僚采用完全不同的实验途径。他们考虑到一模一样的多核苷酸链的生长被一种酶所催化,从而分离这种酶并研究它的机理。1953 年成功地分离出这种酶。Kornberg 命名为 DNA 多聚酶。提纯的酶含有一个单独的多肽链。进一步研究发现这种酶并不合成 DNA 而是仅起修补作用。后来发现两种新的 DNA 多聚酶,分别命名为 DNA 多聚酶 Ⅰ、Ⅱ、Ⅲ(第三种是由 Kornberg 的儿子 Kornberg T 发现的),这是真正名副其实的 DNA 多聚酶。

7. 1959 年 RNA 多聚酶的发现

DNA 多聚酶发现后,1960 年 Weiss S 和 Huruwitz G 以 Stevens A 在各种真核和原核细胞内(包括大肠菌)发现了 RNA 多聚酶。在有 DNA 模板分子存在时,RNA 多聚酶催化核苷三磷酸合成多核苷酸链,即 ATP、GTP、CTP 和 UTP 聚合为 RNA。RNA 合成化学类似 DNA 合成的化学。

8. 1960 年发现带有指令氨基酸信息 RNA（mRNA）

遗传密码 DNA 信息是怎样译为细胞蛋白质的，这关系到另一种核酸分子 RNA 的重要作用，它作为基因的中间物指挥蛋白质合成，它们就是信息 RNA（mRNA）分子。1961 年 Monod F 和 Jucob J 提出"信息 RNA 假说"（messenger RNA hypothesis），他们提出抑制物和诱导分子的相互作用来调节从 DNA 分子产生的 RNA 模板，模板 RNA 的产生依次引进起诱导的蛋白质的合成。这种模板或 mRNA 是贮藏在细胞核内遗传信息的一个拷贝，然后运转到细胞质内蛋白质合成的场所。

9. 1961 年利用合成的信息 RNA 分子(多 U)寻找遗传密码的第一个字母

核糖体本身是非特异性的，它结合 mRNA 依次建成特异性的 RNA 导致 1961 年 Nirenberg M 和 Matthai H 进行他们具有历史性的实验。他们用多核苷酸以多 U（UUUUUU）作为 mRNA。当多 U 加入含有核糖体分子时除去正常的 mRNA 细胞抽提物外观察到仅合成苯丙氨酸，从而证明 UUU 是编码苯丙氨酸的。不久发现多 A（AAAAAA……）编码赖氨酸，而多 C（CCCCCC）获得脯氨酸的多肽链。此后的几年中合成含有两种或更多种核苷酸随机混合体，确定了许多其他的密码子。

10. 1965 年对自发复制的极微染色体质粒的了解

细菌除有主要的环状染色体外（4×10^6 碱基对），还有不少的极微小环状染色体，含有几千对碱基。这些染色体就是质粒，最初是作为遗传的基因而受到注意。它们带有对抗菌素（如四环素、卡那霉素等）等抗性的基因，它们是独立的实体，与主要的细菌染色体无关。质粒的基因和主要染色体的抗性需要比较多的酶中和抗菌素，而能达到这目的的最快方法是将各有关基因坐落在多拷贝的质粒上。

质粒 DNA 进行复制的酶也就是主要染色体 DNA 进行复制的酶。雄性和雌性细胞的遗传重组前交配时，雄性染色体的一个拷贝转移到雌性细胞。相反，许多质粒在交配时不能转移，一旦一个基因在这种非移动的质粒上，它就不会转移到别的质粒或主要染色体上。

由于质粒 DNA 容易分离因而也容易得到高纯度的质粒 DNA。在加入无质粒的细菌时，细菌以功能的形式接受，从而使细菌迅速地产生许多拷贝的质粒。一般说来，一种细菌细胞仅存在有一种质粒，两种不同质粒不能在同一细菌内共存，这问题现在还不了解。

11. 1966 年遗传密码的解释

利用合成的信息 RNA 分子（多 U）解决了遗传密码的第一个字母后，还有些密码子尚未解释，1966 年 Khorana HG 发现用重复的共聚物（如 GU GU GU……AAG AAG……GA GU……）建成密码子才能解译其他尚未鉴定的密码子。到 1966 年 9 月遗传密码子的解释探索工作宣告结束。现在我们知道：①所有密码子包括三个连接的核苷酸；②许多氨基酸有一个以上的密码子指令；③61 个密码子用来编号特异性氨基酸。三个组合（UAA，UAG，UGA）是例外，它们不编码任何氨基酸，但它们编码肽链的终止信号。终止三联子的发现自然地推测特异性的起始密码子，特别由于逐渐肯定了所有蛋白质是甲硫氨基酸起始的，但甲硫氨基酸（AUT）仅有一个，它既编码在内部的甲硫氨基酸，同时也是起始密码子。

12. 1967 年 DNA 连接酶的分离

两次实验工作寻找出一种连接 DNA 的酶。第一次是 Meselson M 和 Welgle JJ（1961），Kellenberger GM，Zichichi MI 和 Weigle JJ，他们报告 DNA 分子断裂后能再连接，出现遗传重组。第二次是 Young ET 和 Sinsheimer RL（1964），Hode VC 和 Kaiser AD（1965），他们发现 λ 噬菌体的直线 DNA 大片段在感染宿主细菌后很快地转变为共价键的环状双圆体。1967 年在五个实验室同时发现 DNA 连接酶（Gellert M；Weiss B 和 Richardsm；Olivers BM 和 Aehman 1R Gefter ml，Becker A 和 Hauwicz J；Coryaulli ML，Mclechen NE，Javin TM 和 Kovnherg A）。

Okazaki R 等的报告说明 DNA 可能作为短的片段不连续地复制。然后这些短片段连接成染色体的长链。在这 DNA 复制模型获得承认时同样地也承认 DNA 连接酶是细胞复制的组成部分。

13. 1970 年在特殊部位截断 DNA 分子的第一种酶（限制酶）的分离

最初认为找到一种酶能在核酸特异性碱基序列中截断是做不到的，因而分离病毒 DNA 片段，似乎是不可能的。但在 1953 年一种大肠菌种系的 DNA 引入另一种系（例如 *E. coli* B 对 *E. coli* C），它们在遗传上很少有功能。相反，外来 DNA 几乎往往很快地断成较小碎片，有时引入的 DNA 分子并不能断裂，因为它似乎起了变化，它本身以及它的子代现在都在新的细菌种系中增殖。1965 年对这些病毒 DNA 片段进行化学分析发现，存在有一种或几种甲基化碱基，而它们并不存在于未起变化的 DNA。甲基化碱基不是原封不动地插入 DNA 链，而是通过酶的催化在已有的和新合成的 DNA 链上加上甲基。在这种情况下，1960 年 Linn S 和 Arber W 在大肠菌细胞的抽提物中分离出一种特异性变更的酶，它能使未甲基化的 DNA 和一种能甲基化的 DNA"限制"核酸酶甲基化。以后的几年中限制性核酸酶在其他大肠菌的两个种系中发现，但是早期分离的这种酶并不能达到发现者的希望，因为它们虽然识别特异性未甲基化部位，但它们在远离它们识别的部位随机地截断 DNA。

不久在识别部位截断的特异性限制性核酸酶终于分离出来了。1970 年 Smith H 偶然在细菌 *Haemophilus influenxae* 获得第一种限制酶。它很快用于破碎外来的噬菌体 DNA。这酶就是"Hind Ⅱ"，它的特殊切点在
5′GTPy↓Pu AC3′（Py＝嘧啶，Pu＝嘌）
3′CAPu↑Py TG5′

此后从约 230 种细菌中分离出 70 种以上不同的特异性限制酶如 BamHⅡ，EcoRI，HaeⅡ，HPaI，等等。

14. 1972 年利用 DNA 连接酶连接由限制酶的片段在美国斯坦福大学产生的第一个重组 DNA 分子

有些限制酶如 Hind Ⅱ 以双螺旋的识别部位截断产生碱基对的钝端片段，它们不存在粘结的趋向。相反 EcoRI 酶在识别部位附近截断的片段具有突出带有"尾部"的 5′—3′—端单链，长度从 1～5 个核苷酸不等从而造成错开切口。除 EcoRI 外，类似的酶已发现许多其异性尾部的序列亦已了解。互补单链尾部通过碱基配对相结合因而称谓"有粘力的"或粘性末端。

由于配对仅存在于互补碱基序列之间，从 EcoRI 产生的有粘性 AA-TT 末端不会和由 Hind Ⅲ 产生的 AGCT 末端结合，但同样产生的任何两个片段（不论它们的来源是什么）由于 DNA 连接酶的作用能粘接后巩固在一起。这种实验最先由美国斯坦福大学医学院生化系 Janet Me-tz 和 Ron Davis 做出。他们认识到 EcoRI 与 DNA 连接酶方法应该为在体外特异性遗传重组提供一个普遍的手段。

EcoRI 产生特异的粘性末端通过 DNA 连接酶密封后发展了第一个应用方法。将特异的 DNA 片段克隆化，不论其来源是什么。这方法是将一个 DNA 分子的 EcoRI 片段随机地引入 EcoRI 截段的环状质料 DNA，这嵌物体质粒引入无质粒的细菌。1973 年 Boyer H 和 Cohen S 第一次成功地完成这实验。后来进行其他实验，从微生物、动物、植物的各种外来 DNA 能插入这种质粒；例如 EcoRI 对大肠菌染色体约有 500 个不同的识别部位。通过将 EcoRI 片段随机地插入 λ 质粒（PSC 101）就能克隆化，然后对分离出来的大肠菌基因进行遗传学以及生化实验。

15. 1973 年重组 DNA 技术有可能产生潜在危险性，新的微生物引起科学工作者以及广大群众的关心

1973 年 6 月在美国新罕布什尔州（New Hampshire）召开的核酸

"Gordon 会议"上提到重组 DNA 的问题,导致会议主席 Maxine Singer 和 Dieter Soll 写信给美国科学院院长 Philip Handler 要求科学院组织——委员会探讨重组 DNA 技术的可能后果。另一封信给美国"科学"期刊,公开宣称有些分子生物学家关心重组 DNA 实验可能引起新的"生物公害"。事实上 1971~1973 年间有些分子生物学家已从大肠菌和它的噬菌体工作转向组织培养中的动物细胞和动物病毒,特别是肿瘤病毒。1971 年 Paul Berg 的研究生 Janet Mertz 在纽约冷泉港实验室报告他们的计划,用 SV_{40} 病毒作为载体将外来基因引入动物细胞。由于一位分子生物学家(Pollock R)写信给 Berg 表示对工作的忧虑,Berg 他们的计划实验推迟了。

1974 年美国科学院对 Gordon 会议主席的建议作出反应,在"科学"和"自然"两期刊上发表所谓"延期实行"(Moratorium)。

1975 年美国科学院和科学基金会在加州召开所谓"Asilomar"(加州的一个地方名)国际会议专门讨论有关重组 DNA 的潜在危险问题。会上争论非常激烈,四天会议的最后一个下午才写成一个大家意见比较一致的"临时会议纪要"。

这纪要强调重组 DNA 实验,号召发展完全的细菌和质粒,不允许它们"逃出"实验室。

1976 年美国国家卫生院公布第一个"保卫规程"(guard line),对重组 DNA 实验作了许多规定,但是问题并没有得到解决,因为有些分子生物学家认为这方面的研究工作仍受到一定程度的限制。

1978 年"保卫规程"进行修改,允许可用病毒 DNA 进行重组 DNA 的研究,修改的规程在 1979 年 12 月的"联邦记录"(Federal Record)上公布了。

16. 1977 年美国第一个基因工程公司的成立

1977 年在美国加州旧金山附近成立第一个遗传工程公司(Genentech)。该公司主要用重组 DNA 方法生产医学上重要的药物。Genentech 获得国家卫生院批准五种产品:人生长激素释放抑制因子(Somatostatin)、人胰岛素 A 和 B 链、人胰岛素原和胸腺素 α-1(thymosin alpha-1）。人生长激素释放抑制因子是重组 DNA 正式生产的第一种产品。

17. 1977 年断裂基因的发现

一直到最近科学家们假定细菌的基因和高等生物的基因是类似的，但 Philip Sharp 领导的和 Philip Lder 领导的实验组各自发现两者有显著的区别。细菌 DNA 的所有碱基以三对三由酶解读和直接译成氨基酸，但病毒和哺乳动物 DNA，编码氨基酸制造蛋白质的 DNA 组成被不能译录为任何蛋白质的序列所隔开，即所谓"断裂基因"。

这些夹在中间的序列或称"内含子"改变了对人基因是怎样工作的传统看法，DNA 碱基复制为一个 RNA 分子。但是在适当的信息带到装配氨基酸的细胞区域，首先通过酶的加工，它们必须从内含子切出，然后把余下的编码片段连接。这是 DNA 克隆化的最重大的发现。

如果基因分为小段，则必须有一个理由。Gilbert W 认为一段一段的基因可能对人的进化有帮助。它之间被空白分开、能移动形成有意义的新句子而不像整段出来那样混乱。同样地，如果基因被内含子分隔，则 DNA 信息能更易于调整组成新基因的新组合。这些新的 DNA 组合有可能改变细胞性质从而给生物一种选择的优势。

18. 1977 年长段 DNA 序列的快速分析方法的发展

当获得第一个限制片段时还没有好的方法对它们直接进行序列分析，惟一的办法是用 RNA 多聚酶合成它们的互补 RNA 链，然后用 Sanger F 的新的 RNA 序列分析法。Weisrman S 和 Fiers W 利用 Sanger 的方法，在 1976 年完成 SV_{40} 病毒 DNA 5 200 碱基对半数以上的序列。DNA 序列分析的突破是在 1975 年 Sanger F 创立所谓"加减法"的 DNA 序列分析。它是根据 DNA 多聚酶将 DNA 链延长，应用这技术，小的 DNA 噬菌体 ΦX174 的 5 586 碱基对很快地测定了。在同年（1975 年）Gilbert W 和 Maxam A 根据 DNA 链的化学降级测定 DNA 序列，$SV_{10}D$ 的 5 226 碱基对以及重组质粒 pBR377 的 4 362 碱基对也很快地弄清楚了。

几个月后，Sanger 根据 DNA 链的延长发展了另一种方法。用 DNA 特异性链延长的抑制物获得 DNA 链，这些链往往在特异性碱基终止（G、C、A 或 T），然后在任何链上测定确切的序列。Gilbert 实验室的 Surcliffe G 利用这种方法很快地测定噬菌体 G_4 的 5 577 碱基对。

现在，任何适当大小的 DNA 片段（3 110 000 碱基对）对任何受过训练的生化遗传学者完全可以完成任务，从一个基因的序列就很简单推断它指令的蛋白质的氨基酸序列。现在测定一种蛋白质的序列往往采用间接法而不用直接测定蛋白质的序列。

19. 1979 年美国国家卫生院的"保卫规程"的放宽

有关重组 DNA 的争论长达 8 年之久，可以认为是达尔文进化论后在生命科学中又一次大论战。通过几年的实践，到 1979 年，在世界各国的实验室中培养成万上亿的细菌结合病毒、原生动物、海胆、昆虫、蛙、酵母菌、哺乳动物、植物以及无关的细菌引入大肠菌，并未引起危害后果，而大部分实验都是在美国联邦保卫规程的严格控制以前进行的。因此到 1979 年经过几次修改，保卫规程大大地放宽了，科学家可在最少限制条件下进行工作。

20. 1980 年诺贝尔化学奖金的获得者

1980 年瑞典科学院宣布化学诺贝尔奖授予三位对重组 DNA 有贡献的科学家，他们是美国斯坦福大学的 Paul Berg（重组 DNA），哈佛大学的 Walter Gilbert 和英国剑桥大学的 Sanger F（DNA 序列分析）。

结 束 语

几年来，利用重组 DNA 技术不论在基础研究和实际应用方面都有很大的进展。在基础理论方面，我们需要了解基因的结构与功能，而这技术对分离大量纯的特殊的 DNA 片段提供了一种比较方便的途径；例如，重组 DNA 技术已提供给我们有关引起细菌对抗菌素抗性的质粒的结构以及使我们深入到这些质粒是怎样自身繁殖的，怎样演化和它们的基因是怎样调节的。又如，使我们能鉴定人细胞中 100 000 基因，这知识有可能用健康基因代替缺陷基因从而战胜血友病和镰形细胞贫血病等。有相同基因的细胞怎样能分化为皮肤、肌肉和神经？一个正常细胞怎样变成癌细胞？由于过去我们不能从高等生物的染色体分离特殊的遗传区域，限制了对复杂细胞的了解，用重组 DNA 技术可提供基因是怎样组成染色体的和基因的表达是怎样控制的等知识。有了这些知识，我们能开始了解基因在结构上的缺陷等问题。

至于应用方面，1979 年通过重组 DNA 技术第一次在大肠菌中实现人生长激素的生产，最近几年干扰素、人胰岛素等亦已基本上成功地生产。1981 年我在美国访问几个研究所时，被告知抗口蹄疫苗的基因工程的成功，重组 DNA 技术不论在理论上和实际应用上的发展目前还不能作充分的估计，"生物科学的时代"已经来到了。

虽然有关重组 DNA 的保卫规程已放宽，科学家们正在努力进行各方面有关的研究工作，但最近美国"Time"期刊（1983 年 6 月 20 日）上以"科学家不应和上帝开玩笑"的标题报道美国许多宗教团体要求美国国会立法禁止人遗传工程和动植物一切改变遗传性的研究，理由是"环境的轮盘赌任何错误是不能挽救的"。除神学家外，在生物学家中也有分歧，其中包括诺贝尔奖金获得者 Poly Carp Kusch 和 George Wald。后者是美国哈佛大学生物系生化教授。他同意神学的观点，说"谁来定这些规格呢"（指改变人的基因）。但他们并不反对重组 DNA 技术用来消除疾病和大量生产药品如胰岛素、干扰素等以及将来可能改变人基因治疗血友病等遗传病，他们说，他们反对的是对人基因进行改变，一切科学革命——从伽利略对行星的观察到原子的裂解——总会引起人们的怀疑、争论和反对，重组 DNA 也不例外，但科学的真理最后一定会胜利。

（1984 年）

参 考 文 献

一般

[1] Watson JD and Tooze J. The DNA Story. WH Freeman Co, San Francisco, 1981

[2] Grobstein C. The Recombinant DNA Debate. Sci Amer 237:1, 1977

[3] Stockton W. On the Brink Altering Life. The NY Time Magazine/Feb, 17, 1980/Section 6

[4] Sheils M and Dentzer S. The Miracle of Spliced Gene. News Week Mar 17, 1980

[5] Stent GS and Calendar R. Mol Genet. 1978, 2nd ed.. Wh Freeman, San Francisco Portugal FH and Cohen JS (1977) A Century of DNA. MIT Press Cambridge (Paper back edition 1980)

[6] Watson JD. The Double Helix Artheneum NY (Paper Back), 1968

[7] 罗明典. 病毒基因工程进展. 北京微生物所情报资料, 1980

[8] Jadson HE. The English Day of Creation Siman and Schurter. NY. 1979

研究报告

有关 DNA 连接酶

[9] Melselson M and Weigle JJ. Proc Natl Acad Sci USA. 47:857, 1961

[10] Kellenberger GM et al. ditto. 47:869, 1961

[11] Young ET and Sinsheimer R. J Mol Biol. 10:562, 1964

[12] Bode VC and Kaiser AD. Proc Natl Acad Sci USA. 14:399, 1965

[13] Gillert M. Proc Natl Acad Sci USA. 57:148, 1967

[14] Weiss B and Richardson CC. ditto. 57:1021, 1967

[15] Olivers BM and Lehman IR. ditto. 57:1021, 1967

[16] Gefter ML et al. ditto. 58:240, 1967

[17] Conarelli NR et al. Biochem Biophys Res Commun. 28:578, 1967

[18] Okazaki R et al. Proc Natl Acad Sci USA. 59:598, 1968

[19] Weiss B and Richardson CC. ditto. 59:148, 1947

有关遗传密码

[20] Nirenberg M. Sci Amer. 208:80, 1963, offprint 1052

[21] Criok F. ditto. 215(4):55, 1964, offprint 1052

有关 mRNA

[22] Weiss SB. Proc Natl Acad Sci USA. 46:1020, 1960

[23] Harikitz J et al. Cold Spring Harber Lad Symp Quant Biol. 26:91, 1961

[24] Stevens A. Proc Natl Acad Sci USA. 69:603, 1972

有关第一次重组 DNA 分子

[25] Mertz JE and Dayis RW. Proc Natl Acad Sci USA. 69:3370, 1973

[26] Cohen SN et al. ditto. 70:3240, 1973

有关质粒

[27] Cohen SN and Boyer HW. US Patent. 1980(19)（附有关文献）

有关限制酶

[28] Smith H and Wilcox KW. J Mol Biol. 51:379, 1970

有关断裂基因

[29] Gilbert W. Nature. 271:501, 1978

[30] Tilghman SM et al. Proc Natl Acad Sci USA. 75:725, 1978

[31] Tilghman SM et al. Proc Natl Acad Sci USA. 75:1309 1978
有关 DNA 序列分析
[32] Sanger F et al. fProc Natl Acad Sci USA. 74:5463, 1977
[33] Sabger F et al. Nature. 265:687, 1977

病毒学的观点与趋势

高尚荫

病毒能引起人类、家畜和作物很多危害性的疾病。研究病毒的主要目的是为了有效地防治和消灭各种病毒性疾病。病毒从其性质说又是生命最原始的形态,在宿主细胞外与一般化学分子没有什么区别。事实上最简单的病毒是含有作为它们基因组的一个核酸颗粒[脱氧核糖核酸(DNA)或核糖核酸(RNA)]。这核酸装在一个蛋白质外壳内。近年来又发现更简单的所谓"类病毒",反由一种核酸组成,没有蛋白质外壳。但是病毒一旦侵入细胞后就发生一系列的变化,体现生命物质的基本特征:生长与繁殖、遗传及变异以及与宿主细胞间的相互反应。因此研究病毒的另一个目的是通过对病毒的认识使我们对生命物质的一些基本问题得到进一步的了解,甚至可以推测生命起源的过程。这样看来病毒研究在理论上和实践中以及哲学上都有其重大的意义。正因为这原因,病毒研究从1935年分离、提纯、结晶后在生物学的发展中占有特殊的地位,并已形成一门独立的科学,即病毒学。

近年来,由于分子生物学的发展使病毒学这一门独立性学科似乎模糊起来了。但是分子生物学是在"结构生物化学"和细胞遗传学两门学科的基础上成长起来的。这两门学科的充实和发展又来源于对病毒的研究。

生物学像所有学科一样已发展到成熟的阶段,它像物理学从普朗克到玻尔,像化学从费歇尔到鲍林一样,从沃森到克里克对双螺旋DNA结构的提出已在达尔文和孟德尔所提供的更精确的水平上统一起来了。生物学的分支学科如遗传、细胞学、生物化学等之间的界线由于现代细胞生物学的兴起已越过范围，使20世纪50年代和60年代茂盛的病毒学已逐渐分散到其他学科中去了。但是，病毒学在分子生物学的发展中起着这样的重要作用，并且仍然是生物学和生物医学研究的一个重要领域，使我们有理由保持这门学科的统一性。因此，目前病毒研究不但没有削弱反而大大地增强了。1987年和1988年的两届国际病毒学学术会议上提出的论文无论是数量还是质量都充分说明了这一点。

病毒研究的水平，上面已提及向分子水平发展，这是病毒研究发展的必然趋势，近年来已有《分子病毒学》专著出版。从病毒研究涉及的领域看，目前可以说在向两个主要方面发展。

一方面是结合实际的研究，包括各种病毒的分离和鉴定，病毒病诊断的更快速更灵敏的方法，疫苗的装备和改进，以及各种病毒群在组织培养中的生长特性等。近年来已出版有《临床病毒学》，主要涉及这方面的知识。此外利用病毒防治农业上的害虫和医学上的媒介昆虫并联系环境保护。由于在用病毒防治中释放大量病毒到自然环境中，它们对非靶的生物（包括人在内）是否发生致病影响是一个极其重要而应注意的问题。结合实际方面的研究虽然极其重要，但不是"时髦"的领域，原因可能是对科学研究的目的和水平的理解不同，其实结合实际的研究不是不出理论的。

另一方面是基础理论的研究。它又分为两个方面：一、对病毒本身的研究，也就是了解病毒的特性如精微结构和形态发生，感染过程，发病机理，复制病程以及与宿主细胞间的相互反应；二、病毒作为模型研究生物的一些基本问题如生长繁殖，遗传变异尤其是近年来有关遗传信息的传递、转录、译录、细胞转化等以及最近的重组体DNA技术、DNA序列分析方法和阐明病毒结构的结晶学电子显微术的发展（Aavon Kluu 1982）。这两方面是目前病毒研究中最活跃的领域。

基于病毒学的重要性和一门独立的学科，武汉大学在1978年成立了病毒学系，已招收硕士和博士研究生，为四化培养专门人才。

(1984年)

技术和概念在科学进展中的重要性
——全国第一届分析微生物学会学术讨论会开幕式上的讲话

高尚荫

最近一位分子生物学家说 1985 年的生物学和 10 年前的生物学大不相同，起了"革命性的进展"。事实确实如此，近年来出现的研究技术使最优秀的实验生物学家过去难以进行的实验成为常规的实验工作了。新的分子生物学的发展以惊人的速度建立起生物工程的工业，更重要的是它改变了人们对生命体（从病毒到人）的认识。

生物学一直是描述的科学，成千上万的生物体的种类、特性和结构等都是在整体或显微镜的水平上了解的。因而生物学只能了解它们生命过程的结果而不是引起结果的动力。实验工作可以观察到一种细菌的致病过程或一个胚胎的发育，但是这些观察并不能对任何基础机理的真正了解提供线索。

显微术的发展大大地增强了我们观察细胞和亚细胞的细胞器的能力。电镜术进一步显示细胞的精微结构，但它们的基本机理没有得到解释。这使我们认识到许多生物学现象的最后因果机理依赖于发挥作用的细胞的特异性分子。最重要的分子中当然是带有遗传信息的 DNA。现在 DNA 能被切开、修饰和重组合。能扩大许多拷贝，最显著的可能是用 DNA 生产人们需要的大小和成分的 RNA 后再合成蛋白质分子。对这些新的发展方面基因克隆技术起了决定性的作用，这技术的出现改变了生物学的面貌。由于理论需要发展相应的技术和方法，技术和方法反过来又促进理论研究的深入，两者是相辅相成的。基因克隆技术和生物学进展的关系正是如此。

这次第一届分析微生物学术讨论会的召开，如果我的理解是正确的,那就是利用新技术和方法为微生物研究的深入服务,因此这次会议对今后我国微生物学的发展将起促进作用,这是我讲的第一点。

第二点,我要讲的是概念的发展在科学进展中的重要性。人们心目中的"发现"是科学的象征。新的发现往往容易受到重视,因此新闻界以新的发现衡量科学。诺贝尔创设"诺贝尔奖金"条件时以新的发现为标准、特别是对人类有益的发现。但如果认为科学仅是事实的累积就会使人产生误解。不论在生命科学或可能同样地在其他科学,大部分的主要进展是由于引出新的概念或改进已有的概念。认识世界也可以说是通过概念的改进而不仅是新事实的发现,虽然两者有联系。1953 年 DNA 双螺旋结构的发现使基因有了新的概念,从而"经典遗传学"发展为"分子遗传学",因而在科学进展这过程中必须重视概念。

最后祝大会成功,同志们身体健康。我希望我还能参加第二届分析微生物学学术讨论会,看到新的技术应用于微生物学的研究,从这些研究中引出新的概念。

(1986 年 10 月 29 日)

20世纪病毒概念的发展（代　序）

高尚荫

THE DEVELOPMENT OF VIRUS CONCEPTS IN 20TH CENTURY

Gao Shang-yin

在人们的心目中"发现"是科学的象征，新发现往往容易受到重视。因此新闻界以新的发展衡量科学，当诺贝尔提出"诺贝尔奖金"条件时是以新的发现为标准，特别是对人类有益的发现。但是如果认为科学仅是事实的积累就会使人发生误解，不论在生命科学或可能同样地，在其他科学，大部分的主要进展是由于引出了新的概念，或改进了已有的概念，认识世界也可以说是通过概念的改进，而不仅是新事实的发现，虽然两者是有联系的，1953年DNA双螺旋结构的发现使基因有了新的概念。从此遗传学从"经典遗传学"发展为"分子遗传学"。因此在科学进展的过程中必须重视概念的发展。

一、过滤性感染因子的发现和两种病毒概念的争论

1892年D. I. Ivanovski在研究烟草花叶病过程中，发现患病的致病因子能通过细菌过滤器，但他认为致病是由于产生毒素的细菌引起的（1892 Sel Kehz. Lesov 169(2):108-121）。1898年M. W. Beijerinck报道烟草花叶病的致病因子具有三个特点：能通过细菌过滤器；仅能在感染的细胞内增殖及在体外不能生长。根据这几个特点他提出这致

病因子不是细菌而是一种新的致病因子，称之为"感染性活菌液"（原文为"Contagium Virum fluidum"）（1898 Versh. gewene Vergad. Wisen natuurk Afd. K. Akad. wet. Amst. 7：220-235）。1898 年 Beijerinck 的论文发表后，1903 年 Ivanovski 发表他最后总结有关烟草花叶病的工作（此后他转向植物生理学不再进行植物病毒的研究）。文中他强调过滤性实验的优先权应属于他，但重申他的细菌说。Beijerinck 则坚持他的感染性活菌液说。当然 Ivanovski 首先发现这因子的过滤性是事实；但对病毒概念的发展并没有什么影响。相反的 Beijerinck 提出了新的病毒概念。

19 世纪末期病毒的概念有两种：微生物概念和非微生物概念。这两种概念并没有澄清任何病毒的本质。由于当时还没有直接研究病毒特征的技术和方法，因此对这两个概念不可能肯定或否定哪一种是正确的。但是在 19 世纪转入 20 世纪时这两种概念的争论激发了大量有关病毒的研究。到 20 世纪初期，病毒的微生物概念处于主导地位，因为大多数病毒学工作者是医学病理学家和细菌学家。他们偏向病菌说，于是很自然地采纳了病毒的微生物概念。至于病毒的过滤性和超显微性，则以体积非常微小来解释；同时病毒不能在体外生长则以还没有找到合适生长的条件为理由。显然 Beijerinck 的观点走在时代的前面，当然不符合 19 世纪末期有关传染病的两种学说即"病菌说"和"细胞说"，同时更不符合"细胞生细胞"的观点（R. Virchow 的"Cellulaex Cellula"），正如巴斯德的名言，"只有准备了的头脑才能发现"（"Only the prepared mind makes discovery"）。新生事物往往不易被人接受在科学史上的例子很多！但当时也有人对病毒的微生物概念表示怀疑，他们认为病毒不能在体外培养是 Beijerinck 学说的核心问题。至于病毒的过滤性和在体外不能生长是两码事，不过是巧合而已。

二、20 世纪早期的 10～20 年代

20 世纪早期的病毒研究主要在病毒病，而不在病毒的本质，因为识别某些传染病比识别病原体要容易些。当然病毒研究也还没有取

得统一的实验途径。病毒学者分为动物或植物病理学家和细菌学家。后来出现噬菌体工作者，他们各自持有不同的病毒概念分别进行工作。

人和动物病的研究工作者大多数是医学病理学家和细菌学家。他们从细胞说和病菌说为主体，假定这些微小的过滤因子是微生物（或细胞）。到19世纪最后几年，植物病理学家发现有些植物病的病原体是细菌，因此把病毒致病误认为由植物的酶和一些化学介质引起的，因而倾向非微生物概念，至于噬菌体工作者的兴趣在抗细菌性感染的治疗作用，他们并不关心病原体是微生物或非微生物。

在这些年代里对病毒的概念虽然没有什么改变，但当时对病毒的认识是有进展的；例如对黄热症（1901）、脊髓灰质炎（1909）和其他由过滤性因子能引起许多疾病。

长期以来注意到细胞的内涵物和某些传染病相关。20世纪初期这个问题引起相当大的争论。内涵物在光学显微镜下能显示是病毒存在的证据，但它们究竟是真正的病原体呢？还是原生动物在细胞内生命过程的一个阶段呢？或者仅仅是细胞的反应产物？换句话说，内涵物虽然能在显微镜下看得到，但它们究竟是什么并不清楚。从病毒概念说，包涵体的研究对病毒的本质并未说明什么问题。但也不能否认根据它们的生物学共性（如作为细胞内的内涵物）比以纯物理性质如过滤性和大小是超显微的进行分类似更有意义。

1908年 V. Ellermann 和 O. Bang（Centbl, Bakt, Parasikde 1908, Abt, I, 46：595—609）发现通过滤器制备的白血病肿瘤无细胞滤液能引起小鸡发病。他们对病原体未加解释，仅仅说是"有组织的"（Organized）；1911年 P. Rous（J. Am. Med. Assoc. 1911, 56：198）证实家禽肉瘤也同样能通过宿主传递。由于这病原体是过滤性所以认为是病毒。

Rous 的发现激发了人们对肿瘤的本质及其与癌之间的可能关系的兴趣。它们是有生命的或是新生的？究竟是肿瘤引起病毒还是病毒引起肿瘤？虽然 Rous 本人坚持这种肉瘤的病原体是有生命的，但也有人相信它们的来源是受伤的宿主细胞的一种无生命的物质对正常细胞起了还不了解的作用。在相当长时间内 Rous 的工作未受到应有的重视，也就是说明在1911年他发现这种病毒，过了45年之后在1956年才获得诺贝尔奖。Rous的发现提出了一个新的概念：病毒引起肿瘤。

1915年F. W. Twort发表一篇论文"超显微病毒本质的研究"（Lancet 1915，2：1241—1243）。这篇论文标志着病毒研究的一个新的阶段。这篇论文对病毒的概念以及生物学的一些基本问题具有深远的影响。Twort描述一种能裂解细菌的"过滤性要素"（filtrable Principle）1911年P. Rous（J. Am. Med. Assoc. 1911，55：198）证实家禽肉瘤也同样能通过宿主传递。由于这种病原体是过滤性的，所以认为是病毒。

裂解现象能传递给新的细菌培养，这是第一次表明细菌和动物或植物一样，也有感病性。由于Twort本人当时还不能肯定自己的发现，以及第一次世界大战对科学工作的干扰，他的重要贡献默默无闻地过去了。

1917年F. d'Herelli又发现Twort的裂解现象，并证明裂解因子在传递中还能增殖（C. R. hebd. beanc. Aca. Sci. Paris 1917，165：373-375）。他认为这是由具有抗Shiga痢疾的菌超微性微生物引起的。他命名这种因子为细菌噬菌体，属于"过滤性病毒"（filtrable virus）。

d'Herelli的噬菌体工作如Rous的肉瘤病毒工作一样引起了广泛的兴趣和热烈的争论。当然当时不是所有的人都同意d'Herelli的观点即噬菌体是有生命的。有些人认为是细菌的酶，被刺激后合成更多的酶，最后使细菌裂解。另外也有人则坚持细菌自发地释放噬菌体。当时人们对噬菌体的注意力在利用它们治疗细菌感染的可能性，这一愿望未能实现，但是噬菌体的发现开阔了病毒研究的一个新领域，对病毒的概念和生物学的一些基本问题、特别是有关基因的本质具有极其深远的影响。

20世纪早期人们对过滤性因子的知识逐渐增多了，但它们的大小致病性以及对物理和化学因子的抵抗能力等还存在着明显的差别，因而提出它们可能不是同源的生物群，有些属于原生动物或细菌。

在工作的进程中认识到根据过滤性和超显微大小作为鉴定病毒的

标准是不适当的,第一,过滤性因子不一定是超显微如牛胸膜炎;第二,有些亚显微致病因子并不例外地能通过滤器,这并不仅是滤器孔径和过滤物之间的关系,其他因子如培养基的性质,分子引力和毛细管作用以及过滤的持续时间和压力等也应加以考虑。因此过滤性或显微大小并不能作为区别病毒和其他感染性因子的准则。可是"过滤性病毒"这名称在20世纪还持续出现在文献中。

企图将病毒在人工培养基上培养,遭到失败,是因为许多学者当时没有认识到,病毒不能在生活细胞外复制是它的特征之一。

三、20世纪30~50年代

20世纪30~50年代病毒的研究主要在病毒本质的确定,噬菌体工作的再起和新技术的发展。

当时研究病毒的科学家往往将病毒的本质与病毒的大小联系在一起,他们认为病毒的本质问题就是病毒是有生命的还是无生命的。生命的单位究竟有多少蛋白质单位?如大分子那样大小的病毒具有生命的特征吗?归根到底还是生命与无生命的区别。20世纪早期利用火棉胶膜测定口蹄疫病的直径,认为这样小的病毒不可能是有生命的,当又发现比口蹄疫病毒大好几倍的痘病毒以及噬菌体的大小也很不相同时就认为较大的病毒是微小的微生物,较小的是感染性化学物质。

20世纪40年代量子物理学家E. Schrodinger所著的"生命是什么"一书出版后(1944,Cambridge Univ. Press),引起了许多物理学家的兴趣,并转向生命科学,他们坚信生命的最后秘密也就是基因的本质和复制方式,可以从物理学和化学规律解释,在科学上是可以了解的。这思想在这些物理学家之一的Max Delbruck在"一个物理学家看生物学"一文中表达出来了("A Physicist looks at biology",Trans. Conn. Acad. Sci. Arts 38:173-190)。Delbruck选择噬菌体为对象研究遗传的机理,把噬菌体研究引向遗传学问题并和S. E. Luria与A. Hers ey组成"噬菌体小组"。这小组吸收各学科的科学家分工合作进行噬菌体工作,使噬菌体研究出现一个崭新的局面。他们有明确的目的,独立的见解,切合实际的方法,主要工作包括病毒的感染、突变和遗传重组等。他们的技术和理论为分子生物学的形成奠定了基础。1978 年祝贺 Delbruck60 岁寿辰时，他们出版的"噬菌体和分子生物学的起源"专著概括了他们的主要贡献。

1935 年 W. M. Stanley 在美国科学促进会年会上宣读了一篇论文"具有烟草花叶病毒性质的一种结晶体蛋白质的分离"（1935，Science 81:644-645），报告他成功地分离并结晶了烟草花叶病毒，在报告中提出烟草花叶病毒可以认为是自催化的蛋白质，目前可假设为需要生活的细胞存在时才能增殖。Stanley 将病毒的生物活性联系化学实体，证明病毒可以从生化和经典的微生物学观点进行研究。过去对病毒的兴趣是以病毒作为传染病病原体，但现在转向探索病毒的组成、感染和复制现象，进行病毒的生化研究，但又重提病毒是生物还是非生物的老问题。一般说病理学家和微生物学家认为病毒是生命体，但理化科学家争辩它们是无生命的化学物质，在这种争论中可以看到 Stanley 的烟草花叶病工作开辟了病毒研究的新方向，对病毒提出了新概念，病毒作为生物体或化学物质能引起传染病。

Stanley 最初以为烟草花叶病毒是大的蛋白质分子，但在 1973 年 F. C. Bawden 和 N. W. Pirie 报道这病毒也含有核酸和核蛋白质分子时对病毒的概念又进了一步（Proc. Roy. Soc. 1973，B. 127:274-320）。

技术方法在 20 世纪早期的基础上因进一步的应用而发展了。组织培养的广泛利用不仅使病毒依赖生活细胞才能增殖的概念得到普遍的接受，并又发现脊髓灰质炎病毒能在非神经组织中培养。空斑技术的发明有利于动物病毒的滴定和有利于病毒的感染和免疫在细胞水平上的研究。电镜随金属投影、超薄切片、负染色等技术以及最近结晶学技术（1982 年 Cry Stallographic electron Microscopy）的应用增加了分辨率而进一步明确了病毒的结构与功能的关系。

总的说来，20 世纪病毒的概念在下列几个方面得到了发展：

1. 所有的病毒有一个共同的物质结构，一个基本概念的改变是认识到虽然病毒在形态上、宿主特异性上以及病理活性上有很大的区别，但是所有的病毒都有一个共同的结构，那就是病毒只有一个外部的蛋白质外壳和一个内部核酸核心，核酸类型是 DNA 或者是 RNA，但不是两者兼有。在此概念上对病毒首次能够作准确的定名和分类了。Lwoff 等（1942 年）根据上述原则为病毒分类提出了"病毒系统包括了病毒核酸的类型（DNA 或 RNA）"；螺旋对称或立方对称以及衣壳是裸露的还是囊膜包围的等。他们的提案于 1965 年及最近被病毒分类委员会修改并采纳了。

2. 第二个基本的改变是认识到所有病毒都以两种形式之一而存在：一种无代谢活力的、但能传递的病毒粒子（Virion）；另一种是营养性病毒，它也是宿主细胞有活力的组分。例如，噬菌体的生长周期可分为 5 个阶段：病毒粒子吸附于细菌表面，核酸侵入细胞，在被感染细胞内 DNA 复制，病毒成熟和释放于细胞外，在感染的细胞内是营养性病毒、成熟后释放的是病毒粒子。这个例子一方面说明了病毒在细胞水平的复制，同时更清楚地阐明病毒与细胞的相互关系。

3. 第三个基本概念的改变是在分子水平上所有的病毒都有一个共同复制机理。这机理不但在病毒学中而且在整个生物学中占有重要地位，就是通过基因组的复制才能保证遗传信息世代相传。核酸分子复制的正确性决定于双链 DNA 分子中两条链碱基顺序互补的正确性。因此只要有了一条链的顺序，就可用这条链作模板，来合成互补链。不论是对双链或单链 DNA 或 RNA 基因组来说都是一样的。

四、类病毒和羊瘙痒因子

1971 年 T. O. Diener（Virology, 1971, 45：411-428）在马铃薯纺锤形块茎病中抽提出一种感染性物质。最初以为是病毒，但通过一系列检测，证明这是一种新的病原体，和一般病毒不同，它是分子量很低的 RNA，并且没有蛋白质的存在。Diener 称它为类病毒（Viriod）。类病毒必须依赖宿主的生物合成系统才能复制，因为没有发现一种介于中间的类病毒复制的"辅助"病毒。类病毒的发现不仅给亚显微感染性因子一种新的概念，同时给微生物学增加了一个新的领域。类病毒是较病毒更小、更简单的复制单位，能在植物中引起病害，并且在动物中也可能存在这类因子。

五、羊瘙痒病因子（Scrapie agent）

两个世纪以来对羊瘙痒病的病因的讨论都未得到确切的答案，直到 1980 年 S. B. Prusiner 等（1980，Biochemistry 19：4884-4891）报道羊瘙痒病是由一种蛋白质感染因子引起的并命名为"Prion"（有人译为"元病毒"）。这个报道使人们震惊，因为它与"中心法则"是背道而驰的，但是最近 Oesch（1985）的工作表明 Prion 蛋白在感染前就被宿主细胞基因编码，并在感染前和感染后已被充分地表达，是正常细胞的一个组分，但 Prion 专一性的核酸尚未找到。Oesch 的实验结果对 Prion 的研究深入了一步，但有些重要问题尚未澄清，例如，Oesch 既证明 Prion 是正常细胞的一个组分，那么这种 Prion 蛋白在细胞的什么地方？它起什么作用？Oesch 的结果还没有揭示羊瘙痒病因子的本质。这因子的性质是否仅由宿主编码的 Prion 的蛋白决定，是否需要其他成分；如果 Prion 蛋白单独就能决定，为什么不在所有的细胞中产生病变？当然关键的问题是羊瘙痒病因子到底含不含核酸。不论将来这些答案是什么，如果明确了 Prion 蛋白质的基因，必然会改变我们对因子的想法和了解。如果说这因子没有核酸，是一种新的致病因子，这是非常了不起的新概念！如果说存在着核酸，这种因子也值得注意。对这问题目前应采取慎重的态度。

病毒学作为一门独立学科的出现是在 20 世纪 50 年代后，为什么这样说呢？（一）病毒是一种特殊的传染病因子，不同于一般微生物；（二）病毒研究需要特殊的技术和方法；（三）病毒学工作者也认为自己是"病毒学家"，不是病理学家、生物化学家或微生物学家。既有病毒学家，当然应有"病毒学"这门学科；（四）动物、植物、昆虫和细菌病毒学工作者更注意病毒的本质、病毒的结构与功能的相似性和特点，较少注意它们引起的疾病。近年来出版的病毒学教材如 Luria，Gould 和 Sanger 的"普遍病毒学"反映了这种病毒学研究方向的调整；（五）国外有关病毒学专门刊物相继发行了，如 1939 年出版的第一种病毒专刊"Archiv fur die Gesamte virus-furschung"，1955 年的"Virology"，1967 年的 Journal of General Virology 等相继发行，国内 1979 年出版"病毒学集刊"现为"病毒学杂志"，1985 年又出版"病毒学报"；（六）病毒学的专门研究单位国际上有德国的"Max-Planck Institute fur Virusfurschung"，美国加州大学的"Virus Laboratory"等。国内有中国预防医学中心病毒学研究所和中国科学院武汉病毒研究所，1978 年武汉大学设立了"病毒学系"。

六、病毒概念的现状

Watson，Tooze 和 Kuruz 在 1983 年出版的"Recombinant DNA"一书中对病毒作了如下的描述："对这些只能在生活细胞内增殖的微小致病粒子的本质长期以来有争论，有些科学家认为它们是裸露的基因，有人认为它们是最小生命形式，只有将它们提纯后在电子显微镜下观察，才能显示它们的本质，它们肯定不是细胞，但在细胞内增殖时失去了它们的身份。可以认为它们是遗传水平上的寄生物，研究它们怎样增殖，对了解基因的结构和功能有很大的帮助"。因此早期关于病毒的微生物概念和非微生物要领的争论早已失去了意义。

R. A. Weinberg 在 1985 年 10 月发表的"生命的分子"一文中（Scientific American）表示：1985 年的生物学大大地不同于 10 年前的生物学，这个变化的原因，归根到底在于"革命性的技术"的出现，事实确是如此。由于理论研究的需要发展了相应的技术和方法，技术和方法反过来又促进了理论研究的深入，两者是相辅相成的。

1971 年限制性内切酶技术（Arber 1965；Smith 和 Wtlcox 1970；Dana 和 Nathans 1972）的发现为 DNA 序列分析和整个病毒基因组的定位提供了条件。以这些技术为基础成功地为某些病毒如乳多孔病毒、腺病毒、疱疹病毒等作了图谱，另一种技术如钙技术（Calcium technology）大大地增加了在真核细菌的 DNA 转感染效率和在体外设计建造突变型（Green 等，1978），促进了基因转移方法的发展和特异性病毒功能基因的定位，特别是转化基因。20 世纪 70 年代利用 Southern blot 技术的发展，分析了在转化细胞内整合在细胞 DNA 上的病毒基因的物理性状态（Southen，1975），以及加快了 DNA 序列分析过程。（Maxam 和 Gilbert，1977，Sanger，1977）

此外，20 世纪 70 年代出现的 DNA 重组技术，使特异性基因能在原核细胞载体中克隆，并在细菌中获得大量的材料，从而可以研究基因的结构。近年来利用病毒作为表达载体生产 β 干扰素和 β 半乳糖酶和疫苗都获得了良好的效果（Summers，1984，Miller 1981，Smith 和 Moss 1984），以上的技术促进了病毒学和分子遗传学的发展，也引出了病毒的新概念。

目前对病毒的概念可以说是：病毒是在代谢上无活性、有感染性而不一定有致病性的因子，它们小于细胞，但大于大多数大分子，它们无例外地在生活细胞内繁殖，它们含有一个蛋白质或脂蛋白外壳和一种核酸 DNA 或 RNA。它们作为大分子似乎太复杂，作为生物体它们的生理和复制方式又太千姿百态，我个人认为 A. Lwoff 在"病毒的概念"一文中强调病毒的特殊性时说得最确切——"病毒应该就是病毒，因为它们是病毒"。

病毒从来没有改变，而是我们对病毒的认识随着实践中进步在逐步改变。病毒概念的发展无疑地会导致病毒学的发展。

（1986 年）

参 考 文 献

[1] Cairns JG. Phage and The Origin of Molecular Bioloy. Cold Spring Harbor Lab. Cold Spring Harbor, N. Y. 1966

[2] Hughes SS. The Virus：A history of Concepts. Heinemann. N. Y. 1977

[3] Judson HF. The Eighth Day of Creation. Simon and Schuster. N. Y. 1979

[4] Mary E. The Growth of Biological Thought. Harvard Press. Cambridge，1982

[5] Rapp F. The Evolution of Virology. "生命科学在前进"武汉大学，1984

[6] Schrodinger E. What is Life? Cambridge Univ. Press. Cambridge, 1944

[7] Watorson AP and Wilkinson L. An Introduction of the History of Virology. Cambridge Univ. Press, Cambridge, 1978

[8] Watson JW. Recombinant DNA. W. H. Freeman, N. Y. 1983

[9] Weinberg RA. The molecules of Life. Sci. Amer. 1985. 10

昆虫病毒在农业和分子生物学研究中的进展

高尚荫　刘年翠

引　言

目前已从昆虫纲 11 个目的 900 多种昆虫宿主中发现了 1 000 多种病毒。由于昆虫病毒的专一性、高效性、安全性、流行性和持续性，所以病毒杀虫剂在农业和环境保护方面占有重要地位。在分子生物学和遗传工程方面，昆虫病毒也初露头角，几年来引起了各国科学家的关注，可能在不久的将来昆虫病毒将为遗传工程开创出一个崭新的局面。

一、昆虫病毒与农业害虫防治

1972 年联合国粮农组织与世界卫生组织在日内瓦联合召开会议，研究利用昆虫病毒防治农林害虫与卫生害虫的问题。许多国家都在不同范围内开展了利用病毒治虫的试验。1973 年联合国世界卫生组织和粮农组织推荐利用杆状病毒为现阶段大面积治虫的类群。从世界各国分离的 1 000 多种昆虫病毒中，NPV 占 464 种，GV 占 123 种，已向政府登记注册的不多。在美国有棉铃虫 NPV（*Heliothis zea* NPV）、黄杉毒蛾 NPV（*Orgyia pseudotsugata* NPV）、舞毒蛾 NPV（*Lymantria dispar* NPV）、苜蓿银纹夜蛾 NPV（*Autographa californica* NPV）和苹果蠹蛾 GV（*Cydia pomonella* GV）等[1,2]；在前苏联有 *Lymantira* spp. NPV、菜粉蝶 NPV（*Pieris rapac* NPV）、甘蓝夜蛾 NPV 等；日本有赤松毛虫 CPV（*Dendrolimus spectabilis* CPV）；澳大利亚有棉铃虫 NPV（*Heliothis punctigera* NPV）[1,2]；我国尚无向国家登记注册的规定或条例。采用鉴定会方式，已被鉴定的有菜粉蝶 GV（*Pieris rapac* GV）、茶毛虫 NPV（*Euproctis pseudoconspersa* NPV）、大尺蠖 NPV（*Ectropis obliqua* NPV）、豆银纹夜蛾 NPV（*Plusia agnata* NPV）等。此外，从各种农、林、果的昆虫中还分离了病毒 130 多种，主要是 NPV、GV 和 CPV。近几年来又有虹彩病毒、痘病毒、浓核病毒和细小病毒分离的报道。具有实用价值的还有黄地老虎 GV、茶卷叶蛾 GV、马尾松毛虫 CPV、大菜粉蝶 GV，在全国各地应用很广，取得了较好的效果[3]。

由于杆状病毒作为杀虫剂具有许多优越性，目前，已被世界各国公认并用来防治农林害虫，并进行病毒和其他因子的综合防治的研究。但病毒治虫亦有不足之处，如潜伏期长、杀虫谱窄、养虫生产繁琐等。

昆虫人工饲料的研究促进了病毒的生产。在美国、英国和前联邦德国一些学者正在采用细胞培养生产病毒并取得了良好的进展。

在我国昆虫病毒制剂尚未正式投入生产，作者认为在生产病毒制剂时，对病毒的标准样品的制备及其稳定性的测定是十分重要的，因为没有病毒的标准样品就不能保证病毒制剂的质量和安全性，再者安全性的试验也是不可缺少的，虽然，一般说来杆状病毒比较安全，但是从病死虫中收获病毒时在病毒的内部或表面还可能带有其他病毒，国际上要求检查时，除对一些脊椎动物、无脊椎动物和植物进行安全试验外，还要对三种或更多种的不同细胞培养作体外检查不是没有道理的。

对于制剂的辅助剂，如对紫外光的保护剂、粘附剂、扩散剂和诱虫剂等也必须考虑。在施用病毒制剂时，必须根据田间虫口的密度、虫龄以及季节和温湿度来决定病毒制剂的剂量或病毒浓度。

如何提高昆虫病毒的效力，Tanada[4]等在研究小麦星粘虫 NPV（*Pseudoletia unipuncta* NPV）时，发现其毒力不强。但将此 NPV 与在夏威夷分离的一株—星粘虫 GVH 混合感染粘虫时，其毒力大大提高，经多年研究，从 GVH 的包涵体中分离出一种增效因子 SF（synergistic factor SF），并弄清了此 SF 的化学成分、理化性质、作用机制、作用位点等。

用提纯的 SF 活性更强[4,5,6]。SF 是酯蛋白，是颗粒体蛋白的主要成分之一，占总蛋白的 5%～20%，分子量为 126 000U，含有磷酯、氨基酸 17 种、1 331 个，其中以 CLY（甘氨酸）为最多[7,8]。SF 对蛋白酶有抗性，但易被磷酯酶 C 水解，而增效作用消失。经层析鉴定，SF 的磷酯为二甘油酯，其功能是起增效作用，连接 SF 间的多和 SF 起保护作用。SF 的作用位点在中肠的绒毛膜表面[9]。

胡远扬[7] 1981 年从稻纵卷叶螟 GV（Craphelocrosis medinalis）分离出一株 GV，毒力不甚强，当用斜纹夜蛾 NPV 与 cmGV 混合感染时，其杀虫率大大提高。从混合感染病虫的超薄切片中观察到在病虫的脂肪体、气管基质和血细胞中两种病毒同时增殖，少数细胞中能看到 GV 和 NPV 同时增殖，即 NPV 在核中增殖，GV 在细胞质中增殖，经常可见它们在相邻的细胞中各自增殖。

从上述两例使我们受到启发，在同类宿主的不同病毒或不同宿主的不同病毒之间的混合感染可能是有益的。

近年来，许多学者正在研究试用遗传工程手段，组建新的病毒株，再用发酵法生产病毒制剂，工作刚刚开始。我国在这方面的工作十分薄弱，我们必须重视这个问题，赶上世界先进科学水平的前进步伐。

二、昆虫病毒的生物学

1. 杆状病毒（Baculoviruses）的分类和鉴定。近几年来，许多学者对杆状病毒的分类和鉴定都作了详细的综述[11,12]。一般说来，杆状病毒粒子呈杆状，其核衣壳外被囊膜，约 40～70 毫微米×250～400 毫微米。其 DNA 为双链，超螺旋，110～225kb，分子量约 80×10^6～100×10^6U，GC 含量 35%～59%。病毒粒子可被包埋在一结晶蛋白质包涵体中。包涵体或为多角形内含一个或许多粒子（多角体病毒、亚群A），或为圆形或椭圆形内仅含一个，偶尔两个粒子（颗粒体病毒，亚群B），不耐乙醚，不耐热。杆状病毒曾从鳞翅目、膜翅目、双翅目、脉翅目、鞘翅目、毛翅目中分离出。

杆状病毒分4个亚群。第4个亚群是1982年国际病毒分类委员会（ICTV）新增的。

（1）亚群A：核型多角体病毒（Nuclear polyhedrosis viruses, NPV）。苜蓿银纹夜蛾MNPV是代表种在一种囊膜中包含着一到许多个核衣壳，在每个包涵体中都有许多个病毒粒子。

（2）亚群B：颗粒体病毒（Granulosis viruses），代表种是粉纹夜蛾GV（*Trichoplusia ni* GV），在每个包涵体中仅有一个偶有两个具有囊膜的核衣壳。

（3）亚群C：非包涵体杆状核型病毒，代表种为椰子疣独角仙（*Oryctes rhinoceros*）病毒，具有囊膜的单个核衣壳，无包涵体。

（4）亚群D：非包涵体核型病毒，具有多分散的DNA基因组和囊膜，分两个型。

D_1代表种为甜菜夜蛾镶颚姬蜂（*Hyposoter exiguae*）病毒，基因组装配成似柱状大小相等的核衣壳，每个核衣壳被两个囊膜所包围。

D_2代表种为黑腿绒茧蜂（*Apanteles melanoscelus*）病毒，为典型的茧蜂病毒，基因组装配成柱状不同长短的核衣壳，在一个囊膜中有一个或多个核衣壳。

现在一般是根据杆状病毒的大小、形态结构、宿主范围、在细胞中复制的位置、有无包涵体等来进行分类鉴定的。在已报道的400～500个杆状病毒中极少数是用血清学方法或限制性内切酶的酶切片图来进行鉴定的。但往往一种病毒可感染几种宿主；往往从不同的宿主分离出的是同一种病毒。根据Smith与Summers1982的报道，从限制酶图谱来看，在A、B、C亚群中或在同一亚群内的病毒中有很少同源性的DNA序列，但是在同一亚群中，一些亲缘关系相近的病株又显示相似的酶切片图段，有时有超过95%以上的同源性。例如粉纹夜蛾MNPV（Tni MNPV）、茵宿银纹夜蛾MNPV（AcMNPV）、大蜡螟MNPV（GmMNPV）和刺金翅夜蛾MNPV（RoMNPV）等的核型多角体DNA都显示相当高的同源性。由此看来，除上述分类鉴定方法外，对其血清学和基因组的遗传特性也应了解。

2. 杆状病毒的感染过程。与其他所有DNA病毒不同，杆状病毒有两种感染形态，一种是包涵体病毒（OV），另一种是非包涵体病毒（NOV），又叫细胞外病毒[13]。

当杆状病毒被昆虫吞食进入中肠后，在碱性条件下，包涵体蛋白晶体结构被破坏，病毒粒子被释放。病毒粒子随着中肠柱状细胞的表面，通过微绒毛（microvilli）膜与病毒粒子囊膜融合，进入细胞。核衣壳向细胞核移动，在核孔处，脱去外衣，核酸进入细胞核内。也有的核衣壳在细胞核内脱衣。核酸进入细胞核后进行复制，产生新的子代病毒（核衣壳不具有囊膜和包涵体），核衣壳通过细胞膜出芽获得囊膜，成为成熟的无名包涵体病毒粒子（NOV）。病毒粒子进入血淋巴中感染细胞，也可在体外细胞培养中感染细胞，也可感染昆虫的其他敏感组织。所以这种NOV病毒粒子是通过细胞→细胞或细胞→组织传递的。

核衣壳在细胞核内形成后，除了通过细胞膜出芽获得囊膜形成病毒粒子外，还有一种方式，即核衣壳在核内获得囊膜和包涵体，形成具包涵体的病毒（OV），这种有包涵体的OV是通过个体→个体传递的，所以杆状病毒的感染分以下两种：

（1）原代感染（primary infection）：是指有包涵体的病毒（OV）感染幼虫，是纵向感染。

（2）次级感染（secondary infection）：专指NOV感染细胞或组织，是横向感染。

NOV与OV都具有相同的基因组，但在感染途径上行使不同的功能，NOV与OV在表型上也是截然不同的。

三、昆虫病毒的分子生物学

1. 昆虫病毒蛋白质。从20世纪70年代后期以来，杆状病毒蛋白质的研究取得了较大进展。由研究其蛋白质的种类深入到研究蛋白

质的结构和功能,在分子水平上为免疫学和病毒分类提供了理论依据。昆虫病毒蛋白质的功能有以下几点:

(1)保护作用:如昆虫病毒多角体蛋白;

(2)吸附与侵入:如昆虫病毒的碱性蛋白酶;

(3)降解宿主 DNA:如虫痘病毒的核酸酶;

(4)合成病毒核酸:如 AcNPV 的 DNA 多聚酶,甲壳虫 RNA 病毒的 RNA 多聚酶;

(5)修饰作用:如 AcNPV 的蛋白激酶,昆虫痘病毒的核苷酸磷化酶;

(6)增加毒力:如昆虫病毒的增效因子。

近年来,国内外许多学者用 SDS-PAGE 对杆状病毒的包涵体蛋白的结构多肽进行了分析,认为它们都极其相似。如 AcNPV,IdNPV,MbNPV 和 GV 的包涵体蛋白都有分子量为 28~30kU 的主要结构多,其差别仅在小分子多肽上[14]。早些时候的报道认为,包涵体和核衣壳的多肽种类不多,如 AcMNPV 的衣壳多、仅有 14 种。最近 Singh[15](1983)用高压双向电泳确定,AcMNPV 的包涵体病毒粒子有 81 个酸性多肽,核衣壳有 64 个多肽。

Rohrmann 等[16](1979)对黄杉毒蛾 OpMNPV 和 OpSMPV 的多角体蛋白进行了详细研究,提出它们的蛋白质有密切相关的氨基酸顺序,只在 N-末端的 34 个氨基酸中仅有 4 个不同。有趣的是,同家蚕 BmNPV 比较,在 34 个氨基酸中也分别只有 4 个和 5 个不同。说明 OpNPV 和 BmNPV 有极其密切的亲缘关系。在这 34 个氨基酸中有 6 个酪氨酸,它们分成两群集聚在末端 20 个氨基酸以内,由于酪氨酸的 pKa~10,它们可能与多角体在中肠中的碱解有关。所以,酪氨酸的成群分布具有特异性功能。

Kozlov 等[17]是最早研究多角体氨基酸顺序的。1977 年,他们首次报道了家蚕 BmNPV 包涵体蛋白氨基酸的全部顺序。最近,Rohrmann[18]将直到 1982 年发表的黄杉毒蛾 OpMNPV，大蜡螟 GmNPV，舞毒蛾 LdMNPV，家蚕 BmSNPV，黄杉毒蛾 OpSNPV，大菜粉蝶 PbGV，锯角叶蚕 NsSNPV，沼泽大蚊 TpSNPV 的包涵体蛋白氨基酸顺序进行了比较，发现至少有 6 个大的相同区域，不相同的比例是很少的。因此认为，包涵体蛋白氨基酸顺序分析资料与杆状病毒的分布和昆虫宿主的进化一致，称为宿主依赖性进化。

他们将家蚕 BmSNPV 的全部氨基酸顺序按亲水性程度进行排列，得到了有意义的结论，根据 Hopp 和 Woods[19]的理论，即分子上抗原位点可用初级结构即每个氨基酸亲水值的高低来预测。Rohrmann 认为，BmNPV 的 6 个抗原位点，最高亲水区或主要抗原决定族是在氨基酸 40～50 之间，这一区域正好是最可变区，是不同杆状病毒种属特征的主要标志。

2. 昆虫病毒酶。昆虫病毒酶的研究起步较晚，到目前为止仅在 11 种昆虫病毒中发现了 8 种酶，研究最多的是碱性蛋白酶（表1）。

表1　　　　　　　　已发现的昆虫病毒酶

病　　毒	酶	说　明
Heliothis armigera NPV	蛋白酶	MW 48kU
Heliothis armigera CPV	蛋白酶	MW 94kU
Heliothis zea NPV	蛋白酶	
Trichoplusia ni NPV	蛋白酶	pH9.5
Spodoptera littoralis NPV	蛋白酶	pH9.5, MW 14kU
Pseudoletia unipuncta GV	蛋白酶	宿主编码
	酯酶	增效因子
Autographa californica NPV	蛋白酶	
	DNA 多聚酶	病毒诱导
	蛋白酶	
Boybyx mori NPV	蛋白酶	病毒编码
Galleria mellonella NPV	蛋白酶	

续表

病　毒	酶	说明
btigneme acrea NPV	蛋白酶	
Entomopox virus	蛋白酶	
	RNA 多聚酶	
	核苷磷酸化酶	
	中性 NDA 酶	
	酸性 DNA 酶	

当杆状病毒侵入中肠后，碱性蛋白酶降解多角体，释放病毒粒子。一般认为，其最适 pH 值为 9.5，不耐热，加热 60～70℃，20～30min 即失活。

Payne 等[20]（1978）用亲和层析法 SINPV 分离了这种酶，比活提高 80 倍。主要定位在病毒粒子中。但多数报道认为，此酶定位在包涵的结晶蛋白中。

齐义鹏和 Stairs[21,22] 1982 年研究了 GmNPV 的蛋白酶。他们用 Sephacryl 进行分离，比活提高 50 倍，最适 pH 值是 8.8，与 Langeridge[23] 所得结果一致。他们认为，GmNPV 多角体的降解有酶解和碱解两种机制，蛋白酶降解多角体的最适 pH 值是 8.8，与大蜡螟幼虫中肠平均 pH 8.04 接近。在 pH 11 时，此酶无活性，多角体的降解为碱性的化学水解。

杆状病毒碱性蛋白酶的来源是一个有争论的问题。一般认为，它是由病毒基因组编码的[24]，但近两年来，Tanada 等认为[25-28]，此酶由宿主编码，在中肠中被病毒包涵体吸附。

此外，被 AcNPV 感染的幼虫体内，还可诱导一种新的 DNA 多聚酶[29]和蛋白激活酶[30]，其磷酸化的主要底物是丝氨酸和苏氨酸。

3. 杆状病毒的 DNA 及其基因组结构 Autographa california 多角体病毒（AcMNPV）是 NPV 亚群的代表，研究得最为深入。据报道，此病毒为共价、闭合环状的双链 DNA（cccds-DNA），超螺旋占 30%～50%，非甲基化，有 128kb，分子量 82×10^6U，大约能编码 60%～70% 的蛋白质，其中定位了 25 个基因[31]。

G. Smith[32]（1979）用限制酶测定了 AcMNPV 空斑纯化的几个变株 DNAs 的物理图谱。为了阅读方便，物理图谱也可被绘制成线形，以 EcoRI 位点作为基因组的零点，分成 100 个图距单位。各基因在基因组上的定位以限制位点或图距表示。他们比较了 AcMNPV 变株 E_2，S_1，M_3，S_3，R_3 以及 GmMNPV 和 TnMNPV DNA 的物理图谱。发现，它们的图谱非常相似，相互之间仅有小的差异，或插入一小段顺序，或增减 1、2 个限制位点。插入顺序一般多在 AcMNPV 变株间发生，见表 2。

表 2

变株	插入片段（kU）	插入位点（图距）
S_1	0.7	14.1~16.5
M_3	0.1	6.0~7.0
	0.2	0.4~2.4
S_3	0.1	6.0~7.0

限制性位点的增减一般多在来自不同宿主 NPV 基因组之间发生，见表 3。

表 3

病毒种类	增加	位点	减少	位点
GmNPV		20.5		
		43.4		
TnNPV	2 BamHL	0~63	BamHl	74.4
	2 E_0coRl	59.2		
		70.2		

凡是基因组有轻微差异的不同地理分布分离物叫基因型变株（genotype variant）。Summers 等提出的所谓亚克分子带（submolar），实质上是遗传异质的几个变株的混合物，其中一个是优势种，通过空斑纯化是可以将它们分开的。

基因组顺序同源性的研究也得到了与上述相同的结果[33,34]。因而，杆状病毒的分类，以感染宿主为依据是不十分合理的，同一杆状病毒的不同地理分离物具有一定的亲缘关系；感染不同宿主的 NPV 甚至很可能是一个种的不同变种。

4. 杆状病毒基因的定位、复制、转录和表达。当 AcMNPV 感染后 5 小时（5hr pi），DNA 开始复制，18hr pi DNA 复制达到高峰，以后下降。以病毒 DNA 作模板转录成 mRNA，有早期和晚期两个阶段[35]。

L. Fuchs[35]指出，7hr pi 早期转录即开始，由于病毒粒子不含 RNA 多聚酶，以及早期转录时对 2-amanitin 的敏感，所以，病毒在早期转录时必定是借用宿主 RNA 多聚酶，因为宿主 RNA poly Ⅱ 是惟一对此试剂敏感的酶，晚期转录时才由病毒自己的 RNA 多聚酶起作用。

目前，在 AcMNPV 的物理图谱上已经定位了 25 个基因[36]，研究得最清楚的是多角体蛋白基因（polyhedrin 基因）。

AcMNPV 的多角体蛋白基因转录体是一个有 12 000bp 的 poly Am-RNA，无间隔顺序，没有可测定的 intron，该基因定位在 Hind Ⅲ V/E，coRL Ⅰ区域，图距 3~4。其 5′末端起始于 3 990bp。3′末端终止于 52 000bp。在 3′末端有特异性的 TATTATTATAA 顺序，包含了转录起始中的 Goldburg-Hogness box[18,36,27]。

1983 年，Miller 等[38]根据功能阻断试验将病毒基因的表达分为 4 个阶段；①早期（α 期），在感染后 3 小时；②中期（β 期），在感染后 5~7 小时；③中期（γ 期），在感染后 10~12 小时；④晚期（δ 期），在感染后 15 小时。

M. Erlandson[37,39]等指出，前期（早、中期）表达的蛋白质数目为 20 种，晚期表达的蛋白质大约有 30~35 种[40]，主要的晚期蛋白是 32K（或 28K）的包涵体蛋白和一种 10K 蛋白。39K 蛋白也可能是主要的晚期蛋白之一[39,41]。

5. 遗传工程在昆虫病毒领域的新成就。在昆虫病毒领域应用遗传工程只是一个新的开端，但却显示了巨大的威力。最近几年来取得的成就略述如下：

(1) 突变及其在昆虫病毒遗传工程中的应用。

①Morph 突变[42]：即形态突变。凡产生类似野生型的 NOV 和包涵体蛋白，但不形成包涵体的突变叫 Morph 突变（O⁻ 突变）。R. Duncon 等[42]（1983）用5-溴尿嘧啶处理 AcMNPV DNA，在 5f 细胞上，空斑纯化，得到 Morph29。它可以用来研究包涵体形态发生基因的表达和调控，也可作为遗传工程的重筛选标记。

②ts 突变[38]：即温度敏感性突变，Miller[38] 在 1983 年得到了 tsB821 在 33℃ 感染，它缺失早期基因功能，特别是不能合成包涵体蛋白和7.2K 蛋白，阻遏了早期向晚期的过渡。在 23℃ 培养则恢复正常感染。

③FP 突变[43]：Miller 用 AcMNPV 感染粉纹夜蛾 Tn 细胞，传代 25 次，得到了一些自然发生的突变株，它们极少产生包涵体的病毒（fewer poly hedra FP）。突变实质是在病毒基因组中插入了一段宿主 DNA。Fraser 等从 AcMNPV 的空斑中得到了一些 FP 突变，这些 FP 突变是在 35~37.7 图距间插入了 0.8 到 2.8kb 的片段，Miller 的 FP 突变是在 86.4~86.6 图距间插入 7.3kb 的片段。

(2) 基因定位及表达的研究：杆状病毒基因组有多少个基因？如何排列？各个基因表达的产物是什么？这是研究杆状病毒的基本问题。

Adang 与 Miller 等用逆转录酶法[45]（或末端转移法）对这些问题进行了初步的研究。他们首先从 AcMNPV 感染的病尸幼虫中分离任一 mRNA，用逆转录酶合成 RNA-DNA 杂合双链，加热至 100℃ 3 分钟，并速冷退火，得到 ssDNA，再用 DNA 多聚酶合成 ds DNA。为了进行克隆，在 dCTP 存在下用末端转移酶得到两端带胞嘧啶核苷酸的 DNA；同法得到两端带鸟嘌呤核酸的质粒 pBR322DNA。将它们混合，加热至 65℃ 10 分钟，缓慢冷却到室温，两 DNA 链的 GC 通过氢键配对融合成环状的新质粒，用此质粒转化大肠杆菌 RRI，菌落表型为 TetrAPS。通过转录产物的测定和核酸顺序分析，即可确定基因的类型及其定位。Miller 等用此法定位了 AcMNPV 的 25 个基因。

此法的创新之处在于，它不用限制性内切酶消化制备粘性末端，而用同源聚合尾巴（homopolymer tail）使客体载体通过氢键融合，便于用完整基因研究其表达。

Rohrmann[18]用分子杂交法确定了AcMNPV的多角体蛋白基因及其功能。他从病死虫体分离出mRNA，用麦胚转录系统找出多角体蛋白基因的mRNA，再用Northern blot法与病毒DNA杂交，而"钓出"多角体蛋白基因，将它克隆进质粒pBR322里，成为一个新质粒Poms-Q，此质粒含有多角体蛋白基因，且能转化大肠杆菌，并在其中复制。

接着Mokarski[46]（1980）用等位交换法（或标记营救）组建了一个带有缺陷型多角体蛋白基因的AcMNPV病毒。他先将AcMNPV多角体蛋白基因克隆进质粒pBR 322上，再用限制酶KpNI切割此基因，则得到两个末端都带有多角体蛋白基因片段的线性重组质粒。经过末端修饰和再连接酶连接，就得到了带有缺陷性多角体蛋白基因的重组质粒，将它和野生型AcMNPV（wt-AcMNPV）合作转感Sf细胞，在二者的同源顺序（即多角体蛋白基因）之间发生交换。

由于此病毒的多角体蛋白基因是有缺陷的，因而子代病毒不能形成包涵体，而以O^-空斑被筛选出来。以O^-为筛选标记是Summers等的创举[36]。Smith与Summers等（1983）[37]用包涵体缺陷型O^-表型作为标记筛选杆状病毒同源重组体，做了大量工作。

（3）利用杆状病毒基因组作为新的遗传工程载体。遗传工程载体一般是用plasmid、comid和噬菌体。最近，用动物病毒组建的新载体——穿梭载体（shuttle vector）问世，使昆虫病毒基因组作载体的研究也相应发展起来[13,36,47]。其优点有以下几点：

①有大的负荷：杆状病毒基因组较大，可容纳较大以上的外源DNA片段，并可延伸。

②有好的标记：包涵体形成基因的缺失对病毒复制和包涵体蛋白的合成无影响，但不能形成包涵体，具有O^-表型，可作为筛选标记。

③高的产量：多角体蛋白基因有一个强大的启动子（promotor）可以启动客体基因的高水平表达。

④更为安全：过去人们担心，遗传工程有可能创造出自然界没有的怪物，对人类产生毁灭性的危害。由于 O^- 重组体在自然界生存时间短暂，不可能有这种危害。

最近，几个新的杆状病毒质粒被组建成功并得到了初步的应用。

（1）质粒 pEXS942 的组建[47]：Miller 等组建的这个质粒包含了完整的多角体蛋白基因，它可作遗传工程的载体，插入外源 DNA 片段，即可直接在原核细胞中表达。

他们在筛选时，开始认为可得到一个只带 1.9~5.9 的多角体蛋白基因片段，但意外地克隆了一个 0~3.9 的含有 EcoRI~I.R.O 的片段。

（2）质粒 pGP-B6874 及 β-半乳糖苷酶的产生：G. Pennock[13] 以杆状病毒作载体在多角体蛋白基因区克隆 β-gal 基因，然后与完整病毒合作转感 Sf 细胞，筛选出病毒空斑，其遗传特征是，O^- lac$^+$ β-gal 基因表达产生 β-半乳糖苷酶，这是杆状病毒作载体在遗传工程上成功应用的第一个例子。

（3）质粒 PAC380 的组建及干扰基因的表达：人干扰素基因在昆虫细胞中的表达是遗传工程的又一创举。1984 年，在美国纽约举行的第 16 届 SIP 年会上，M. S. ummers 和 Smith 首次报告[48]，他们将 PAC380-IFN-B 质粒等位交换插入野生型 AcMNPV 基因组中，成为一个人工病毒。它包括质粒 puc8，人干扰素基因，缺陷的包涵体蛋白基因和 AcMNPV 基因组。它能在昆虫细胞中复制，以 O^- 空斑被筛选，产生很高水平的干扰素，95% 以上能分泌到细胞外面。这种人工病毒有可能用于害虫的生物防治。我们也正在考虑遗传工程手段生产病毒杀虫剂。

结 束 语

昆虫病毒是极有效的杀虫微生物，为了解决昆虫病毒制剂生产复杂、病毒潜伏期长、毒力不高等缺陷，必须开展理论性研究，采用遗传工程手段，组建新的人工质粒和人工病毒，以便提高毒力，缩短潜伏期和用发酵法生产病毒，或者组建含有几种病毒毒力基因的复合病毒，杀死多种害虫。展望未来，一个可能利用昆虫病毒全面防治农林害虫的时代不久即将到来。

（1986 年）

参 考 文 献

［1］ 保坂康弘，川濑茂实，松井中秋，1972，图鉴。
［2］ Miller K et al. Science. 219，716-721. 1988
［3］ 高尚荫. 中国病毒学研究三十年. 重庆：重庆文献出版社，1979
［4］ Tanada YJ. Inverteb. Pathol. 1，215-231. 1959
［5］ Tanada YJ. Inverteb. Pathol. 21，31-90. 1973
［6］ Yamamoto T and Y Tanada. Virol. 107，434-440. 1980
［7］ Yamamoto T and Y Tanada, J. Inverteb. Pathol. 32，158-170. 1978
［8］ Tanada Y et al. J. Inverteb. Pathol. 26，99-104. 1975
［9］ Yamamoto T and Y Tanada J. Inverteb, Pathol. 31，48-56. 1978
［10］ 胡远扬，武汉大学学报，自然科学版 1982（4）：101～128
［11］ Tinsleg and Harrap. Viruses of Invertebrates and Comprehensive Virology, V. 12, pp. 1-101. 1978
［12］ Harrap and Payne. The structural properties and dentification on of insect viruses, Adv Virus Res. 25，273-355. 1979
［13］ Pennock G et al. Molecular and Cellular Biology 4（3），3531-3538. 1984
［14］ Maskoz C and H Miltenburger, J. Invert Pathol. 37，174-180. 1981
［15］ Singh S et al. Virology. 125，370-380. 1983
［16］ Rohrmann G et al. Proc. Natl. Acad, Sci. USA. 76（10），

4976-4980. 1979

[17] Kozlow E A et al. Biiorg Khim. 7, 1008-1015. 1981

[18] Rohrmann G. Invertebrate Pathology and Microbial Control, XVth Annual Meeting of the Society for Invertebrate Pathology, Brighten, 226-232. 1992

[19] Hopp T P and K K Woods. Proc. Natl, Acad. Sci. USA, 78, 3824-3828. 1981

[20] Payhe C C and J Kalmakoff J. Virol. 26, 84-92. 1978

[21] Qi Yipeng (齐义鹏) and G Stairs. Evidence for Enzymes in Polyhedra for Galleria Mellondal Baculovirus (for press). 1981

[22] Qi Yipeng (齐义鹏) and G Stairs. Dis-solution for Heat-treated Polyhedra by Enzymes Isolated from Polyhedral Protein (for prees). 1982

[23] Langridge W H R and K Balter. Virol. 114, 595-600. 1984

[24] Yamafuji K and Yoshihara F. Enzymol. 23, 327-336. 1961

[25] Mccarthy W J and Dicapua R A. Intervirol. 11, 174-181. 1979

[26] Maruntiak J E et al. J. Intervirol. 11, 82-88. 1983

[27] Maeda S et al. J. Inverteb. Pathol. 42, 376-383. 1983

[28] Magata H and Y Tanada. Archi, Virol. 76, 245-256. 1983

[29] Miller L et al. J. Virol, 40, 1, 305-308. 1981

[30] Miller L et al. J. Virol, 46 (1), 273-275. 1983

[31] Jjia S et al. Virology, 99, 399-409. 1979

[32] Smith G and M Summers. J. Virol. 30 (3), 828-838. 1979

[33] Billmoral S. Virolgoy, 127, 15-23. 1983

[34] Rohrmann G. J. Gen. Virol, 62, 137-143. 1982

[35] Fuchs L et al. J. Virol, 48 (2), 641-646. 1983

[36] Smith G et al. J. Virol, 46 (2), 584-593. 1983

[37] Smith G et al. J. Virol, 46 (1), 215-225. 1983

[38] Miller L. Virol, 126, 376-380. 1983

[39] Erlandson and E Garstens. Virology, 126, 398-402. 1983

[40] Carstens E et al. Virol, 99. 386-398. 1979

[41] Vlak J et al. Virol, 123, 222-228. 1982

[42] Duncan R et al. J. Gen. Virol. 64, 1531-1542. 1983

[43] Miller D and L Miller. Nature. 299 (5883), 562-564. 1992

[44] Fraser M et al. J. Virol. 47, 287-300. 1983

[45] Adang M and L Miller. J. Virol. 44 (3), 782-793. 1982

[46] Mocarski E S S et al. Cell. 22, 243-255. 1980

[47] Miller L et al. Genetic Eagineering in Eukoryotic by P. F. Lurquin and A. Kleindofs, Plenum Publishing Coorpration 89. 1983

[48] Smith G and M Summers. Society for Inverlebrate Pathology. SIP XVI Annual Meeting, New York 11. 1983

回顾与展望
——庆祝武汉病毒所建所三十周年

高尚荫

武汉病毒研究所建所已 30 年了，今天我们在这里纪念，重温这 30 年的历史对今后的发展可能是有意义的。

由于国家的需要和武汉地区的特殊条件，中国科学院决定在武汉建立病毒研究所是恰当的，也不是偶然的。从体制上说 1958 年经过一个较短时期的筹备委员会后成立"武汉微生物研究室"，不久扩大为"武汉微生物研究所"，下设病毒、土壤微生物和工业微生物三个研究室。"文化大革命"初期从科学院下放由省科委领导并改名为"湖北省微生物研究所"。1978 年全国科学大会后仍归科学院领导，改为"武汉病毒研究所"。

病毒所 30 年的成绩是显著的，首先建立了国内第一个病毒基础研究的病毒研究所，经过 30 年的努力，武汉病毒所在国内和国际上已排上了队，国际著名学者相继前来访问和进行学术交流。病毒所研究人员也被邀请出国讲学和参加国际学术会议。最近病毒所主编的"病毒学杂志"在创刊号发行前收到不少国际学者的贺信，包括两位诺贝尔奖金获得者的美国病毒学者。

其次，研究所的主要任务是出成果和出人才，病毒所 30 年来做了大量的研究工作，发表了相当数量的论文（见论文目录），其中有些工作当时在国内是开辟领域或占领先地位的。如昆虫病毒的基础研究，乙型肝炎病毒及其诊断方法，根瘤菌的固氮探索和工业污水的微生物处理等。

在研究工作中培养了科研人员，现在全所拥有病毒学和其他有关学科的各级研究人员 100 余人的队伍，有能力培养硕士和博士学位的研究生并有条件承担国家和地方的有关科研任务。

第三，仪器设备、图书资料以及与科研有密切关系的技术室、养虫室和动物房等设施已粗具规模，为今后发展奠定了基础。

但是，30 年来的教训也是深刻的。研究计划随政治气候而改变，又受到非科学工作者的干扰，不按照科学原则办事，人员的安排随意调动，以致有些领先工作不能继续下去。这种不稳定的情况大大地影响了研究工作的健康发展。

从目前病毒学这门学科来展望将来，病毒研究大有可为。我个人认为现在病毒学有四个显著特点：（一）它包括广阔的学科范围，从结构化学和分子生物学通过感染的生物学和病理学到实验和临床医学，病毒学不再是我们老一辈病毒学工作者所熟悉的包括鉴定、分类、形态等。（二）它具有大量的病毒系统，已鉴定和分类的细菌病毒，真菌病毒，植物和动物病毒（包括昆虫病毒）已近 50 处，其中有些包括亚科，在这些科和亚科中有些个别的种有它们自己的独特的性质。（三）知识增多和深入了。主要是由于在 20 世纪 70 年代提供了新的研究工具，它包括各个方面的所谓"核酸革命"——限制性内切酶，序列分析，DNA 的操纵——以及依赖单克隆抗体技术的范围较广的蛋白质分析方法。结果使现代的病毒学的结构与功能的有关知识在广度和深度上都迅速地提高了。这在 1970 年前是不能想象的。新的概念的发展和充实——逆转录、肿瘤基因、内含子等已成为人们固定的观点了。但必须指出对病毒的结构与功能的生物学及致病性等的认识还不过是漫长道路的开端，并且在前进中会遇到更艰巨的挑战！（四）实际应用的重要性，人与病毒之间的关系一直存在着疾病与死亡单方面的传说，天花、黄热症、脊髓灰质炎、流感以及有些癌症都是由病毒引起的。除人外，其他动物和植物当然也受到病毒的危害。但是从种痘预防天花以后人们对病毒的看法起了变化，认为病毒也可以为人类服务。农林害虫的防治中可以利用自然病毒杀死害虫，并已从实验室走向大田应用，还有大家可能感兴趣的是 70 多年前当噬菌体被发现时曾试图利用噬菌体治病遭到失败一直未能采用，但最近有报道将噬菌体用对人的抗药性强的细菌感染获得成功（1980年波兰学者的工作），噬菌体也能治疗猪、牛、羊细菌性疾病，效果也良好（1983年英国学者的工作）。这些报告虽有待进一步证实但值得我们注意和深入探索。

近年来通过遗传工程手段组建新的病毒，这方面值得注意的有（1）疫苗和干扰素等的制备。例如将流感和乙肝病毒蛋白质基因结合到痘苗病毒基因组中组建新的痘苗病毒可抗流感和乙肝，这条途径可能应用于更广泛的新的抗病毒或抗原生动物。如病原虫的疫苗，将干扰素基因结合的苜蓿银纹夜核型多角体病毒或家蚕核型多角体病毒的基因组可生产干扰素。（2）基因转移。将新的基因转移到各种类型的接受体细胞中去，其中最主要的是转移到人细胞中去从而获得基因治疗，某些人的遗传病是由于缺乏某些基因或者某些基因有缺陷。如镰刀形细胞贫血症是由于缺少编码血红球蛋白基因而引起的。正在研究利用病毒将需要的基因整合到患者基因组去，从而使患者得到治疗。

顺便说一句，近年来也正在进行利用遗传工程技术改造病毒制备所谓"第二代病毒杀虫剂"的工作。这信息特别在病毒所应引起兴趣和注意。

许多近代药物很难只进入我们所希望的细胞或需要治疗的特异性细胞而不进入其他细胞。可能的办法是将药物封闭在囊膜病毒，捣碎病毒，提取和纯化病毒膜。将纯化的病毒膜与药物混合，使药封闭在膜内，患者服这种封闭了药物的膜后，即可与特异性细胞结合而进入此类细胞，而且只进入此类细胞。

我讲这一段的目的是想说明一个问题，就是目前病毒学是一门非常活跃、发展迅速而问题很多的大有可为的科学。我们作为病毒学者，作为病毒研究所应充分认识这个问题并迎接这巨大的挑战！

引用马克思的一句话来结束这次发言。马克思说："在科学的道路上是没有平坦的大路可走的，只有那些在崎岖小路的攀登上不畏劳苦的人才有希望到达光辉的顶点。"

最后我个人向全所同志提出几点希望：

（一）全所同志树立为什么搞科研的正确观点。马克思说："科学绝对不是一种自私自利的享乐，有幸能致力于科学研究的人首先应拿出自己的知识为人类服务。"

（二）同志之间消除隔阂，团结一致，为把病毒所办成国内第一流研究所而努力！

（三）到建所 50 周年时能拿出一批高水平的成果，培养一批高质量的科研人员。

祝同志们工作顺利，身体健康！

(1986 年)

科　学　与　技　术

■ 高尚荫

SCIENCE AND TECHNOLOGY

Gao Shang-yin

1986年的生物学与10年前的大不相同了。发生了"革命性进展"。近年来出现的新技术使最优秀的实验生物学家过去难以进行的实验成为实验室的常规工作。分子生物学以惊人的速度建立了生物工程工业。但最重要的意义在于它改变了人们对生物体的认识，从病毒到人。

生物学一直是一门描述的科学，描述了成千上万生物体的种类、特性以及在整体或显微镜水平上的结构等。在描述整体的特性时，生物学家面对的仅是生物过程的后果，而不是引起的动力。例如，实验工作者可以观察肌肉的收缩或胚胎的发育，但仅仅根据这些观察对了解生命活动的任何基本机理是难以提供线索的。

由于电镜技术的发展，观察能力大大地增强了，能比较正确地观察到细胞和亚细胞的细胞器。电镜技术把观察范围也向前推进了一步，正确地确定细胞的精微结构，这个进展又揭示了细胞更多的结构和现象，但对引起它们的机理还是不能解释。这意味着生物体内，还存在着比电镜所能揭示的细胞组成更小的因子。因此，可以认为许多生命现象的最后因果依赖于细胞内外的特异性分子的功能。

分子生物学家认为描述生命现象不如从分子水平上阐明其机理更有意义。虽然看不见他们的研究对象，但他们有信心，认为他们的研究工作肯定能解释生命的复杂性。

生活细胞中的许多生物分子包括蛋白质、RNA、DNA 等，其中受到生物学家重视的当然是带有遗传信息的 DNA 分子，在过去 10 年中生物学家认识到处理 DNA 分子的方法对蛋白质化学家来说是难以做到的。DNA 能剪切、修饰和重新集合。能扩增许多拷贝以及可能用 DNA 生产所需要的 RNA 和蛋白质分子。这些实验之所以能实现，是由于新的基因克隆技术的出现，这技术改变了生物学的面貌，使复杂的生物体的基因组的分析达到目前的水平，也成了生物学发生革命进展的奠基石。

细胞 DNA 的生化性质并不能使我们了解遗传构成的微妙性。一个细菌细胞的 DNA 含量是很大的。一个较大的哺乳动物细胞基因很大、约含有 2.5×10^9 个碱基对。一个哺乳动物基因组的基因在 50 000～100 000 个之间，一个基因指定一种基因产物的结构，一般指蛋白质，因此研究个别基因非常重要。但是这个企图尚未成功，由于还不能研究一个单独的基因，在还没有浓缩和分离的有效技术之前，对个别细胞基因的认识是抽象的，它们的存在是由遗传学分析而推导的。因为它们的物质基础还无法进行直接的生化分析，这个难题从病毒的研究得到局部解决。

病毒基因组比细菌基因组小，但它们的基因和被它们感染的细胞的基因却相似，SV 病毒仅有 5 243 个碱基对，包括 5 个基因；因而对一个单独的基因的分析不会遇到大量多余的无关序列。此外，病毒可在感染的细胞内增殖几千万个相同的拷贝，把病毒 DNA 和细胞 DNA 分开并不困难。

较简单的病毒 DNA 一旦被纯化了，对研究基因结构的各个方面如 mRNA 的转录和加工以及蛋白质合成等就可提供必要的条件，这些在过去是不可能实现的。

20 世纪 70 年代出现了两种革命性技术强有力地简化了 DNA 的结构分析，这两种技术是限制性内切酶的应用和 DNA 序列分析。由于一个 DNA 序列翻译为一个氨基酸序列的密码已经了解，基因组的某一部分碱基对序列就能翻译为氨基酸。例如，SV 蛋白质的结构就可以从其 DNA 结构推断出来。过去蛋白质结构要通过对单独蛋白质进行生化分析，既花时间又极麻烦，现在 DNA 序列分析能很迅速地测定蛋白质序列了。

  生物学的发展需要和涉及许多其他学科的知识和技术，因此生物学和其他学科很自然地结合起来了。传统的学科与学科之间，科学与技术之间的界限也逐渐在消失。大家也体会到仪器设备对发展一个领域的知识和技术影响极大。这些知识和技术很可能使两个完全不相关的领域互通信息、互相了解。这样，仪器设备的重要性就显得更加清楚，结果把科学和技术紧密地联系起来了。在推进新技术的前进中，许多仪器如扫描电镜、核磁共振、同步加速器、新来源的辐射等都为现代生物科学研究所使用。1981 年当我回到我曾受教育的美国耶鲁大学访问时，一位老同学（现在是分子生物学系教授）领我去参观新建立的仪器设备实验室（Laboratory of Instrumentation）。他对我说："建立这所实验室的指导思想是技术的发展推动科学的前进，同时科学的前进又促进技术的发展。"技术也可以说是推动科学发展的一种动力。

（1986 年）

再论分子生物学——科学的革命

高尚荫

ON MOLECULAR BIOLOGY-
SCIENTIFIC REVOLUTION

Gao Shang-yin

　　1986年我写的《论分子生物学》一文在"武汉大学自然科学学报第三期1986"发表后，听到许多不同的反映。由于分子生物学不是一门学科，并且有人认为分子生物学的兴起是当代重要智力的和科学的运动之一，换句话说，是一场科学的革命。因此，我的粗浅论点引起分子生物学者和其他有关学者的议论不是意外的事。人们把分子生物学的理解一时放在这个方面，一时又放在另一个方面，因而给分子生物学下一个确切的定义是比较困难的。对分子生物学作出突出贡献的 F. Crick 曾说："分子生物学是一个含糊的名词"又说："分子生物学是能引起分子生物学家有兴趣的任何东西"，这些话意味着分子生物学还没有一个确切的定义，也有人认为分子生物学是研究生命活动的一个分析层次，正因为这样，我试着结合科学的革命再论分子生物学。

　　历史学家决定一个历史事件是什么时候开始的比较困难，因为每个事件的历史转折点往往有它的前因。那么，分子生物学是什么时候开始的呢？不同的学者发表过不同的意见。J. Lederberg（1981）认为分子生物学开端可以追溯到1944年 Avery. Moleod 和 Mccarty 等有关肺炎球菌的转化因素是由 DNA 组成的实验结果。Mary（1982）认为分子生物学真正开始于 1953 年 Watson 和 Crick 发现 DNA 的螺旋结构。我个人认为这两种意见都有道理，因为这两个发现都是分子生物学的历史转折点。Avery 等的发现肯定了 DNA 是遗传物质，改变了当时的科学气候。1869 年 F. Misscher 发现核素直到 1944 年 Avery 等的发现以前这样一段时间，对 DNA 的功能未能作出结论。因此，Chargaff（1970）在回顾 Avery 等的工作时，曾赞扬 Avery 等的发现对核酸的研究起了"排山倒海"（"avalanche"）之势的推动力。当时的许多学者包括 Chargaff 本人在内放弃了自己的本位工作，加入了 DNA 研究的行列，从此 DNA 双螺旋明确了基因的结构与功能。DNA 的阐明不仅冲击了遗传学，并且对其他生物科学如胚胎学、生理学、进化论甚至哲学（Delbruck，1971）也有一定的影响，DNA 的阐明揭开了一个令人兴奋和灿烂光明的科学领域，导致了 20 世纪的科学革命。因此把 1953 年 DNA 双螺旋的发现作为分子生物学的起点也是可以的。

从 20 世纪 50 年代后期到现在，在生物科学领域里掀起了一场轰轰烈烈的科学革命——即分子生物学。自从 Avery 等发现 DNA 是遗传物质和 Watson 与 Crick 发现 DNA 双螺旋后，科学家企图对 DNA 如何指令而译成蛋白质的探索激起了解决问题的决心。Crick 把这些科学家称为魔术团（The Magic Circle）和俱乐部（The Club）。除他们之外，还有来自世界各方的一些物理学家、化学家也加入了研究行列。他们自动地组成许多研究小组，自如地出入于不同的实验室；互通情报，畅通信息，交流见解（ideas）和讨论问题。在这样热烈的研究气氛中，研究成果相继报道：DNA 半保留性的复制、DNA 多聚酶的分离、信息 mRNA 的发现、人工合成信息 RNA、遗传密码的解释、基因的调控、阻遏物（repressor）的分离、DNA 连接酶的分离、重组 DNA 的成功，外来 DNA 片段插入质粒 DNA 产生嵌合质粒、DNA 序列的测定以及重组 DNA 的创建，等等。

20 年的科研进展已经基本上揭开了生命之谜，20 世纪 70 年代后期，一个简单生物合成的原理已有一个大致的轮廓，基因是什么？基因是如何复制和突变的？以及 DNA 如何控制蛋白质的合成？蛋白质是怎样起作用和相互反应的？生物体是怎样建成和传代的？这些问题在原核生物中已经较清楚地得到解决，但是有些学者错误地认为依照合成原核生物的原理，可为真核生物画一个轮廓。例如 Monod 所说"对大肠杆菌是这样，对大象也是这样"。但问题并不那么简单，一接触到真核生物的分子生物学就不能离开分化问题，也就是胚胎学长期以来未能解决的问题。这个问题在要领上和技术上都未彻底弄清。有些困难现在还不能预见，因而分子生物学作为一场革命还需继续前进，目前已有许多学者正在这方面努力。

生物学前进的特征不是在于个别的新发现，而是在于新概念逐渐形成和发展，不论这些发现是如何的重要或者提出了新的理论，在大多数情况下，概念的发展并不在于个别的新发现而在于将已建立的科学事实综合起来，DNA 双螺旋的发现就是一个实例。所以，总的说来，分子生物学的兴起就是一场科学的革命。

在 DNA 双螺旋发现后不久，有人问 Waston DNA 对人类有什么意义，他说"这是不能回答的"。当时 DNA 双螺旋的发现除在学术上的贡献外，确实还看不清楚对人类有什么意义。可是现在大家都知道 DNA 的研究引出了基因工程，也可以说是分子生物学发展中的一个非常重要的插曲。它给我们带来了认识和改造生物以更大的自由，它在农业和医药卫生方面给人类生活增进了经济效益和保健效能，我们预期它将进一步被利用于造福人类。

分子生物学虽然不是一门学科，它的兴起确是一场科学的革命。

本人在本文中并未提出什么创见，主要受到三本书的启示，这三本书是 H. F. Jadson 的《第八天的创造》（"The Eigth of Day Creation" Simon and Schuster N. M. 1979）；E. Mayr 的《生物学思想的成长》（"The Growth of Biological Thought" Harvard Press. Cambridge. 1982）；T. S. Kuhn《科学结构》（"The Structure of Scientific Revolution" University of Chicago Press. Chicago and edition, 1970.）

（1987 年）

科学家和科学工作

■ 高尚荫

Scientist and Scientific Work

Gao Shang-yin

科学家的成长是科学家学术思想的成长。每种新的或修改的主意是从外界实际事物反映到科学家头脑中产生的。历史学家承认这一点,反映在科学文献中如"孟德尔定律"、"达尔文主义"和"爱因斯坦相对论"等。著名科学家的学术思想一般描述为定型不变的。如所谓"达尔文1859"或"Waston和Crick1958"。

事实上许多大科学家的学术思想的成熟是一个较长期的过程。他们的见解不是一开始就是合理的推论或结论,中间往往经过不少曲折。他们的疑惑、犹豫,前后矛盾和更改是经常发生的。DNA双螺旋的发现过程从Watson的"双螺旋"、Hoagland的"探索DNA的奥秘"两书中就知道这个发现不是一帆风顺。说实话,科学家的学术思想始终不变的是少数,这并不意味他们的无能,而是证明他们的实事求是以及对科学工作的严肃态度。

从科学史看科学家和他们的科学工作有几个特点:

(一) 提出问题、独立思考、进行推理

这些方面许多著名学者有所论述。培根说:"一个人如果从肯定开始,必以疑问告终。如果他们准备从疑问开始则会以肯定结束。"爱因斯坦说:"发展独立思考和独立判断的一般能力应该始终放在首位"。达尔文则强调"对任何观察提出推理"这一点非常重要。因为错误的推理可以在实践和时间中改正,缺乏推理会导致盲从,回避一方推理就会阻碍最后解决的适当实验设计。因此一位科学家应是思维敏捷,善于思考,对物质世界充满疑问而又努力寻求答案的人,逆转录酶的发现说明其问题,说明独立思考和进行推理的重要性。

我们知道在 RNA 肿瘤病毒生长周期的任何阶段,加入放线菌素 D 会抑制子代病毒的增殖。这一发现,表明依赖 DNA 的 RNA 合成为生长所需要。这样就需要将 RNA 肿瘤病毒和其他 RNA 基因组的病毒区别开来了。1964 年的 Temin 提出前病毒(Provirus)的假说统一了这一区别,也就是说肿瘤病毒的生长过程中有 DNA 参加。这是一个大胆的假说,不符合 Crick 提出的所谓"中心法则"(Central dogma)。因而 Temin 的假说当时未能被学者所接受。这里的关键问题是从 RNA 转录为 DNA 假说的必要条件需要由 RNA 模板合成 RNA 的酶。1970 年 Temin 和 Baltimore 各自发现并分离出——逆转录酶(reverse transcriptase)。1982 年 Baltimore 来武汉访问时我和他在闲谈中提到逆转录酶的问题。他说推理并不完全是空想而是有线索的。逆转录酶如果不由他们两人各自发现,别人也会发现的。

(二)放弃偏见、尊重事实

一种学说或假说在没有确实证据时应勇于放弃决不可坚持。科学是尊重事实的,罗蒙诺索夫说"为了能够真实和正确地判断必须把自己的思想摆脱任何成见和偏执的束缚"。DNA 结构的研究工作当时有三个实验室的科学家在进行:剑桥大学的 Watson 和 Crick. King's College 的 Wilkins 和 Franklin 以及加州理工学院的 Pauling,他们之间的竞争非常激烈。Pauling 首先发表"核酸结构的一个建议"提出 DNA 的结构模式。Watson 和 Crick 即指出这种结构模式是最一般化的综合,它不能解释任何东西,对本身的复制未提出线索,也未说明对细胞其他部分有什么影响。这种结构没有考虑到"Chargaff 比率"。Watson 和 Crick 发表"核酸的分子结构",提出了他们现在举世闻名的双链 DNA 结构模式。

Pauling 在看到他们的 DNA 结构模型后，立即承认自己的模式是错误的，而 Watson 和 Crick 的模式是正确的，并说"这种 DNA 结构是近年来分子生物学的最大贡献"，祝贺他们的成功。Pauling 是国际上无可争辩的最有权威的结构化学家之一，但在事实面前勇于承认自己的错误，放弃偏见又能赞扬竞争对手，这种实事求是的科学家作风值得我们尊敬。现在有些人明知自己是错误的还强词夺理为自己辩护实在太渺小了！

（三）兴趣广泛、知识渊博

虽然现在学科越分越细，但解决问题需要各方面的综合知识，因此对一个科学家来说兴趣广泛、知识渊博是必要的条件。贝费里奇说："成功的科学家往往是兴趣广泛的人，他们的独创精神可能来自他们的博学。多样化会使人观点新鲜，而过于长时期钻研一个狭窄的领域则易于使人愚蠢。" Mayr 认为"几乎所有的大科学家兴趣广泛，他们利用相近领域的概念、事实和见解补充他们自己领域的学说"。我认识的科学家中，我认为诺贝尔奖获得者，分子生物学奠基人 Max A. Delbruck 就是这样的一位科学家。1906 年他出生于德国，1937 年移民到美国，青年时期在柏林参加 Timofoff-Ressovsky 主持的有关哲学、历史、科学等多方面的讨论会。这些讨论会使年轻的 Delbruck 扩大了科学视野，吸收了新的观点，同时激发了他对定量生物学的兴趣，特别是有关基因的性质。1935 年他的论文"基因的性质"导致量子力学家 Erwin Schrodinger 写了"生命是什么"这本小册子。这本小册子对物理学家转向生物学产生了极其深远的影响，Delbruck 是最先一位转向生物学的物理学家。

马克思说"科学绝对不是一种自私自利的享乐，有幸能致力于科学研究的人首先应拿出自己的知识为人类服务。"我们有幸致力于科学研究的人们，应该时时刻刻记住我们的研究工作是为什么，我想毫无疑问我们是为了祖国的四化作出贡献，为祖国的科学事业攀登世界高峰！

（1987 年）

对有机体的感情

■ 高尚荫

The Feeling for the Organism

Gao Shang-yin

《对有机体的感情》是一本传记[1]，评述细胞遗传学家麦克林托克（Barbara McCilntock）的生平和科研成果，包括基因转座的发现以及30多年中她在学术生活中的坎坷历程；并且紧密地联系科学和科学研究的哲学思想问题。由于涉及的问题对科研工作可能有所启示。本文主要探讨这些问题的意义。

一种新的见解，新的概念往往是从客观事物反映到科学家的头脑而产生的。但是概念成为科学体系的组成部分必得到科学家所属的社会（学术社会）所接受，同时社会的集体智慧对新见解的成长又提供了条件，从整体说，科学知识是由个人的创造和社会的确认之间的相互作用而成的。这种关系有时比较复杂但又微妙地配合，有时这种相互的作用又告失败。失败的原因可能是由于个人因素，或者是由于学术的偏见而没有被社会所接受。最后导致个人和社会的疏远。在这种情况下，一般说这样的科学家便销声匿迹，失去声望，麦氏基因转座的发现就是这样未被当时的社会所承认，而使她和社会疏远长达30多年之久。可是由于她对有机体的感情，她不但忍受了孤苦单调的学术生活，并且还遭到失业和贫困，但是她的玉米细胞遗传工作坚持下来了。

首先，这里要提出一个问题：为什么麦氏基因转座的发现当时不能被同行所接受？原因是多方面的，但主要的原因可能是麦氏的开创性的基因转座理论和当时学术界的同行、包括她在冷泉港生物实验室的同行学者们对这个发现的认识和解释相距太远，他们无法接受。换句话说，因为麦氏的转座理论远远走在他们认识的前面。正如 Thomas S. Kuhn[2]所说科学家也是人，正因为是人，特别是著名的科学家往往在确定的证据面前很难放弃自己熟悉的一套，而去了解新发现的理论，其实科学史中这种例子并不罕见，牛顿的工作在他的"Principia"发表几乎半个世纪之后才被同行们、尤其是欧洲大陆的学者们所承认和接受。Max Planck 在他的《科学自传》中检查自己的工作时说，一种新的科学真理没有得到胜利是由于不能说服他们的反对者使他们看到曙光。但是他们去世之后新的一代会成长而了解的。达尔文在他的《物种起源》最后一段中说了这样几句话："虽然我完全相信在书中的观点的真实性……我并不期望说服有经验的博物学家们。他们头脑里装满多年累积的话事实上多直接反对我的观点看问题——但是我对未来抱有信心——对年轻的和正在成长的博物学家们，他们会公正地看到问题的两个方面。"

我国正在进行社会改革，包括科技改革。许多年轻科学家的新创见应当引起注意。年长的科学家（包括老科学家）应当注意年轻科学工作者的成长。对他们创造性的成果要给予支持和确认。

麦氏在她发现转座过程中经过了许多困难和挫折。但她以百折不挠的献身科学的精神坚持工作，最后取得了巨大的成果。她的转座理论超过了她的同行。我们要问：为什么麦氏能够对玉米遗传的奥秘看得如此深透？她自己的回答很简单，她一再地说："要花时间去观察，要有耐心去倾听你工作的对象对你说什么，要敞开自己让它们到你这儿来！最重要的是对有机体要有感情。"总之：时间、耐心、敞开自己和对有机体的感情都是她成功的因素，缺一不可。她的回答似乎很神秘，甚至不可理解。譬如，怎样能听到玉米对她的倾诉？又怎么能敞开自己让玉米到她那儿去？用她具体的工作行动来回答。麦氏认识玉米地里的每棵玉米植株和每棵植株的玉米棒上的籽粒，每观察到玉米棒上的任何一个谷粒不同于其他谷粒时，就要了解为什么不同。她就是这样通过 30 多年实验室内和田间的实验观察，对结果进行分析才发现玉米基因转座现象，并提出了这一理论。从这里我们就应当注意，在科研工作中发现任何新的或异常现象都不能忽视，更不能把它当做例外，而放弃了认识、分析和了解。最重要的还是麦氏对玉米的感情，有了这种感情才产生动力，使她 30 多年夜以继日地工作，有了这感情才能使她与玉米融合在一起，随时可以对话。

开普勒（Kepler）与牛顿（Newton）对宇宙和天体的深厚感情，麦氏对有机体的感情使他们分别解开了天体力学和基因转座的原理，这些伟大的科学家有一个共同的信念就是大自然是有规律的，要搞清这些规律仅仅依靠观察、实验、分析还是不够的，引用爱因斯坦的一句话说，只有在同情、了解基础上的灵感（intuition）才能使他们领悟这些大自然的规律[3]。

麦氏认为由于基因转座的发现和其他科学家的发现，在目前生物学的革命中需要扩大其科学的内涵。分子生物学的成就像经典的物理学一样是了不起的。下一步应当采取的途径似乎不应该是集中生物学中的主导问题，如遗传物质基础及其稳定性等问题。这并不是说这些问题不重要，而应看得远些、深些，应该耐心地钻到有机体的多样性和复杂性中去。由于基因也有不稳定和可塑性的发现，迫使人们承认细胞过程的巨大整合。而基因转座是一把打开遗传组织（genetic organization）复杂性的钥匙。这个遗传组织是细胞质、膜和 DNA（或 RNA）等整合成为一个结构的标志，这种整合是我们老一辈生物学者不可思议的。麦氏认为我们正处于一场生物学大革命中，它将调整我们对事物的看法和我们进行研究的途径，这样我们就会对事物彼此之间的关系有新的认识。

读了《对有机体的感情》后，觉得这本传记对我的启发很大，使我了解和考虑了许多在科学活动中开创性和确认性的关系以及个人与社会的关系。一些科学家对科学的概念和另一些科学家对科学的概念的关系。这不仅构成麦氏一生科学活动的基础，一般科学研究也是这样。

最后引用 Methew Meselson 对麦氏科研工作的评价来结束这篇短

文:"历史会记录麦氏是一个崭新的深奥的遗传学说开创者。这学说在目前才仅仅朦胧地被了解。"

(1988 年)

参 考 文 献

[1] Keller E F. A Feeling for the Organism. The Life and Work of Barbara McClintock. W. H. Freeman. New York. 1988

[2] Kuhn T S. The Structure of Scientific Revolution. Univ of Chicago. Chicago. 1970

[3] Hoffmann B and H Dukas. Albert Einstein. Creator and Rebcl. New York. New American Library. 1978

病毒学：哪里来；到哪里去

■ 高尚荫

Virology: Where It Come; Where It's Going

Gao Shang-yin

近年来由于分子生物学的兴起使病毒学作为一门独立学科似乎模糊起来了。难怪一位"分子生物学家"教授宣称病毒学已不存在了。事实真是这样吗？分子生物学是在结构生物化学和细胞遗传学两门学科的基础上成长起来的，而这两门学科的充实和发展又来源于病毒学〔有关分子生物学究竟代表什么，见作者的"试论分子生物学"（武汉大学自然科学学报1983年第3期）和"再论分子生物学——科学的革命"（病毒学杂志1987年第1期社论）〕。

1. 病毒学从哪里来

（一）有关病毒的早期记载：病毒病自古就有记载，我国几千年前（公元前10世纪）的文献中提到过天花。2000多年前已有关于狂犬病时用"Virus"这个词。狂犬病毒的记载比任何病毒病详尽。相反地，另一种重要的病毒病天花，由于它很难和麻疹、鸡痘及其他发疹性病区别，天花的早期记载比较模糊。虽然从社会和政治历史来说天花的影响不亚于鼠疫。

16世纪植物病毒病已记载有荷兰的郁金香（turlip），虽然当时并不了解这种名贵的杂色花是由于病毒的感染。最有趣的是一种植物病毒病，烟草嵌纹病。这病的病因——烟草嵌纹病毒在病毒学的发展过程中占有非常特殊的地位。

（二）起源和序幕：天花的传播使人们认识疾病的传染性。17世纪和18世纪天花在欧洲的流行进一步意识到某些"东西"从人传到人。18世纪初期天花在英国进行接种。1798年Jenner将按各种方法改进后在英国及欧洲大陆普遍应用。他的成功是经验的结果，并不了解传染病的病因，但这是以后所有预防疾病的基础。Jenner的种痘工作后病毒学处于静止状态，直到1884年巴斯德提出有关狂犬病的预防措施。巴斯德对狂犬病的贡献是人们比较熟悉的。

Jenner和巴斯德的传染病因子的概念需要过滤技术证明细菌外还有其他较小的"东西"能引起疾病。1868年Keber利用"瑞典滤纸"过滤痘苗病毒感染的淋巴，企图分离"炎症小体"，接种后过滤液产生特征性痘苗小胞。此后该滤器发展为目前使用的各种类型的细菌过滤器。

历史学家决定一个历史事件是什么时候开始的比较困难，因为每个事件的历史转折点往往有它的前因。那么病毒学作为一门学科是什么时候开始的呢？不同的学者从不同的角度看问题，肯定会有不同的意见。我个人认为病毒学似乎应从M. W. Beijerinck 1898年有关烟草嵌纹病毒的工作开始。他在报告中提出引起烟草嵌纹病的致病因子具有三个特点：能通过细菌滤器，仅能在感染的细胞内增殖以及体外不能生长。他认为这是一种新的致病因子、而不是细菌，他称这个因子为"感染性活菌液"（原文为Contagium Virum Fiuidum）是Beijerinck提出了新的病毒概念。可能有人要问为什么不说D. I. Ivanovski 1892年发现烟草嵌纹病毒开始呢？Ivanovski进行了正确的实验（过滤实验），但提出了错误结论（细菌毒素）。他始终没有认识到通过过滤器的是一种新的致病因子，烟草嵌纹病不是由细菌产生的毒素引起的。

1935年W. M. Stanley分离、提纯和结晶了烟草嵌纹病毒导致植物病毒处于病毒学研究的领先地位。开辟了病毒研究的新领域。围绕着病毒是什么这个问题，科学家们研究病毒的性质包括它们的组成和化学修饰的影响等。这些研究影响巨大，带来了学科与学科间和国际上的共同努力建立病毒粒子的结构以及核酸和蛋白质的生物学功能。

虽然噬菌体（细菌病毒）在 1915 年和 1917 年分别由 Twort 和 d'Herelle 发现，但噬菌体的研究实际上从 1938 年几位科学家（M. Delbruck、S. E. Luria、A. D. Hershey）形成所谓"细菌体组"利用大肠杆菌噬菌体进行系统的研究，主要是一步生长曲线、溶原性、转导作用、DNA 是遗传物质，遗传的精微结构以及突变的分子基础，最重要的贡献是明确了基因概念。

在噬菌体工作的启示下，病毒研究的主流转向动物病毒。1952 年 R. Dulbecco 发明在单层细胞层上接种病毒出现空斑的所谓"空斑技术"促进了动物病毒的研究，相继发现转录的新途径——反转录。译录、合成具有特殊功能的几种蛋白质以及某些病毒感染引起细胞融合，结果细胞核组合，有外膜的病毒在细胞膜成熟时带上宿主组成。同时又在动物肿瘤病毒方面研究细胞转化和肿瘤形成的机理，从而出现病毒学的分支学科"肿瘤病毒学"。

2. 病毒学到哪里去

生物学像所有学科一样发展到成熟阶段往往在更精确的水平上统一了。Watson 和 Crick 对 DNA 双螺旋结构的提出，在达尔文和孟德尔所提出的观点更上一层而统一了。生物学的分支学科如遗传学、细胞学、生物化学等之间的界限由于现代细胞生物学的兴起已超过范围，使 20 世纪 50 年代和 60 年代茂盛的病毒学逐渐分散到其他学科中去了。但是病毒学在分子生物学的发展中起着这样的重要的作用，并仍然是生物学和生物医学研究的一个重要领域，使我们有理由保持这门学科的统一性。因此，目前病毒学的研究不但没有削弱反而大大地增强了，病毒学讨论会在国际上以及国内的相继召开充分说明了这一点。

对病毒学到哪里去应结合现状。我认为病毒学在现阶段有四个显著的特点：

（一）它包括广泛的学科范围：从结构化学和分子生物学，通过感染的生物学和病理学到实验和临床医学。通过病毒与细胞间的相互关系，联系细胞生物学和生理学。病毒学吸收许多其他有关的学科，今后将结合社会学、环境科学、化学、物理学甚至哲学，不再是30~40年前的病毒学限于分离、形态和鉴定。

（二）它具有大量的病毒系统：现在已鉴定和分类的病毒有细菌病毒、藻类病毒、真菌病毒、植物病毒和动物病毒（包括昆虫病毒）已近50个科。在这些科和亚科中有个别的种还有它们自己的独特性质，如逆转病毒、肿瘤病毒、慢病毒、类病毒等。这类情况也反映在近来出版的病毒学教本，如 Frankel-Conrat 和 Kimball 的"病毒学"，不以病毒作为整体而从分类系统分别论述说明个别病毒的独特性。研究对象必然会扩大和加强，仅靠个别病毒作为模型研究不能对病毒有全面的认识。

（三）知识基础的迅速发展：特别在过去15年中病毒学的数据和概念大大增多和深化了，可以认为 Thomas K. Kuhu 提出的新"Paradigm"（作者没有找到合适的译名）。主要是由于在20世纪70年代提供了新的研究工具包括所谓"核酸革命"——限制性内切酶的发现、序列分析的发明、DNA的操纵以及依赖单克隆抗体技术对蛋白质范围较广的分析方法。结果使病毒的结构和功能的有关知识在广度和深度上迅速提高了。这在1970年前是不可能想象的。新的概念的发展和充实——逆转录、肿瘤基因、内含子等已成为人们固定的观点，近几年来已出现"分子病毒学"（也就是病毒的分子生物学），但必须指出对病毒的结构和生物学以及致病性等虽已在分子水平上深入研究，但对它们的认识还不过是漫长道路的开端。在前进中还会遇到更艰巨的挑战，更需要学者们创造性学术思想指导研究。另一方面病毒关系到人群中的疾病——过去阶段的进展比较明显。许多一般病的有效防治以及消灭天花的成功，但很快又出现令人畏惧的"新病"——所谓艾滋病。关于该病的病原体已于1984年肯定为病毒，并且近几年来由于国际上的竞争和合作，在极短时间内已提出基因组的全部序列，深入到分子的结构。但是到目前对该病的预防和治疗似仍无办法，在期刊上和新闻媒介报道很多，对病毒学者来说艾滋病和病毒又是一个挑战。

（四）实际应用的重要性：人类与病毒之间的关系一直认为存在有疾病与死亡的单方面传说，天花、流感、黄热病、狂犬病、脊髓灰白质炎等都是病毒引起的病。当然除人之外，病毒对牲口和谷类等也有严重的损害。但是从种牛痘成功以来，人们对病毒的看法起了变化。认为病毒可以用来为人类服务，例如，在农林害虫的防治中，利用自然病毒杀死害虫。还有一个大家感兴趣的例子是20世纪70年代前曾用过噬菌体治病遭到失败后，一直未能采用，但最近（1989年）报道噬菌体用于人的抗药性强的细菌病使疾病得到治疗（波兰）和对噬菌体防治猪、牛、羊的细菌性疾病效果也良好（英国）。这些初步报道作者认为还需要进一步验证。

近年来病毒在实际应用中值得重视的是利用病毒作为基因表达载体和工程病毒的构建。例如利用动物病毒作为载体来制备亚单位疫苗。最好的例子是用痘苗病毒作为载体。由于痘苗病毒可容纳较大量的外源基因（25Kb），且能表达，所以利用重组痘苗病毒表达成功的已有乙肝的 HbsAg 基因、流感 HA 基因、口蹄疫病毒 VP 基因等，并进一步将乙肝 HbsAg 基因、流感 HA 基因和 HSV-1 糖蛋白 D 基因合建三价重组痘病毒，且能在家兔体内成功地表达上述三种抗原，还产生了对这三种病毒攻击的免疫作用。在利用昆虫病毒作为表达载体中，最显著的例子是苜蓿银纹夜蛾核型多角体病毒（AcNPV）除可容纳较大量的外源基因外，还用此病毒作为外源基因载体。通过体外重组和体内重组相结合的方式，尤其宿主细胞幼虫体内成功地表达了 β-干扰素，α-干扰素和 β-半乳糖苷酶等基因。

工程病毒能直接加强对害虫的致病性，所以目前正在通过重组 DNA 技术引入毒素如黄曲霉素、麻蚕白或白喉毒素等来开发毒力更好的病毒杀虫剂。利用外源基因插入昆虫病毒 DNA 装备这种所谓第二代的昆虫病毒杀虫剂是完全有可能的。武汉大学昆虫病毒实验室目前正在开展第二代昆虫杀虫剂的研究，病毒结合遗传工程和工程病毒的构建的发展目前仅仅是一个开端，不久的将来对实际应用必然有重大的突破和发展。

最后，引用美国斯坦福大学生物化学教授 Paul Berg 最近给作者的信中对病毒学的评论作为本文的结束语。"虽然病毒学研究在了解许多人类传染病非常重要,但它们的性质有其有利的一方面,当然病毒在提示它们宿主的细胞和分子生物学方面也极有价值。如,噬菌体在发现 DNA 和 RNA 复制,DNA 修饰,重组和重新排列,基因表达和调节以及遗传密码的关键性特征是最有成效的模型,最近逆转录已联系到癌的细胞基因,腺病毒、水泡性口膜炎水泡病毒、细小病毒和流感病毒已显示了某些细胞的代谢机理。病毒作为遗传信息转导因子的性能对重组 DNA 技术提供启示。病毒的扩大研究必然会导致更有趣和重要的突破。"

(1988 年)

分子生物学的寻根

高尚荫

Rooting for Molecular Biology

Gao Shang-yin

目前生命科学中最时髦的是分子生物学。分子生物学究竟是什么样的一门学科？它的起源、内容和性质等作者在《试论分子生物学》和《再论分子生物学——科学的革命》两文中讨论过，但没有寻根，量子物理学家 E. Schrodinger 和 Max Delbruck 可以认为是与分子生物学的根有密切关系的。

Schrodinger 和生物学之间的关系在他写的一本小册子《生命是什么》（What is life）中就可以看出一位物理学家为什么写一本生物学的书。看起来有两个原因：（一）用物理学术语解释生命对 Schrodinger 来说是一个挑战。（二）按照他所在的单位都柏林（Dublin）高级研究所的规定，每年对市民作一系列的公开报告。这报告在 1944 年出版立刻引起了极大的兴趣。无疑地这是由于这本书的作者已是当代著名的波动力学创始人之一。用物理学术语明确地把分子热力学联系到生物系统触及了许多生物学家、物理学家和化学家的心弦。

对"生命是什么"在科学上重要性意见并不一致。一个极端认为此书将遗传物质的非周期性结构的理解引进了生物学并提出了发育遗传学的基本问题即解释细胞内的遗传信息是怎样控制着一系列的反应来形成成熟的有机体的（Schrodinger 希望这"有序到有序"（order from order）问题能得到解决从而引出新的物理学规律）。另一个极端则以"生命是什么"所提出的独创见解是错误的。作者认为此书在分子生物学研究的成长和发展的航道上起着启发和指导作用。可惜此书直到它出版十年后才逐渐被人们理解。Schrodinger 卓越的能力从分子、量子学说、热力学以及遗传密码方面解释了基因和发育，从而引导了许多非生物学者和生物学者看到生物学的远景。1943 年和 1953 年之间这种生物学远景的看法并没有吸引许多科学家加入这个领域。1953 年 DNA 双螺旋结构的发现后，情况突然发生变化。《生命是什么》一书再重新被人重视从而发挥了它应有的影响。不少科学家转向生物学是因为许多生物学问题能从分子观点上得到阐明，从而分子生物学研究成了一种挑战。新鲜血液的注入使分子生物学在此后的岁月中成长、发育、开花和结果。

《生命是什么》一书究竟对现代分子生物学起什么作用？它没有帮助我们解决具体的技术性问题。这本书最重要的是在科学数据以前就提出生物学的一些基本问题。有些人认为 Schrodinger 的见解完全是推测。但作者认为事实并不完全如此，我在耶鲁大学学习时系主任实验胚胎学家 Ross G. Harrison 说过，学术上提出先进的论点很重要，由于先进的论点往往促进科学的前进，分子生物学有今天，不能不说 Schrodinger 的远见起了一定作用。

Delbruck 在生物学的地位比较清楚。青年时代在柏林参加 Timofeeff-Rossovsky 的果蝇突变实验以及讨论有关哲学和科学问题，激起了他对生物学的兴趣。他企图解释突变的机理，提出了基因的分析基础。后来 Schrodinger《生命是什么》中也提出这个问题并加以补充和扩大，1957 年 Delbruck 到美国加州理工学院从事果蝇的研究（当时摩根领导的果蝇研究中心已从哥伦比亚大学迁移到加州），由于 Delbruck 和果蝇工作人员不太融洽但结识了正在研究大肠菌体的 E. Ellis。他敏锐的头脑很迅速地意识到噬菌体是研究工作的理论材料，因为宿主细菌和噬菌体的关系易于测定，实验在一天内可以完成一次，操作技术比较简单。

1937 年和 1953 年间由于他对噬菌体研究热诚地支持和提倡，使噬菌体研究人员从最初以三人为核心（Delbruck、S. E. Lurla 和 A. D. Hershey）扩大到几十人，形成所谓噬菌体组（Phage Group）。他们的研究成果收集在 1946 年出版的庆祝 Delbruck 60 岁寿辰的纪念册《噬菌体，分子生物学的起源》。从纪念册的 34 篇论文（除

Delbruck的论文之外）可以看出两点：（一）所有的工作都涉及分子生物学问题；（二）所有学者都对 Delbruck 的为人、学术成就以及他对他们学术上的帮助表示衷心的敬意和感谢。

  Delbruck 对分子生物学的影响有四个方面：（一）1954 年生物学研究大多数是定性的，一般不注意定量实验。Delbruck、Lurla、Hershey 和少数其他噬菌体研究人员却主张定量研究，但他们在科学社会里并未得到支持，Delbruck 则认为定量实验是有价值的，坚决要坚持下去。Hershey 曾几次表示如果没有他和 Delbruck 的友谊和鼓励他是不愿干下去的。（二）1945 年在冷泉港生物实验室由 Delbruck 主持开设噬菌体课程，介绍新的技术和噬菌体遗传学的见解。早期参加这门课的学员和来自加州理工学院的访问学者都成为噬菌体组成员。他们在分子生物学领域内作出了重要的贡献。（三）Delbruck 的知识渊博，分析问题能力强，学术思想活跃。任务明确，他们一再强调确实的实验结果和合理的解释。不论在谈话或报告中他都是一位极严肃的评论者。（四）Delbruck 影响最重要的是他的人格（Personallty）的力量。虽然有人认为他傲慢自大，有时盛气凌人，但绝大多数人并不这样想。用 Lurla 在 Delbruck 60 岁寿辰纪念册中写的一段话来说明对噬菌体组及其成员的评价。Lurla 说，从任何标准衡量噬菌体组都是成功的。成员之间具有牢固的友谊，互相帮助，互相尊重。当研究工作出现重要发现时的激动和欢乐与学术上的友谊竞争的暂时痛苦以及教育卓越青年人的热忱，他们每个人都有一份。这一切是物理学家 Max Delbruck 引导他们探索生命的奥秘。

  Schrodinger 和 Delbruck 两位科学家的共同特点是他们在学术上的独创见解。爱因斯坦说过，知识虽然重要，是研究工作中必不可少的因素，但独创见解才是突破的关键。分子生物学的诞生、成长和蓬勃发展可追溯到 Schrodinger 和 Delbruck 两位杰出的物理学家。因而作者认为分子生物学的根是 Schrodinger 和 Delbruck 的独创的见解和严肃的科学工作。

（1988 年）

电子显微镜下的病毒

■ 高尚荫

绪　论

病毒是什么，不是一句话能够说清楚的。一般只以病毒的大小作为它们的特征显然是不全面的，仅依据在普通显微镜下能否见到或在细菌过滤器中能否通过，不能把病毒和细胞严格地区别开来。事实上，较小的细菌或其他微生物比病毒还小，并且很多一般大小的细菌在某些条件下能转变为超显微的或超滤过性的个体。另一方面，较大的病毒，如痘类病毒（这类病毒也有人认为不是真病毒），以适当的方法染色后也能在普通显微镜的油镜下见到。

病毒的最重要特征应该说在于它们是特异性宿主细胞内的绝对寄生物；换句话说，病毒只能在特异性宿主细胞内才能繁殖，但是这特性还不能完全说明什么是病毒。某些较小的细菌（如麻疯分枝杆菌）也是细胞内的寄生物，到现在它们还不能在人工培养基中培养。

病毒和宿主细胞间的关系比一般的寄生物和宿主间的关系更密切。近几年来从有关病毒生化的研究发现病毒本身缺乏供能和合成的系统，并且只有两种核酸中的任何一种（脱氧核糖核酸或核糖核酸），因而病毒需要一种特异性细胞内的环境，其重要意义是容易理解的。从这个观点说，病毒不是和细胞有区别而是和细胞内含物有区别。

研究或探讨病毒和细胞内含物之间的区别也还存在着一定的困难。虽然病毒有致病能力（致病性），但严格地说，致病性并不是绝对的；例如，某些植物病毒在昆虫体内能繁殖而宿主不表现可认识的病症（Black，1959），但是病毒必然是在某一个时期从外界进入宿主细胞的，因此对宿主细胞来说，病毒是外来的。当然所谓外来的并不等于说病毒必须从外界进入每一个宿主，它们可以从宿主的一代传给下一代，甚至在细胞分裂或性细胞形成时在细胞内传播。细菌病毒的所谓溶源现象是一个最突出的例子，病毒的遗传性物质和宿主的遗传性物质往往能联结在一起，随着宿主细菌的分裂继续不断地传下去而不引起任何病理现象（只有在特殊条件下才能繁殖而产生子代病毒）。这样，病毒的遗传性物质几乎不可能和宿主的遗传性物质区别开来（Jacob and Wollman，1957）。

近年来的重要进展表明病毒的组成在功能上分化为两个主要部分：遗传性部分和"外壳"部分（Hershey and Chase，1952；Caspar and Klug，1962）。进入宿主细胞的是病毒的遗传性部分，而"外壳"则留在细胞外。"外壳"的作用是使病毒粒子吸附到宿主细胞表面，为遗传性部分进入细胞提供必要的条件。病毒的遗传性部分进入细胞后在一般情况下使细胞的供能和合成的系统转变为合成大量的非宿主细胞物质（指病毒物质）。这些物质将在子代病毒粒手中出现。最近研究证明，从烟草花叶病毒（schramm and Gierer，1957；Fraenkel-Conrat，1957）、几种动物病毒（Colter，1960）以及一种细菌病毒（Guthrie and Sinsheimer，1960）和一种病毒性肿瘤病的病毒（DiMayorca，Eddy，Stewart，Hunter，Friend and Benedich，1959）分离出来的遗传性物质［核糖核酸（RNA）或脱氧核糖核酸（DNA）］能引起感染。

根据现有的知识，许多病毒具有如下的性质：它们是超显微的有感染性的粒子；它们本身无独立的代谢系统，并且缺乏一个细胞基本组成的一部分；它们能侵入特异性的宿主细胞。这侵入过程往往意味着部分病毒组成的分解。病毒的遗传性物质利用宿主细胞的合成能力最后产生更多的病毒。病毒的许多形态在某些情况下和其宿主在不同程度的"共生"形式下相互联结，因此它们不容易和细胞内含物区别开来，但如果把病毒的各种特性综合而从整体出发，病毒可以说是具有特殊性质的一种生物。

最后，为了有助于对病毒的认识，让我们引用国际上两位著名病毒学者的概括："……病毒是具有遗传性的、特异性的细胞内含物，含有 RNA 或 DNA。RNA 或 DNA 的功能之一，是能决定它们自己组合到一种特殊结构中去，以达到传播给其细胞的目的"（Luria，1958）。"病毒是复杂的，有组织的感染性物质，它们只能依靠它们具有的遗传性的物质来繁殖"（Lwoff，1959）。

病毒是以作为病原而发现的（Iwanowski，1892），也就是说，在某些宿主中引起病症，因此，很自然地根据它们的主要宿主分为细菌病毒（噬菌体）、植物病毒和动物病毒（包括昆虫病毒）。

除螺旋体、粘细菌、铁细菌、硫细菌和硝化细菌到现在还没有发现有病毒外，其他能培养的细菌都能被病毒所侵袭。细菌病毒的宿主范围比较严格，一般不超出分类上的界线；例如，小球菌病毒不能感染链球菌；肠道细菌病毒不能侵袭假单胞菌。这界线不但限制在"科"或"种"，就是品系间也存在着特异性；例如，武昌地区分离出来的痢疾菌病毒和长沙地区的痢疾菌病毒不能交叉感染（江先觉，1959）。

最近有人报告（Pshenichnova and Batarova，1964）某些立克次氏体中也存在着病毒，能使立克次氏体裂解。

放线菌也同样地为病毒所侵袭，品系间的特异性也很明显；例如，病毒能感染产生链霉素的灰色放线菌而不能感染不产链霉素的放线菌。

酵母菌的病毒性感染虽近年来曾有报道（Lindegren，1958；Lindegren and Bang，1961；Hirano，Lindegren and Bang，1962），但尚未完全肯定。

在低等植物中，发现三种淡水蓝绿藻对病毒是有感染性的，并且已将病毒分离出来（Safferman and Morris，1963）。病毒病害最近也在真菌中发现（Hollings，Gandy and Last，1963）。至于苔藓类和羊齿类植物的病毒病害到现在还没有报告过。在高等植物中只有种子植物发生病毒病害。

原生动物草履虫的所谓"Kappa 粒子"，多年来以为是细胞质遗传性物质，称之为细胞质基因，但近年来证明它们具有感染性，并且含有相当量的 DNA，因此也有以为它们是侵袭原生动物的一种病毒（Smith，1962）。

昆虫是无脊椎动物中唯一的病毒宿主，但也只限于三个目：鳞翅目、膜翅目和双翅目。根据 Smith 氏的推测，病毒在昆虫中可能普遍存在（Smith，1955）。

脊椎动物中病毒已在鱼类（感染性肿瘤，鲤鱼痘）和两栖类（蛙肾病毒性肿瘤）中发现，鸟类的病毒病害有经济意义的有新城疫、喉头气管炎、鸡瘟等。至于鸟疫、鹦鹉病等是鸟类病毒并能传给人的病害。

哺乳动物的病毒存在于大多数的家畜和某些野生动物中，特别是兔的病毒性肿瘤（兔乳头瘤，兔纤维瘤）是研究病毒和新生质（neoplasm）的重要材料。人的病毒最近发现的就有 70 余种（Huebner，1959）。重要的病毒性流行病病原有天花、黄热症、脊髓灰质炎、流行性感冒、各型脑炎、传染性肝炎、颚腺炎、麻疹等。

病毒存在的范围是相当广泛的，但是从过去的研究情况看，大部分的研究工作集中在几个所谓模型病毒，那就是细菌病毒的大肠菌噬菌体 T 系统、植物病毒的烟草花叶病毒、动物病毒的流行性感冒病毒和脊髓灰质炎病毒以及昆虫病毒的家蚕多角体（核型）病毒。

病毒不但能引起人类、家畜和农作物很多危害性的疾病以及有可能毁坏几乎一切形式的生命物质，同时它们又代表着最简单的有机体，显著地体现了生命物质的主要特性，如生长繁殖、遗传变异以及和环境之间的相互反应，并且无疑地有它们的进化过程，因此，研究病毒不但要有效地消灭各种疾病为人们服务，同时通过对病毒的认识，使我们能进一步了解生命的本质。正因为如此，病毒学已成为生物科学中的一门重要的独立的学科。

第一部分 噬菌体（细菌病毒）

噬菌体是侵袭细菌或放线菌的病毒。它们在自然界分布广泛，因此分离噬菌体一般并不困难。

掌握在实验室中研究噬菌体的一般的操作技术比较容易，所要求的设备也比较简单，学者们往往把它们作为研究有关病毒基本理论问题的模型，但是我们必须认识到从噬菌体研究所获得的某些结论不能和植物病毒或动物病毒作直接的比较。近十多年来国际上对噬菌体的研究有意识地集中在一种大肠杆菌（"大肠杆菌B"）的一类噬菌体，即所谓"T系"，包括七个株，T_1，T_2，…，T_7（Demerecand Fano，1945）。

噬菌体的复杂结构对研究生物学中一些基本问题提供了极其有利的条件，由于它们的大小接近化学分子，从结构上可以研究它们形成的机制以及探讨它们特异性生物合成的途径。此外，噬菌体的结构又能反映当噬菌体粒子侵袭感受性宿主细胞时各组成部分的功能，更有利的条件是用电子显微镜观察就能了解噬菌体侵袭宿主细胞后宿主细胞与噬菌体本身在结构上的变化；另一方面，提纯的噬菌体制备代表静止的均一的群体，对化学分析提供了生物体的基本物质条件，因此，近几年来在噬菌体的结构与功能、生长与繁殖、遗传与变异以及与宿主细胞间相互关系等方面的研究都得到了很大的进展。可以肯定地说，在这个进展的过程中电子显微术的应用起了很大的作用。

噬菌体的形状一直认为是蝌蚪形的，包括一个"头部"和一个"尾部"。头部呈球形或多角体形，直径最大的约100毫微米（mμ），最小的约20毫微米（Thomas，1959）。尾部的长度和宽度随着噬菌体类型的不同而异，如大肠杆菌噬菌体T_3和T_7的尾部很短，过去以为它们是没有尾部的噬菌体。真正没有尾部而呈球形的噬菌体到最近才发现，有"ΦX 174"（对埃希氏菌属和志贺氏菌属的细菌敏感的一种噬菌体）（Hall，Maclean and Tessman，1959；Tromans，1961）、"P22"（对沙门氏菌属细菌敏感的一种噬菌体）（Anderson，1961）、"fr"（感染"雄性"大肠杆菌K12品系的一种噬菌体）（Marvin and Hoffmann-Berling，1963）和放线菌噬菌体"Φ17"（Bacq and Horne，1962）。此外也有报告细长杆状体的噬菌体"fd"（感染"雄性"大肠杆菌K12品系的一种噬菌体（Marvin and Hoffmann-Berling，1962）。

表 1 示几种不同噬菌体的大小。

表 1　　　　　　　　几种噬菌体的大小

噬菌体	粒子大小（mμ）		参考文献
	头部	尾部	
T_1	40	160×10	Anderson，1960
T_2	90×60	100×20	同　上
T_3	45	10×10	同　上
T_4	90×60	100×20	同　上
T_5	65	170×10	同　上
T_6	90×60	100×20	同　上
T_7	45	10×10	同　上
痢疾杆菌	65~70	150×~	Giuntini 等，1947
灰色放线菌	50	150×15	Woodruff 等，1947
分枝杆菌	80~90×35	160~190×20	Penso，1949
葡萄球菌（甲型）	80×36	270×15	Seto 等，1956
同上（乙型）	53×53	160×10	同　上
ΦX174	22.5		Tromans and Horne，1961
Φ17	62.5±3		Bacq and Horne，1963
fr	20~22		Marvin and Hoffmann-Berling，1962
fd	700×5		同　上

正如其他病毒一样，噬菌体是核蛋白，由核酸和蛋白质所组成。噬菌体的核酸为脱氧核糖核酸（DNA），占的比率比一般病毒较高（约 50%），那就是噬菌体含蛋白质和核酸几乎各半。近几年来发现噬菌体的 DNA 结构不符合双线的 Watson-Crick 构型，而是单线的 DNA，如"ΦX174"（Sinsheimer，1959）、"S13"（对沙门氏菌属、埃希氏菌属和志贺菌属细菌敏感的一种噬菌体）（Tessman，Tessman and Stent，1957）、"fd"（Marvin and Hoffmann-Berling，1962）。过去一直以为噬菌体的核酸无例外地是 DNA，但最近报告有几种噬菌体的核酸不是 DNA 而是核糖核酸（RNA），它们是"f2"（感染"雄

性"大肠杆菌)(Loeb and Zinder,1961)、"fr"(Marvin and Hoffmann-Berling,1962)、"MS2"(感染大肠杆菌"C 3000"的一种噬菌体)(Davis and Sinsheimer,1963)和"R17"(感染大肠杆菌)(Fenwick,Erikson and Franklin,1964)。绝大多数的噬菌体,一个完整的噬菌体粒子是一个 DNA 髓核被包围在蛋白质的外壳内,蛋白质外壳包括头膜及尾部。DNA 藏在头膜的内部。用所谓渗透休克实验(Anderson,1949,1953;Herriott,1951)可以把核酸从噬菌体粒子中释放出来,留下蛋白质的外壳,包括空头膜及尾部。用离心法可将空头膜及其他蛋白质沉淀。这空头膜又称"幻象",在形态上与完整的噬菌体没有区别,但已丧失了感染力,不再能感染宿主细胞。所释放出来的核酸(DNA)也不如完整噬菌体粒子的 DNA 对脱氧核糖核酸酶(DNAase)有敏感性。

噬菌体的蛋白质外壳也可以用简单的结冻和解冻方法分开(Williams and Eraser,1956),区别出头膜和尾部。尾部的结构包括一个髓核和蛋白质尾鞘,接近头部的尾鞘称基部尾鞘,另一端则为末端尾鞘,末端尾鞘是噬菌体吸附于细菌的器官,T_2 噬菌体的末端尾鞘由几根细丝缠绕着。由于电子显微术应用了反染色法(Brenner and Horne,1959),对噬菌体(T_2)不仅证实了以前的观察,并且有了进一步的认识。尾部包括被一伸缩的外鞘所包围的一个髓核。外鞘本身是一个空的圆柱体,由许多螺旋形排列的亚基所建成。这圆柱体似乎不与头部相连接。髓核是一个空的圆柱体,其长度和尾部相等,具有直径约 25Å 的轴孔。髓核的基端附着头部而末端为一六角形基板。从基板伸出六个短的尖钉和六根细长的尾丝,每根尾丝约 1000Å 长,20Å 宽,中间有一纽结。

概括地说,大多数噬菌体是蝌蚪形的粒子,合有等量的 DNA 和蛋白质。DNA 被蛋白质的外壳所包围。外壳包括头膜和尾部。根据现有的证据,噬菌体(T_2)的结构如图 1 所示。

噬菌体的感染过程 如果把一个噬菌体粒子加入一个生长旺盛的感受性细菌的液体培养中,这个噬菌体就吸附在一个细菌细胞上,并且在这个细菌内繁殖,最后使它裂解,释放出约 100 个子代噬菌体。

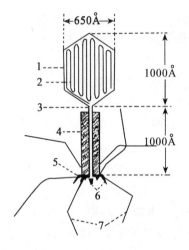

1. 头部；2. DNA；3. 髓核；4. 尾鞘；
5. 基板；6. 尖钉；7. 尾丝

图 1　噬菌体（T_2）的结构示意图
（Hayes, 1964）

这样就完成了一个"生长循环"。这 100 个子代噬菌体又感染另 100 个细菌，引起第二个"生长循环"。第二个"生长循环"的子代又引起第三个"生长循环"，如此类推，这种过程以指数速率继续下去，直到所有的感受性细菌全部裂解。

同样地，如果把一个噬菌体粒子加于生长在琼脂平板上的一片感受性细菌里，这个噬菌体即吸附在一个细菌上而引起第一个溶菌循环。第一个循环的子代噬菌体又感染附近的细菌引起第二个循环，这样在一片细菌中产生一个扩散的病痕，最后的结果在一片细菌平板上产生肉眼能见到透明的斑点，称溶菌斑。在一定的条件下，每个感染性噬菌体产生一个溶菌斑，从溶菌斑的计数可以知道所接种到平板上噬菌体粒子的数目。一般都采用这个方法滴定噬菌体的效价。

整个感染循环可以用一步生长实验来研究（Ellis and Delbruck，1939）。这实验表示细胞内病毒生长的最短"潜伏期"和平均的"裂解量"。所谓潜伏期，是指噬菌体吸附到宿主细胞和宿主细胞裂解而释放子代噬菌体间最短的时间。裂解量指每个感染细菌裂解时释放出来子代噬菌体的平均数目（Adams, 1959）。通过一步生长能简单地测定物理和化学环境的变化对感染循环的时间以及每个感染宿主细胞产生噬菌体的影响，它是研究噬菌体的基本技术方法之一。

一步生长实验的方法如下：将噬菌体和高浓度的细菌悬液混合使其很快发生吸附。未吸附的噬菌体以离心术或抗噬菌体血清除去[最近用立凡诺（rivanol）处理，可获得同样的结果（蔡宜权和高尚荫，1961）]。为了阻止噬菌体子代的吸附，可将这种混合悬液进行稀释。在不同的时间以同量的稀释混合悬液接种于感受性细菌的平板上。最初不论这些被感染的细菌细胞内所含的噬菌体是多少，每个细菌只产生一个溶菌斑，因此曲线的最初部分是平行线，只表示所感染细菌的数目。这阶段称潜伏期。随着时间的增加，被感染的细菌开始裂解，放出子代噬菌体，因而溶菌斑的数目迅速增加，直到第二个平行线，表示每个被感染的细菌都裂解了。一步生长实验所得的曲线如图2所示。

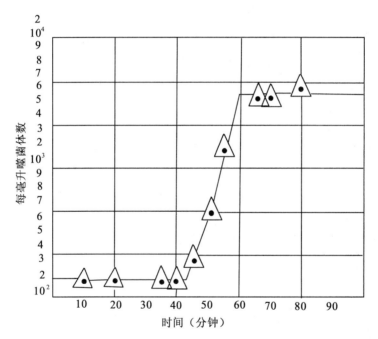

图2 噬菌体"P_1"在金黄色葡萄球菌"P_1"培养中的一步生长曲线
（Research Today, 1952）

在潜伏早期，由于在被感染的细菌细胞中噬菌体粒子尚未形成，因而也没有噬菌体粒子的存在，称这个时期为黑暗期。当时称此时期为黑暗期的原因是不知道为什么噬菌体侵入细菌细胞后在细胞内找不到噬菌体粒子，后来实验证明（Hershey and Chase, 1952），噬菌体感染细菌时分成两部分，一部分吸附于细菌细胞表面后留在细菌的外部，另一部分进入细菌细胞内部。这实验以 S^{35} 标志噬菌体的蛋白质，P^{32} 标志噬菌体的 DNA，证明绝大部分的噬菌体蛋白质留在细菌细胞外，并且用剧烈的振荡除去蛋白质后也不影响噬菌体在细菌细胞内的生长。另外也有极少的噬菌体 S^{35} 进入细菌内部，但几乎完全不传给其子代。进入细菌细胞的绝大部分是噬菌体 DNA，而噬菌体 DNA 的 P^{32} 约 70% 在其子代中出现。

总体来说，噬菌体粒子首先以尾部末端吸附在细菌细胞表面，便于使噬菌体内部物质（主要是 DNA）进入细菌而蛋白质外壳则留在细菌的外面。

噬菌体的蛋白质外壳好像一个注射器，其尾部像注射针，将噬菌体内部物质注入细菌细胞内。这些物质主要是具有遗传性的 DNA，但除了 DNA 外也还有少量的其他物质，如精子多胺（sper-midine）、丁二胺1，4（putrescine）及一种仅含有天门冬氨酸、谷氨酸和松氨酸的酸可溶性多肽和一种酸不可溶性蛋白质，它们传递给子代的频率极低，似乎与遗传性无关。

1. 噬菌体的吸附和侵入 从电子显微镜下观察噬菌体（T_2）粒子，可发现它以其尾部末端尾鞘吸附于细菌细胞表面，同时尾部末端尾鞘上的细丝展开，粘附在细菌细胞壁上（Kellenberger and Arber, 1955；Williams and Fraser, 1956）。

噬菌体与细菌间关系的特异性在大多数情况下决定于吸附作用。例如，一种大肠杆菌噬菌体不能感染另一种大肠杆菌的主要原因是不能吸附。噬菌体的吸附作用表现了它们高度的特异性。

有些学者认为噬菌体粒子吸附于细菌细胞表面是由于噬菌体尾部和细菌表面的接受器相结合。如果这样的话，细菌的接受器必然很广泛地分布在细菌细胞表面，因为一个大肠杆菌能同时吸附近 200 个噬菌体粒子（T_2）。这种细菌接受器已从细菌表面分离出来并且提纯（Weidel and Kellenberger, 1955）。将分离出来而提纯的接受器和噬菌体（T_5）混合在一起，可从电子显微镜下见到接受器吸附在噬菌体尾部末端，这样的噬菌体不能再吸附到细菌细胞上去。从对 T_2 噬菌体有抵抗力的大肠杆菌变种中也分离出同样的接受器，但不能吸附在 T_5 噬菌体粒子上，因此，也有些学者认为接受器并不能完全说明吸附的原因（Hershey，1953）。

关于吸附后噬菌体的内部物质（即 DNA）注入细菌的机制现在也有所了解。在噬菌体吸附后，其尾部末端尾鞘的细丝展开，从而暴露出髓核的一部分。这部分髓核穿入细菌细胞壁，这是由于噬菌体尾部存在一种酶，这种酶作用于细胞壁而使其产生一个小孔（Burrington and Kozloff，1956；Koch and Kozloff，1956）。噬菌体的内部物质通过尾部基部中的小孔注入细菌细胞（Kellen-berger and Arber，1955；Williams and Fraser，1956）。根据近四年来对 T_2 和 T_4 噬菌体的研究（Kozloff, Lute and Henderson，1957；Kozloff and Lute，1957），对噬菌体尾部结构以及噬菌体侵入细菌的机制有了进一步的了解。各方面的实验和电子显微镜下的观察表明，尾部蛋白质似乎以一种含硫键相联结，此键大概是羧酸脂键（thiolester bond），因为能破坏这键的各种处理如 N-乙基替顺丁烯二酰亚胺（N-ethylmaleimide）和对氯苯甲酸汞（P-chloromer-curibenzoate）等都能使尾部细丝局部或全部解开或甚至于从尾部脱落。

对尾部细丝和尾部的关系也有进一步的认识，那就是细丝只位于完整噬菌体的末端，把噬菌体（T_2）放在 pH10 的甘氨酸缓冲液中，尾部细丝从尾端展开，同时头部也会失去它的特征性形状和其核酸。处理的时间更长，在大部分标本中头部和细丝不能再见到而尾部髓核的末端就暴露出来。在 pH 10 的溶液中，虽然尾部失去细丝但并不收缩。当 pH 从 10 下降到 7 或更低时，则尾部的基部蛋白质就会收缩。在中性甘氨酸缓冲液中尾部一部分的基部蛋白质也能收缩。这情况类似于肌蛋白的情况。在 pH10 的溶液中，肌蛋白并不收缩，但在较低 pH 值时能收缩。由于噬菌体尾部基部蛋白质类似于肌蛋白，使学者们进一步探讨尾部蛋白质的其他性质；例如，乙二胺四乙酸（ethylenedia-mine tetraacetic acid，EDTA）对这两个系统的影响很相似。在某些情况下，EDTA 能抑制收缩或能使收缩的肌肉丝松弛。虽然 EDTA 并不影响 T_2 噬菌体吸附到完整的宿主细胞上去，但是它能阻止

DNA 的注入细菌细胞。以钠-EDTA 对噬菌体尾部形态变化的影响的研究，发现在有钠-EDTA 时收缩的程度小于钠-EDTA 不存在时。

一切收缩性蛋白质的基本特性是它们的松弛性。虽然在噬菌体的侵入过程中不需要松弛这一步，但在体外的适当条件下，收缩的尾部蛋白质（如肌蛋白一样）能局部松弛。根据已知高浓度的三磷酸腺苷（ATP）能使肌蛋白细丝具有可塑性的事实，把 T_2 噬菌体在 0.12mol/L pH7 的磷酸钠缓冲液中作用于从细菌分离出来的细胞壁，然后加入 ATP（最后浓度达到 0.05mol/L），这混合液置于 37℃，30 分钟。在电子显微镜下发现 ATP 能使收缩的蛋白质松弛或伸长（从 36 毫微米到 57 毫微米）。

肌蛋白的收缩和噬菌体尾部蛋白质的收缩之间有很多类似的地方，因而可以推测噬菌体尾部蛋白质的收缩也必须有能量的来源。由于在 T_2 噬菌体侵入宿主细胞时不可能利用宿主细胞的供能系统，因而噬菌体尾部本身可能具有自己的能量来源。从高纯度的 T_2 噬菌体制备进行分析的结果发现确有 ATP 的存在。

总体来说，噬菌体在功能上分化为两个部分：进入细菌细胞的 DNA 部分和留在细菌细胞外的蛋白质外壳部分。吸附作用是由其尾部与特殊细菌接受器相结合而完成的，DNA 的注入是一个比较复杂的过程，包括一种噬菌体的酶作用于细菌细胞壁（图3）。

2. 噬菌体的繁殖、成熟和宿主细菌的裂解　T_2 和其他 T 系统双数噬菌体的 DNA 含有一种特殊的嘧啶，羟基甲基胞嘧啶（hydroxylmethyl cytosine，HMC），而不是一般的胞嘧啶，这样噬菌体 DNA 和宿主细菌 DNA 很容易区别开来，对研究噬菌体的繁殖提供极其有利的条件，因此有关噬菌体繁殖的知识都是从研究 T_2 噬菌体获得的。

噬菌体 DNA 注入细菌细胞后，细菌本身的 DNA 的合成很快地就停止，噬菌体的 DNA 的合成取而代之。合成子代噬菌体的 DNA 的来源有三个方面：（1）父代噬菌体 DNA，它的传递率很高，约70%在子代噬菌体出现。（2）细菌 DNA 被利用来供给子代噬菌体 DNA 的合成。这利用不是直接的，必然包括细菌 DNA 的分解（成为低分子量物质，如核苷等），然后再聚集合成噬菌体DNA。由于两者 DNA

组成的不同,不通过先分解和后聚集的生化途径是不能想象的。从细胞学直接观察证实了细菌 DNA 的分解,因为细菌被噬菌体感染后不久,细胞核就消失了(Luria and Human,1950)。(3)还有其他的细菌物质,如 RNA 以及未预先同化的物质也可能参予子代噬菌体 DNA 的合成。

噬菌体 DNA 的合成和其蛋白质的合成是截然分开的过程。在用紫外光诱导的巨大芽孢杆菌噬菌体中,噬菌体蛋白质的合成在先,DNA 的合成在后(Jeener,1957)。如在 T_2 噬菌体吸附细菌 10 分钟时加入氯霉素(氯霉素能抑制蛋白质的合成),能抑制噬菌体蛋白质的合成而不影响 DNA 的合成。如把氯霉素除去,噬菌体蛋白质又能合成(Melechen,1955;Tomizawa and Sunakawa,1956;Hershey and Melechen,1957),说明噬菌体蛋白质和 DNA 是分开合成的,并且 DNA 的合成不在蛋白质外壳的内部进行;但是,如在噬菌体感染后立刻加入氯霉素或氨基类衍生物,则无 DNA 的合成(Burton,1955;Melechen,1955;Tomizawa andSunakawa,1956),又说明虽然 DNA 是单独合成的,与蛋白质合成无关,但不能在噬菌体感染后立刻合成。这样看来,噬菌体蛋白质的合成是促使 DNA 合成的必要条件。噬菌体各种物质来源可以图 4 表示之。

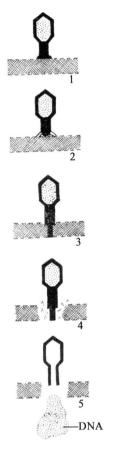

1. 噬菌体吸附在宿主细菌细胞表面;2. 噬菌体尾部末端的吸附;3. 噬菌体尾部的收缩,髓核穿入细胞壁;4. 细胞壁物质的释放;5. 噬菌体 DNA 射入细菌细胞

图 3　T_2 噬菌体侵入宿主细菌时反应的示意图(Kozloff,1958)

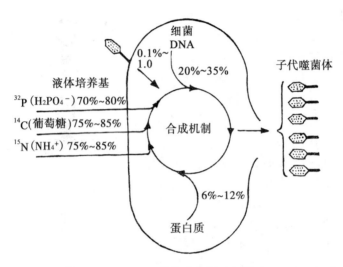

图 4 噬菌体（T_2，T_4，T_6）的物质来源示意图（Kozloff，1953）

噬菌体的三种特性，它们的沉淀性、吸附性以及抗血清沉淀性（Stent，1959），表明在潜伏早期成熟噬菌体粒子尚未出现前，具有噬菌体结构特性的蛋白质就已合成了（所谓"不完全噬菌体"）。在电子显微镜中的直接观察也证实了这一点。用"成熟前人工裂解法"（Doermann，1952）发现在潜伏早期有类似成熟噬菌体的特殊形状，其中最突出的是空的圆形体，其直径和成熟噬菌体粒子的头部相等，但与前者不同的是在于没有尾部。这些空头圆形体不能吸附于感受性细菌的表面，但和抗噬菌体血清能起血清学上的反应，因而它们是噬菌体的不完全形态。除圆形体外，也曾发现杆状体的存在（Kellenberger and Sechaud，1957），它们在结构和大小上类似于噬菌体尾部，并且能吸附于感受性细菌的表面，因此，有理由认为它们是噬菌体尾部。

头部、尾部如何结合成蛋白质外壳，DNA 又如何被蛋白质外壳所包围形成成熟噬菌体，是噬菌体繁殖过程的最后一步。其机制有待于进一步的研究。

感染过程的最后一步是宿主细菌细胞的裂解，把成熟的子代噬菌体释放出来。据最近研究结果（Jacob and Fuerst，1958），认为这可能是噬菌体的一种酶——内溶素（endolysin）——的作用。这种酶出现于潜伏后期，它的量逐渐增加，直到裂解时达到最高峰。这种酶作用于细菌细胞壁的某一组成部分，促使细胞破裂，从而释放出子代噬菌体。噬菌体的整个感染过程如图5所示。

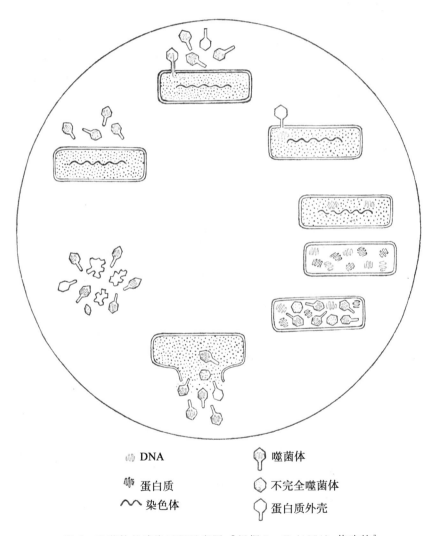

图 5　噬菌体的感染过程示意图　[根据 Lwoff（1954）修改的]

最后，必须指出噬菌体的感染过程（包括繁殖），一般说是可以肯定的。至于繁殖过程是根据各方面的实验结果直接或间接综合和推测而提出的，也可以说，在现有知识的基础上提出的"工作假说"。随着研究工作的进展，这过程必然会进一步修正和补充。

以上所述的感染过程导致宿主细菌的最后裂解仅代表敏感性细菌被噬菌体感染后所发生的一种反应。这种反应称为裂解反应。能产生裂解反应的噬菌体称为烈性噬菌体。此外，细菌被噬菌体感染后能发生另一种反应，就是有些宿主细菌被感染后与正常细菌一样，继续生长和繁殖，但在某些条件下能使细菌裂解而释放出子代噬菌体。这种反应称为溶源性反应，能产生溶源性反应的噬菌体称为温和噬菌体。长期以来溶源现象未能获得满意的解释，直到1950年才通过无可争辩的实验，证明噬菌体在溶源性细菌中是以原噬菌体（prophage）的状态而存在的（Lwoff and Gutmann，1950）。

一、各种噬菌体

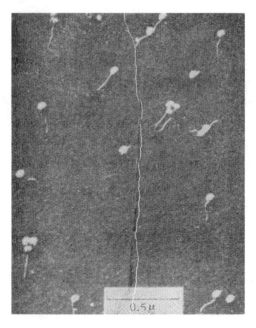

图6　大肠杆菌噬菌体 T_1（Luria，1953）。

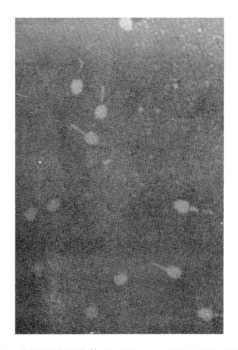

图 7　大肠杆菌噬菌体 T_2 （Garen and Kozloff，1959）

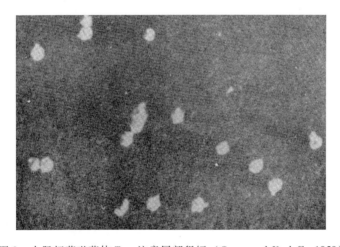

图 8　大肠杆菌噬菌体 T_3。注意尾部很短（Garen and Kozloff，1959）

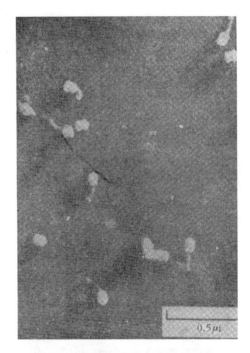

图9 大肠杆菌噬菌体 T_4 (Luria, 1953)

图10 大肠杆菌噬菌体 T_5 (Garen and Kozloff, 1959)

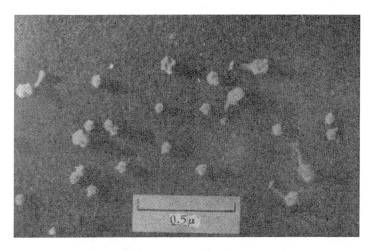

图 11 大肠杆菌噬菌体 T_6（其中短尾的是 T_3）(Luria, 1953)

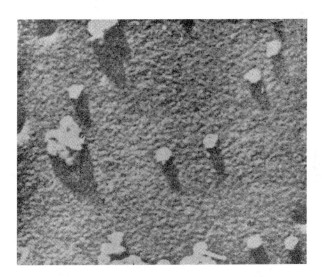

图 12 大肠杆菌噬菌体 T_7。注意尾部很短
(Williams and Fraser, 1953)

图 13　大肠杆菌噬菌体"W 22"（Hercik，1959）

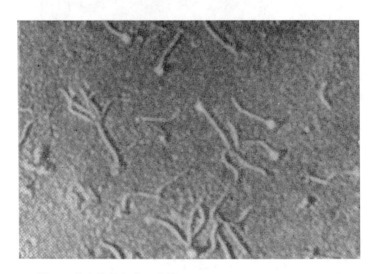

图 14　白喉棒状杆菌噬菌体（Rhodes and van Rooyan，1958）

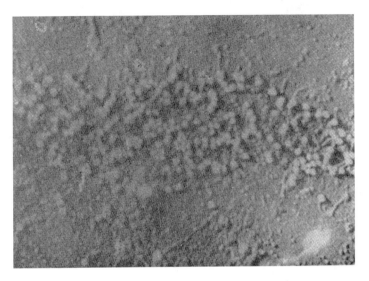

图 15　分枝杆菌噬菌体（Penso，1953）

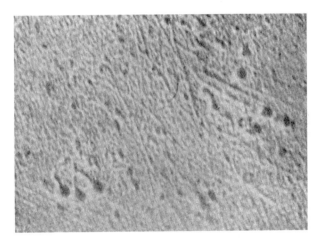

图 16　痢疾杆菌噬菌体（中国科学院武汉微生物研究所病毒研究室张立人摄，未发表）

图 17　灰色放线菌（*Actinomyces griseus*）噬菌体（中国科学院武汉微生物研究所病毒研究室张立人摄，未发表）

图 18　灰色放线菌噬菌体"S-77F"（Shirling，1956）

二、噬菌体的结构

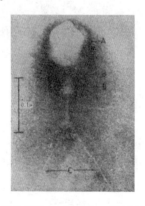

图 19　一个放大 400 000 倍的 T_2 噬菌体。以过氧化氢处理后使尾部尾鞘收缩。这标本是以磷钨酸处理制备的。由于磷钨酸比噬菌体的有机物质具有较高的密度，因而有机物质呈白色而背景磷钨酸呈暗黑色。图中 A = 头部；B = 髓核基部；C = 细丝附着髓核末端；D = 收缩后的尾鞘（Anderson，1960）

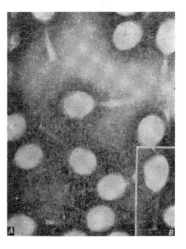

图 20　T_2 噬菌体。注意尾鞘为螺旋形排列和末端的基板（Horne and Wildy, 1961）

图 21　T_4B 噬菌体。注意尾鞘外的外套。箭头表示尾鞘的螺旋形结构（Daems, Van De Pol and Cohen, 1961）

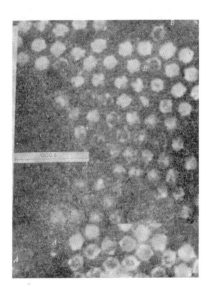

图 22　ΦX174 噬菌体（无尾噬菌体）（×500 000）（Tromans and Horne, 1961）

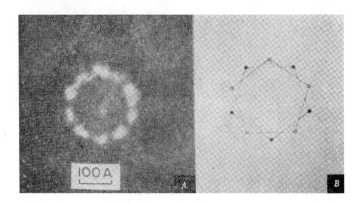

图 23　一个"空"的 ΦX 174 噬菌体粒子（×880 000），显示 10 个亚基（"空"的指内部充满了磷钨酸）（Tromans and Horne，1961）

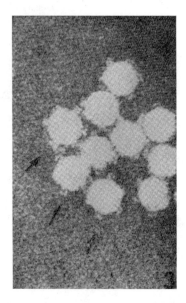

图 24　ΦR 噬菌体（×300 000），一个 20 面体的噬菌体，尾部极短，注意在 20 面体顶点的结节（可能是由于制备时干燥的影响所致）（Bradley，1961）。

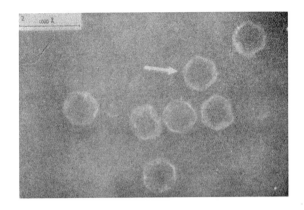

图 25　Φ17，金羊毛链霉菌（*Streptomyces Chrysomallus*）噬菌体（一种无尾噬菌体）（×202 500）（Bacq and Horne，1963）

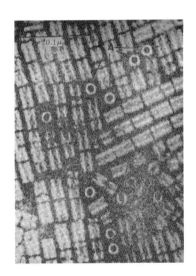

图 26　提纯的噬菌体尾部末端（尾鞘），大部分是平铺着的，有的是垂直状的立着，显示其中空洞的中心孔（A）。有些是斜立着，因此其螺旋状柱及其表面突出物都呈凸凹状出现（B）（×400 000）（Anderson，1960）

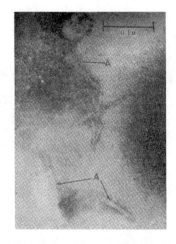

图27 噬菌体尾部的髓核（A）和尾鞘细丝（B），磷钨酸充满了髓核内的小孔道，因而是暗黑色，长1300Å尾鞘细丝在近中心部有纽缠特性的（×300 000）（Anderson, 1960）

图28 一个 T_6 噬菌体已破裂的粒子，核酸已流出，只留下蛋白质外壳。图上面的一团丝状体可能是流出的核酸（Fraser and Williams, 1953）

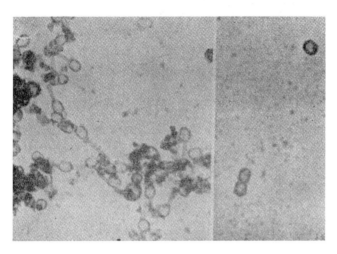

图29 （左）渗透休克处理后的 T_4 噬菌体，显示正常的形态，但头部是空的。（右）T_2 噬菌体的不完全形态（以成熟前人工裂解法获得）。注意和左图的头部很类似（Luria，1953）

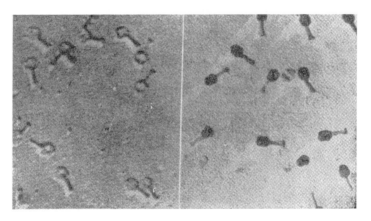

图30 （右）正常的 T_2 噬菌体粒子。（左）渗透休克处理后，核酸已流出只留下了空的外壳（Herriott and Barlow，1957）

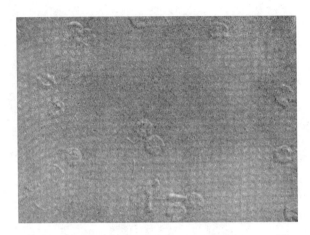

图 31　渗透休克处理后的 T_2 噬菌体，头膜内的 DNA 已流出，也失去了尾部。注意大多数头膜已破裂（Garen and Kozloff，1959）

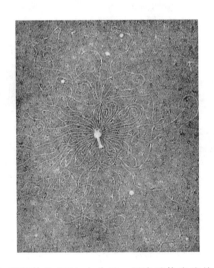

图 32　T_2 噬菌体的 DNA 大分子，用渗透休克法从头部释放出来的。注意图下面右边和上面中间 DNA 丝的两端（×80 000）（Klein-schmidt, Lang, Jacherts and Zahn, 1962）

三、噬菌体的感染过程

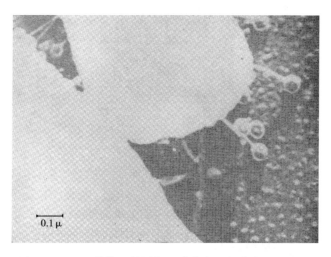

图 33 "λ" 噬菌体以其尾部吸附在大肠杆菌表面（×95 000）（Anderson, Wollman and Jacob, 1957）

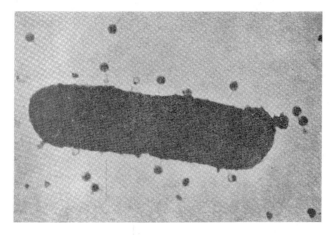

图 34 T_5 噬菌体吸附在大肠杆菌表面。注意有几个噬菌体头部是空的，表示 DNA 已注入细菌内部（×54 000）（Anderson, 1953）

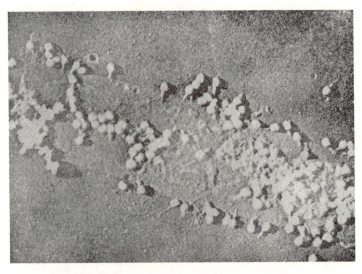

图35　T_2 噬菌体和大肠杆菌细胞壁的相互反应。注意噬菌体尾部在结构上的变化（Kellenberger and Arber，1957）

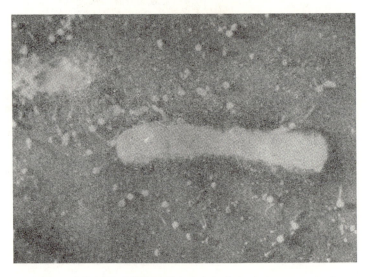

图36　分枝杆菌噬菌体吸附在宿主细菌表面（Penso，1953）

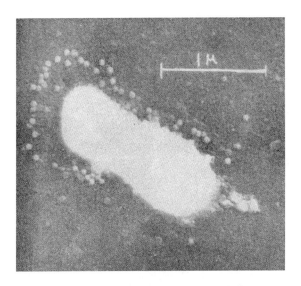

图37 放线菌噬菌体粒子吸附在一个放线菌孢子上（Waksman, 1959）

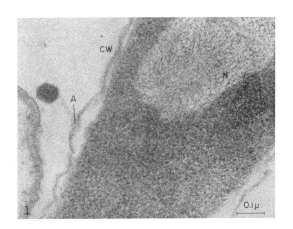

图38 大肠杆菌的超薄切片显示吸附在细胞壁（CW）上的一个完整的 T_2 噬菌体。注意噬菌体吸附部位的超微结构。[N = 细胞核]（Cota-Robles and Coffman, 1963）

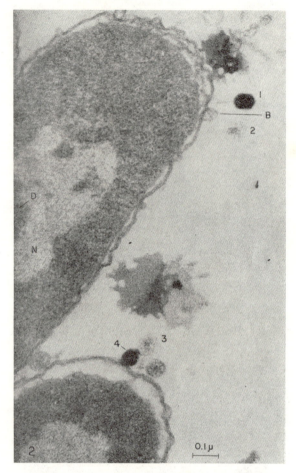

图 39　一个正在分裂的大肠杆菌的超薄切片，显示两个噬菌体的感染。第一个噬菌体（1）还保持着它的 DNA，注意其尾部尖钉吸附在细胞壁上。尾部尖钉之一吸附着细胞壁的一个泡体（B）。第二个噬菌体（2）已完全成"幻象"，其尾部处于收缩状态
此外还可以看到另一个噬菌体（3）吸附在细胞壁上。附近的黑点（4）是一电子密集的粒子。[N＝细胞核；D＝电子密集物质]
（Cota-Robles and Coffman，1963）

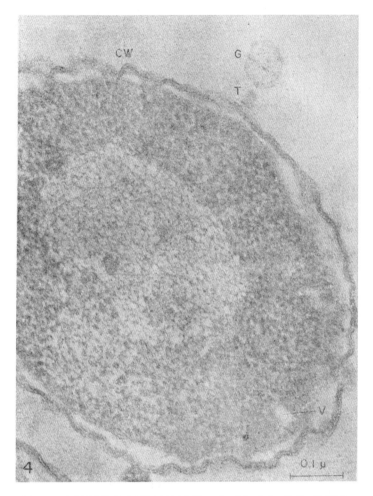

图 40 大肠杆菌的超薄切片显示一个"幻象"的 T_2 噬菌体（G）。噬菌体"幻象"的尾部已大大收缩。这尾部的末端似乎是基板。[CW = 细胞壁；V = 具有膜的一胞体]（Cota-Robles and Coffman，1963）

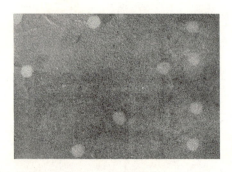

图 41　大肠杆菌噬菌体 T_5（Garen and Kozloff，1959）

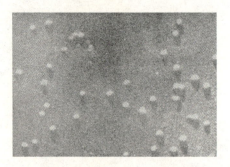

图 42　从大肠杆菌细胞壁分离出来而提纯的接受器粒子（Weidel，1960）

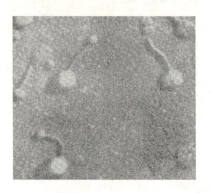

图 43　T_5 噬菌体和从大肠杆菌细胞壁分离出来而提纯的接受器粒子，混合在一起后噬菌体以其尾部吸附着接受器粒子，从而使噬菌体的吸附器官不能再起吸附作用（Weidel，1960）

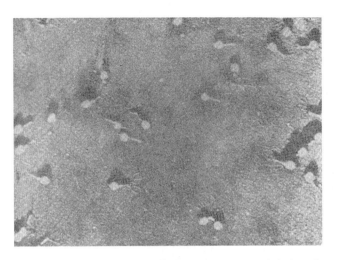

44 T_2 噬菌体粒子,它们尾部细丝已放开,准备侵袭细菌
(Williams,1959)

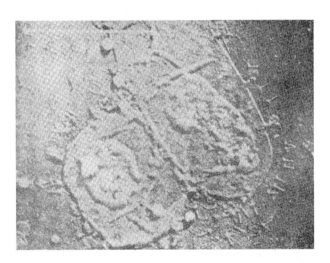

图 45 T_2 噬菌体尾部髓核以其细丝附着于分离的细菌细胞壁
(Kellenberger and Sechaud,1957)

图46　T_2噬菌体以 N-乙基替顺丁烯二酰亚胺处理，显示噬菌体粒子失去它们的尾部细丝，从而暴露了尾部髓核，同时基部蛋白质部分变粗大了（Kozloff, 1958）

图47　同上，以对氯苯甲酸汞处理（Kozloff, 1958）

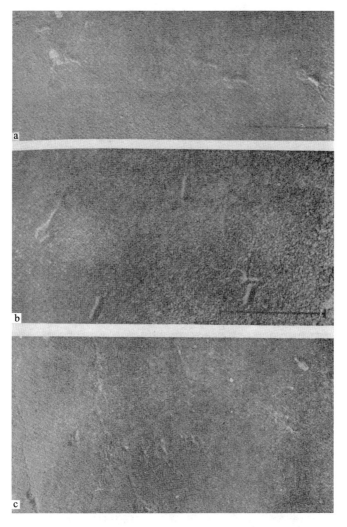

图 48 T$_2$ 噬菌体 (a) 以 pH10 甘氨酸缓冲液处理 1 小时（37℃）；(b) 6 小时（37℃）；(c) 以 pH10 醋酸铵缓冲液处理 4 小时。在 pH10 甘氨酸缓冲液中很短时间后，噬菌体粒子失去它们的尾部细丝，并且头部也破裂了。较长时间后，头部和尾部细丝几乎全部脱落。注意尾部髓核的尖端暴露出来了。以醋酸铵溶液加上标本而蒸发，pH 值下降到 4，在这种情况下，尾部收缩了（Kozloff, 1958）

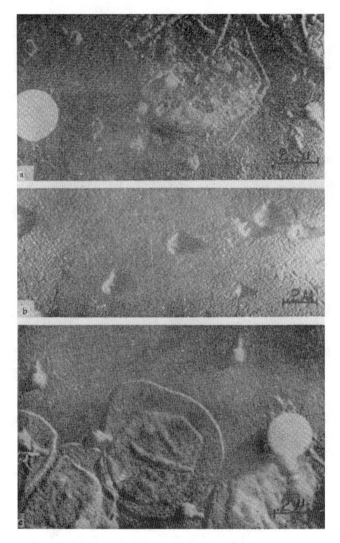

图49 在各种情况下，T_2 噬菌体与分离的宿主细菌细胞壁间相互反应后的变化。(a) 在生理盐水中 T_2 加细胞壁 5 分钟。注意短而粗的尾部，有的尾部髓核暴露出来了。(b) 在含有 0.01mol/L 乙二胺四乙酸的生理盐水中，尾部蛋白质的基部仅局部收缩。(c) 在 pH7 磷酸钠中，T_2 加细胞壁，然后加入三磷酸腺苷（0.05mol/L），收缩的尾部蛋白质基部似乎局部松弛了（Kozloff, 1958）

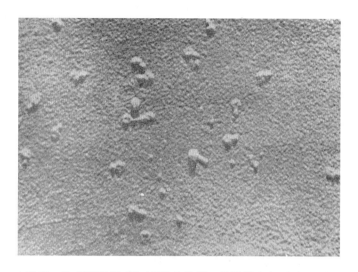

图 50　T_2 噬菌体以 Cd$(CN)_7^-$ 处理，然后以 0.2mol/L DL - 离氨酸缓冲液（pH9）处理。注意除一个正常 T_2 粒子外，其余的都是短尾的空头粒子（Kozloff，1959）

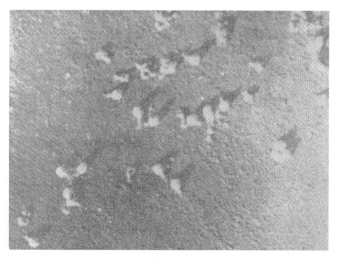

图 51　T_2 噬菌体以 0.02mol/L DL - 离氨酸（pH 9）处理，只有一半的噬菌体含有 DNA，其余的是空头（Kozloff，1959）

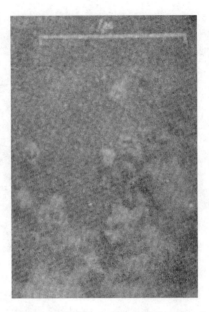

图52 T$_2$噬菌体的圆球体和成熟的粒子（Hercik，1952）

图53 不完全噬菌体（T$_3$）的组成部分：空的圆球体和杆状体。注意图下面右角的一个成熟噬菌体（Weidel，1960）

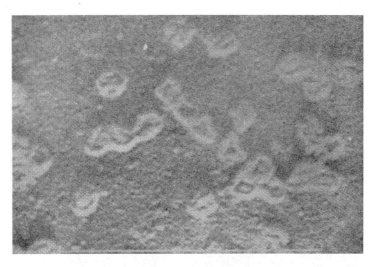

图 54　T 噬菌体的不完全状态（Hercik, 1952）

图 55　在大肠杆菌内的新形成的 T_4 噬菌体。注意原生质已很少，充满了噬菌体粒子（×30 000）（Wyckoff, 1949）

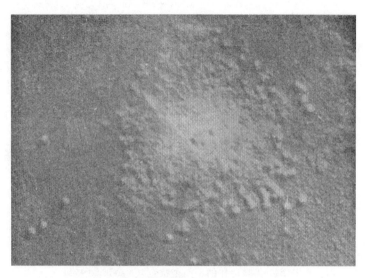

图 56　大肠杆菌原生质被 T_3 噬菌体所裂解，显示似一团发育的噬菌体粒子（×30 000）（Wyckoff，1949）

图 57　大肠杆菌被 T_4 噬菌体裂解释放出来的成熟的噬菌体（Wyckoff，1949）

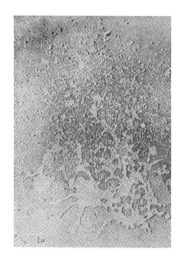

图 58　一个细菌裂解后的物质，包括成熟噬菌体粒子、微小细胞质颗粒以及细胞碎片。注意一些空头的噬菌体和尾部 （Kellenberger，1957）

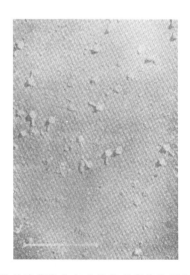

图 59　未提纯的溶菌液含有成熟的噬菌体粒子和不完全噬菌体（圆形体和杆状体）　（Kellenberger and Sechaud，1956）

第二部分 植物病毒

植物病毒是杆状体或球形体。以杆状病毒来说，在电子显微镜制备中长度很不一致，它们很可能是正常病毒粒子的碎片或它们的聚集体。有的杆状体比较纤细而弯曲，并且还有分叉，这些应该说是线条体。表2示几种植物病毒的大小。

表2　　　　　　　　几种植物病毒的大小

病　　毒	粒子大小（mμ）	参考文献
烟草花叶	300×15	Stanley, Lauffer and Williams, 1959
马铃薯 X	520×10	裘维蕃，1961
马铃薯 Y	720×12	同上
萝卜花叶	120×25	同上
芸豆花叶	750×12	同上
黄瓜绿色花叶	280×16	同上
芜菁黄化花叶	26	Stanley 等，1959
南方菜豆花叶	30	同上
马铃薯黄矮	110	裘维蕃，1961
番茄丛矮	30	Stanley 等，1959
烟草环斑	26	同上
烟草坏死	16	同上
南瓜花叶	22	同上

植物病毒的主要组成成分是蛋白质和核糖核酸（RNA）。这两个组成部分的比率在不同的病毒中有很大的区别（烟草花叶病毒含 5.2%~6% 的 RNA，芜菁黄化花叶病毒含 38% 的 RNA），但是每种病毒所含 RNA 的绝对量是一致的。

近几年来用化学或物理方法把完整的病毒粒子降级为亚结构。如能获得这些亚结构的某些化学的或生物学的鉴定，则对病毒的结构与功能的关系将会有进一步的了解。这方面的研究工作在几种病毒中已取得了显著的成就，烟草花叶病毒是其中之一（Hart, 1956）。

根据现有知识，烟草花叶病毒是一个螺旋体，共有130转，转与转间的螺距是23Å（Å是angstrom的缩写，10Å = lmμ）（杆状体长度是130 × 23 = 2990Å）。每三转（23 × 3 = 69Å）包括49个亚单位，整个粒子由2130个亚单位所组成 $\left(\frac{3000}{69} \times 49 = 2130\right)$，因此，烟草花叶病毒可想象为一个中央的RNA链，被蛋白质外壳所包围，这蛋白质外壳由2130个亚单位组成（Hart, 1956; Franklin, 1955; Schramm and Anderer, 1955）。这假定推测的依据是以碱或去污剂把病毒粒子局部降级后在电子显微镜中可以见到具有正常直径的杆状体碎片，碎片中间为线状体所串联。线状体以核糖核酸酶（RNAase）处理后就会消失，证明串联碎片中间的线状体就是隐藏在内的RNA。最近的研究（Franklin, Klug and Holmes, 1957）进一步证明RNA并不是一个直的中髓，而是和中轴平行的螺旋体。RNA的外边为蛋白质，它的里边也存在着蛋白质，因此核酸的位置应该说在整个病毒粒子半径为40Å处的隧道中（图60和图61）。

烟草花叶病毒结晶体的X射线摄影图谱的进一步探讨，发现病毒粒子的外表面不是像过去认为是平滑的，而是呈较深的凹槽（即螺旋体的螺距）（Franklin and Klug, 1956; Klug and Caspar, 1960）。从凹槽顶端到中轴的半径为90Å，这也就是在电子显微镜中测定病毒粒子直径为180Å的原因，但是由于在病毒紧密地排列时（平面的或立体的）很可能产生螺旋状的相绞，因而直径为150Å，也就是从一边的凹槽深处到另一边的凹槽深处的距离。由于这两种情况，烟草花叶病毒粒子的直径往往出现两个数字，150Å或180Å。此外，从X射线分析发现粒子中心是空的核心，它的半径为20Å（图60）。病毒蛋白质部分被分解后获得的圆盘状截面在电子显微镜中也曾证明中心有一小孔（Stanley, Lauffer and Williams, 1959）。

近几年来有关烟草花叶病毒的重要发现具有深远意义的（Herriott, 1961）是裸体的或自由的RNA有感染性（Gierer and Schramm, 1956; Fraenkel-Conrat, 1956）（所谓裸体的或自由的RNA指从病毒分离出来而提纯的RNA）。已分开的RNA和蛋白质在适当的实验条

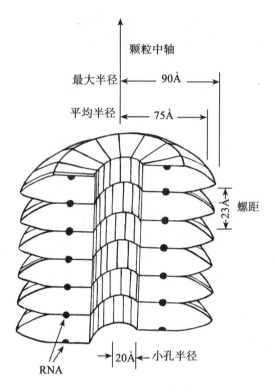

图 60　从粒子中轴的平面切成一半的一短段烟草花叶病毒的结构示意图，显示蛋白质亚单位的螺旋形排列（螺旋体每三转为 49 个亚单位），螺旋槽及其螺旋顶端延长于粒子的平均半径之外和空的中轴核心（半径为 20Å）。在半径为 40Å 的螺旋隧道中隐藏着核酸（RNA）（Franklin, Klug and Holmes, 1957）

件下混合后可再建成为有感染性的完整病毒（Fraenkel-Conrat and Williams, 1955; Fraenkel-Conrat, 1957），同时蛋白质部分也能聚集成杆状体（Schramm, 1943）。从外形看，这种蛋白质聚集的杆状体和完整病毒粒子相似，几乎不能区别，但由于缺乏 RNA，因而无感染性。

　　植物病毒是杆状体或球状体，两者都有 RNA 中髓，外由蛋白质所包围，而蛋白质则由相同的多肽链（亚单位）分子所组成。

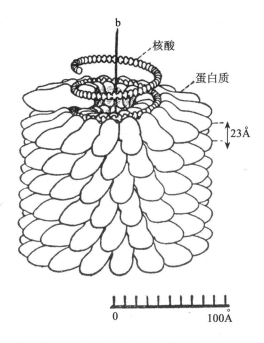

图 61　烟草花叶病毒的结构示意图，显示没有蛋白质外壳的一部分核酸链（当然在实际情况下，没有蛋白质，核酸是不可能维持它的构型的）。每个盘状体代表一个蛋白质亚单位（Klug and Caspar，1960）

关于植物病毒的感染过程现在的知识还是很不够。虽然实验已提供证据，RNA 是植物病毒的遗传性物质（Fraenkel-Conrat，1956），但进入宿主细胞的遗传性物质是否只有 RNA 或尚有其他物质还不了解。在植物病毒感染过程中值得注意的是在病毒感染植物中的异常蛋白质问题。感染植物中除病毒外还存在着异常蛋白质。所谓异常蛋白质是指具有和病毒有关的抗原性蛋白质，而它们又不存在于健康植物中。对这一类蛋白质的知识比较多的是烟草花叶病毒感染的植物。其他病毒感染的植物中也有类似的物质产生［烟草坏死病毒（Rothamsted 株）、芜菁黄化花叶病毒、甜菜黄化病毒等］。

1945 年在烟草花叶病毒感染的植物叶部发现了含有血清学特异

性相同的而沉淀率有差别的各种组成部分（Bawden and Pirie, 1945），其中较小的粒子缺乏感染性。在芜菁黄化花叶病毒感染的植物中同样获得了两种分子量和密度不同的粒子（Markham, 1953）。这两种粒子的大小、形状以及它们的结晶体外表和结构完全相同，主要区别在于一种含有38%的 RNA，并且有感染性，另一种没有 RNA，又无感染性。后者类似于噬菌体的"幻象"或空壳体。

近年来对烟草花叶病毒感染的植物研究证实了早期的观察（Bawden and Pirie, 1945），发现在感染植物中含有沉淀率很低的蛋白质组成部分（Jeener, Lemoine and Lavand' home, 1954，称它们为可溶性抗原）。这些蛋白质和病毒在血清学上有关，如 Taka-hashi 氏的 X 蛋白质（Takahashi and Ishii, 1952）、Commoner 氏的所谓非病毒蛋白质"B3、B6"和"A4"等（Commoner, 1952, 1953, 1954）。它们共同的性质是不含有 RNA 和缺乏感染性，以适当的化学方法处理（以硫酸铵沉淀或控制 pH 值下降），它们能聚集成为较大分子，再进一步聚集能形成和病毒粒子类似的蛋白质杆状体（Rich, Dunitz and Newmark, 1955），并且把 pH 值适当地下降能促使它们以酝晶形态完全沉淀下去。这种酝晶体（Para-crystal）在形状上和病毒的酝晶体没有任何区别（Jeener and Lemoine' home, 1954）。

异常蛋白质在感染植物中出现的时间，根据各学者的报告有所不同（Rich, Dunitz and Newmark, 1955; Franklin and Commo-ner, 1955; Newmark and Franklin, 1956），但它们一般都出现于烟草花叶病毒粒子出现之前，并且它们在形状上、血清学反应上、X 射线结晶的样式上以及氨基酸的组成上都与病毒粒子相类似，因此，它们是病毒在宿主植物中合成过程中的中间物，也就是病毒的先质，那就是说，在病毒合成前首先合成这些蛋白质，然后包围 RNA 髓核聚集为完整的病毒粒子。

植物病毒，杆状的或球形的，在一定条件下都能形成结晶体。事实上，早在1904年 Iwanowski 氏研究烟草花叶病时，制备花叶病叶的染色切片中就注意到加入一种酸性固定剂后在叶细胞内形成一种"条纹物质"（Stanley, 1941）。现在看起来，这所谓条纹物质就是烟草花叶病毒的结晶体。杆状体病毒一般产生酝晶形态,(二次元或平面体)缺乏有规律的立体网状。烟草花叶病毒的酝晶体是病毒第一次获得的结晶体(Stanley,1935),现在植物病毒的结晶体已获得10余种之多。

一、各种植物病毒

图62 一个烟草花叶病毒粒子和粒子的一小碎片(Williams,1953)

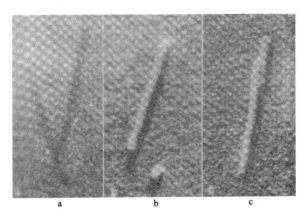

a. 普通摄影,没有投影; b. 金属投影; c. 聚集的X-蛋白质
(Williams,1954)

图63 烟草花叶病毒 ($\times 150\ 000$)

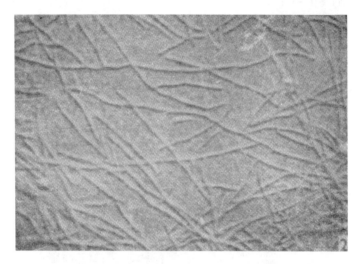

图64　马铃薯X病毒（Potato X virus）（Harrison，1959）

图65　马铃薯Y病毒（Potato Y virus）（Schramm，1954）

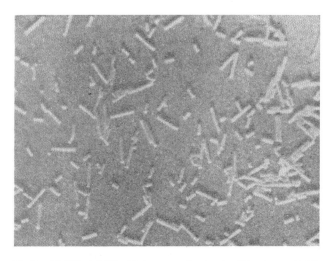

图 66 烟草激响病毒（Tobacco rattle virus）（Harrison，1959）

图 67 天仙子花叶病毒（Heubane mosaic virus）（Harrison，1959）

图 68 番茄丛矮病毒（Tomato bushy stunt virus）（Williams，1953）

图 69 烟草环斑病毒（Tobacco ring spot virus）（Williams，1953）

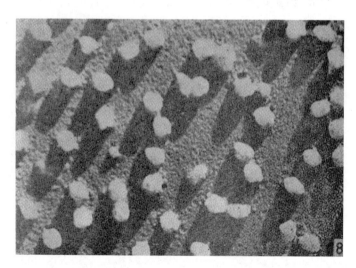

图 70 马铃薯黄矮病毒（Potato yellow dwarf virus）（Harrison，1959）

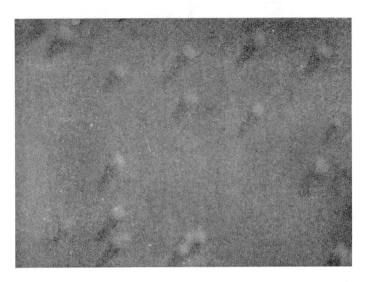

图71 番茄斑萎病毒（Tomato spotted wilt virus）（Harrison，1959）

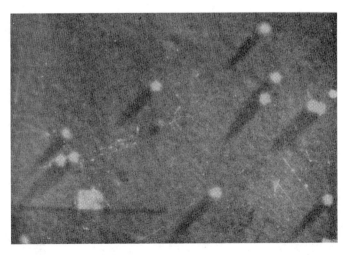

图72 苜蓿伤瘰癌病毒（Clover wound tumor virus）（Harrison，1959）

图73 南方菜豆花叶病毒（Southern bean mosaic virus）
（高尚荫，未发表）。

74 番茄丛矮病毒（Tomato bushy stunt virus）（左）（×150 000）
（右）（×100 000）（Williams，1954）

图 75 芜菁黄化花叶病毒（Turnip yellow mosaic virus）（×500 000）（Markham，1959）

二、植物病毒的结构

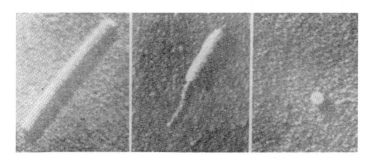

图 76 烟草花叶病毒的结构（×125 000）。（左）完整的病毒杆状体；（中）局部降级的粒子，显示 RNA；（右）没有 RNA 的粒子横切面，注意中间的小孔（Stanley，Lauffer and Williams，1959）

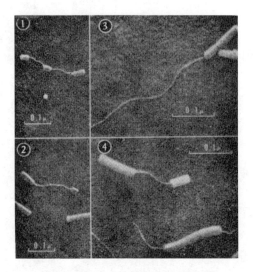

图 77　烟草花叶病毒用酚处理后蛋白质部分降解的各种不同程度的状态。丝状体是 RNA（Corbett, 1964）。

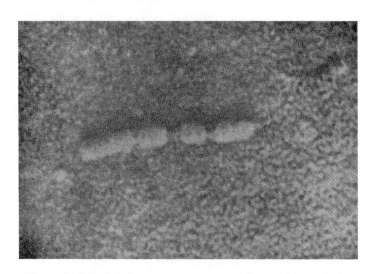

图 78　烟草花叶病毒（×150 000）。用碱作短时间的处理后，一部分蛋白质从病毒杆状体脱去。联系四段杆状体的细丝是暴露出来的 RNA（Schramm, 1955）

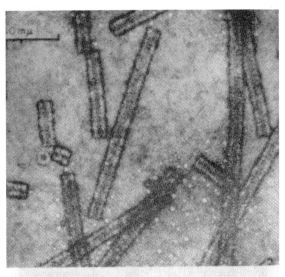

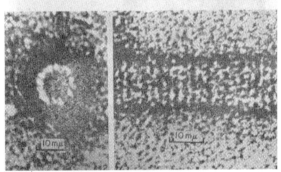

图79 重聚集的烟草花叶病毒蛋白质（Nixon and Woods, 1960）。

（上）显示中轴小孔和循环节约 20~25Å 的纵面条纹，这等于烟草花叶病毒螺旋体螺距 23Å（×270 000）；

（下左）垂直状立着的杆状体的一短段。围绕圆圈的隆起状体的数目是约 16。从 X 射线分析所推测的螺旋体每转的亚单位数是 $16\frac{1}{2}$（×1 350 000）；

（下右）上图的放大，显示亚单位（×1 350 000）

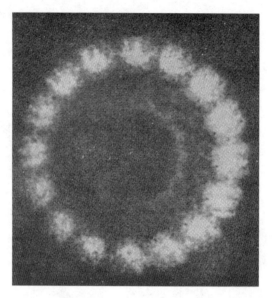

图 80 烟草花叶病毒的 X-蛋白质，垂直状堆积圆盘构型，注意由 16 个亚基建成
(Markham, Frey and Hills, 1963)

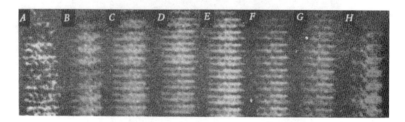

图 81 烟草花叶病毒粒子的堆积圆盘构型
(Markham, Hitchborn, Hills and Frey, 1964)

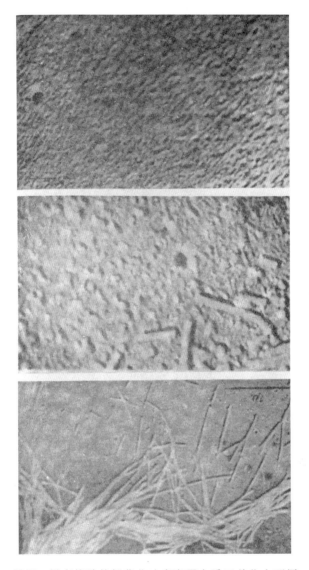

图82 没有核酸的烟草花叶病毒蛋白质亚单位在不同 pH 值的溶液中。（上）pH10.0；（中）pH6.0，和正常的病毒蛋白质相类似；（下）pH5.2，接近等电点，杆状体聚集（Schramm and Zilling, 1955）

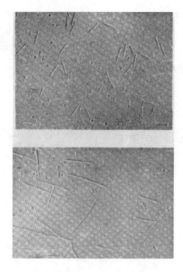

图 83　（上）烟草花叶病毒；（下）重聚集的烟草花叶病毒（Gierer，1960）

图 84　在不同 pH 值中的烟草花叶病毒。（上）pH5.2，接近烟草花叶病毒的等电点，杆状体聚集成较长的杆状体；（中）pH8.6；（下）pH10.0（Schramm，1954）

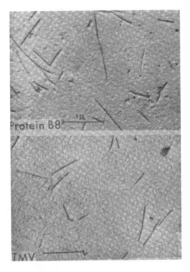

图 85 （上）感染着烟草花叶病毒的烟草中的异常蛋白质；
（下）正常的烟草花叶病毒（Commoner，1953）

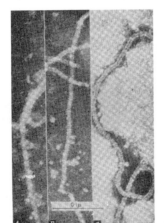

图 86 甜菜黄化病毒（Beet yellow virus）。a. b. 丝状体病毒显示周期性结构；c. 丝状体，中心区域显示空的中心。丝状体的成形圈表示其柔软性（Horne，Russel and Trim，1959）

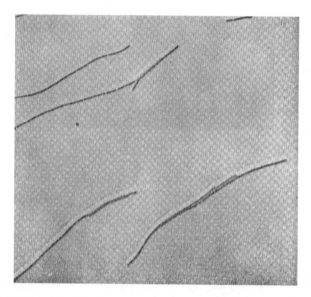

图87　烟草花叶病毒在等电点pH3.5，显示正常病毒杆状体聚集成丝状体。注意右角上的一个正常病毒杆状体（300×15）（高尚荫，未发表）

三、植物病毒的结晶体

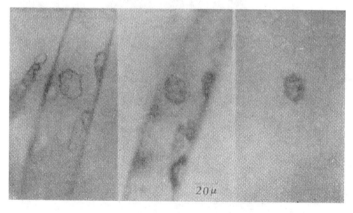

图88　含有烟草花叶病毒结晶体的烟草植物细胞
　　　（左）冻结干燥前的标本；（中）冻结干燥后的标本；
　　　（右）从细胞内抽出的一个结晶体（Luria，1953）

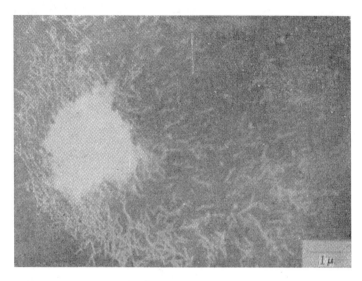

图 89　上图的一个结晶体以水溶解后释放出烟草花叶病毒粒子（Luria，1953）。

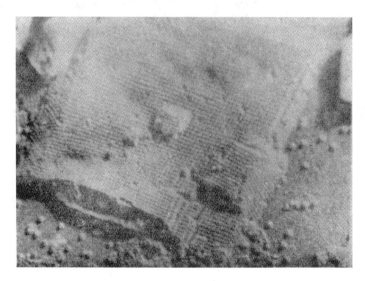

图 90　烟草坏死病毒整块结晶体（Labaw and Wyckoff，1956）

图 91　同上（Hercik，1959）

图 92　在感染着烟草花叶病毒的烟草毛细胞内的两个病毒结晶体
（Bawden and Sheffield，1939）

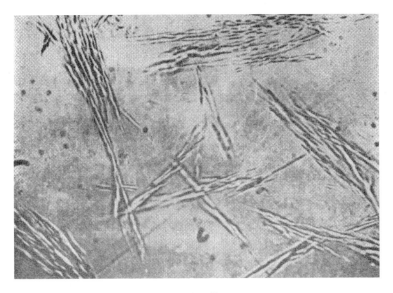

图 93　烟草花叶病毒结晶体（Schramm，1954）

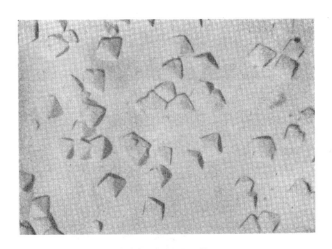

图 94　芜菁黄化花叶病毒结晶体（Smith，1950）

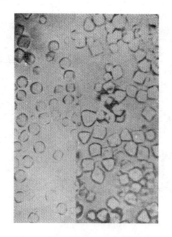

图 95 同上。(右) 完整病毒的结晶体；(左) 没有 RNA 的蛋白质结晶体 (Smith, 1950)

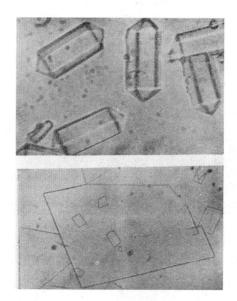

图 96 在血清反应上有关系的病毒株形成不同状态的结晶体，如烟草坏死病毒。(上) 六角形柱状体结晶；(下) 薄的菱形片结晶 (Bawden, 1943)

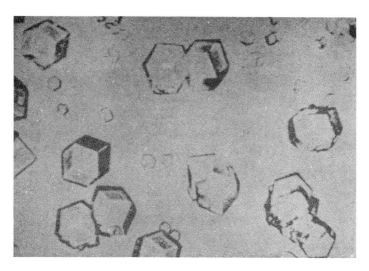

图 97　番茄丛矮病毒结晶体（Bawden and Pirie，1938）

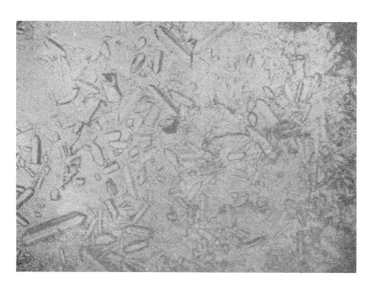

图 98　南方菜豆花叶病毒结晶体，各种菱形板和柱状体的变形
（Miller and Price，1946）

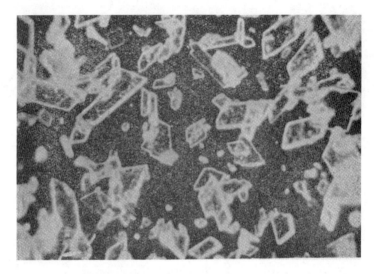

图99 烟草坏死病毒结晶体 (Smith, 1950)

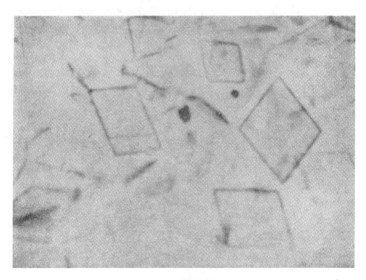

图100 南方菜豆花叶病毒结晶体 (Price, 1946)

四、其他

图 101　烟草花叶病毒，用超声波处理后正常的杆状体断裂成为长度不等的碎片（高尚荫，未发表）

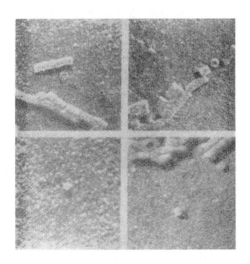

图 102　超声波处理的烟草花叶病毒（Pollard，1953）

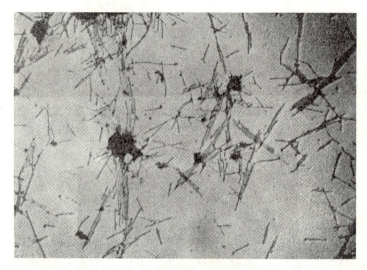

图 103　烟草花叶病毒和其抗血清混合后形成稻草状的凝集。注意粒子平行排列间似有距离，这距离间可能是抗体分子所占的位置（高尚荫，未发表）

第三部分　动物病毒

　　动物病毒的大小相差悬殊。最大的如痘类病毒，以适当的方法染色后一般能在普通显微镜油镜下见到，而最小的如口啼疫病毒或女贞天蛾病毒，则接近血红素蛋白质分子的大小。

　　凡是用电子显微镜中研究过的动物病毒，总的说来，其形状基本上可归纳为三类：杆状、球状和多面体状。某些过渡或中间类型也是存在的。至于大多数植物病毒所具有的杆状体在动物病毒中较罕见，但在昆虫的多角体病毒在其"发育"过程中还是可以看到杆状形态的。大多数动物病毒呈球状、近似球状、椭圆形或砖状。放大倍数较高时其中某些病毒呈多面体，甚至多至 20 面体，如腺病毒、沼泽大蚊病毒、"GAL"病毒（gallus adeno-like，意思是华美的类腺病毒）等。

　　流行性感冒病毒除通常见到的球状体外，还有所谓丝状形态（Chu, Dawson and Elford, 1949）。丝状体的长度很不一致，有的可达到几个毫米（宽 60~80 毫微米）。虽然它们也能凝集红血球并且有流行性感冒病毒的特异性抗原结构,但缺乏感染性。对丝状体的性质以及其来源现在还不够清楚。根据最近研究结果(Bang and Isaacs,1957),认为它们是感染细胞的挤出物,在其内部含有病毒物质因而它们表现流行性感冒病毒的某些特性,如血球凝集、特异性抗原等。表3示几种动物病毒的大小。

动物病毒中的昆虫病毒在形态和结构上比较特殊,最突出的特点是它们能形成多角形的包涵体,也就是所谓多角体。昆虫病毒据目前已知的约有250余种。它们在昆虫中的分散极不平衡,仅发现于三个目中:鳞翅目、膜翅目和双翅目。这可能是由于我们对昆虫病毒病害知识的缺乏而并不反映真正的事实。值得注意的只有昆虫的幼虫为病毒所侵袭,蛹的感染是偶然的,至于成虫被病毒感染的例子,就目前来说,仅有蜂的所谓"麻痹病"(Burnside,1933)。

表3　　　　　　　　　　几种动物病毒的大小

病　　毒	粒子大小(mμ)	参考文献
口啼疫	22	Brooksby,1958
流行性感冒	80~85	Stanley 等,1959
脊髓灰质炎	27~30	Stanley 等,1959 Burnet,1955
各型脑炎	40	Burnet,1955
鹦鹉病	455	Rhodes 等,1958
淋巴肉芽肿	400	Wenner,1958
兔乳头瘤	44	Rhodes 等,1958
黄热症	22	Stanley 等,1959
鸡瘟	70~80	Schafer,1959
新城疫	115	Stanley 等,1959
疱疹	175	Burnet,1955
猫肺炎	400	Wenner,1958
鸟疫	422	Rhodes 等,1958
沼泽大蚊病毒	130	Smith,1959
女贞天蛾病毒	12~15	Smith,1959
家蚕脓病	280×40	Bergold,1958
传染性软疣	302×226	Rhodes 等,1958
小鼠痘	300×210	同上
痘类	200~250×250~350	Burnet,1955

昆虫病毒可分为两大类，包涵体病毒和非包涵体病毒。包涵体病毒的特征是在宿主细胞内形成各种形状和大小的包涵体，包涵体内含有病毒粒子。包涵体病毒又可分为多角体病毒和颗粒体病毒。前者在细胞内形成多角形的包涵体，在细胞核内的称为核型，在细胞质内的称为质型。绝大多数的昆虫病毒病害由多角体包涵体病毒所引起，约有 200 种，颗粒体病毒的包涵体是微小的梭状形颗粒，存在于细胞质内，约有 30 种，仅发现于鳞翅目中。

非包涵体病毒的存在在最近才肯定，它们在昆虫中引起的病害数目很少，但已发现于上述三个目中。这类病毒很可能不属于一个类型，它们的共同特征是自由地存在于细胞内，不形成包涵体。

多角体的形状和大小很不一致，随宿主的种类而不同，有 4 面体，8 面体或 12 面体，有些呈不规则的形状。它们的直径从 0.5 毫米到 15 毫米，因此在普通显微镜中能见到。多角体是结晶蛋白质，能溶解于弱碱中，内部包含着不同数目的病毒粒子。

昆虫病毒一般说有两种形状，杆状体和球状体。核型多角体病毒和颗粒包涵体病毒是杆状体。前者的大小为 200~400×20~50 毫微米，后者为 200~300×40~80 毫微米。细胞质多角体病毒是球状体，其直径从最小的女贞天蛾（*Sphinx ligustri*）病毒（12~15 毫微米）到最大的 *Phlogophora meticulosa* 病毒（60 毫微米）。无包涵体病毒到目前仅发现有两种（Smith，1959），沼泽大蚊（*Tipula paludosa*）病毒是其一。这种病毒的形态特点是一个 20 面体病毒，直径为 130 毫微米。

根据 Bergold 氏多年的研究（Bergold，1958），认为核型多角体病毒有比较复杂的发育过程。这过程包括下列几个阶段：（1）在早期，多角体病毒是球状体，它的直径约 20 毫微米；（2）球状体转变为肾状体、V 形体或弯曲的短杆状体；（3）这些不同形态的中间发育阶段都能形成成熟的病毒杆状体，250~400×50~70 毫微米；（4）从成熟的杆状体中释放出球状体，完成整个发育过程。对于这发育过程的各阶段，Smith 氏（Smith，1959）提出不同的看法。根据电子显微超薄切片术的观察，他认为球状体阶段是不存在的。杆状体最早出现时比较短小，120×6毫微米，在发育过程中逐渐长大成为成熟的病毒杆状体，280×28毫微米。两位学者的不同看法表示核型多角体病毒的发育过程有待于进一步的研究。

根据Bergold氏的报告（Bergold，1958），核型多角体病毒（家蚕脓病病毒）具有比较复杂的结构。它们被一层膜，即所谓的"紧身膜"，紧密地包围着。紧身膜外另有一层所谓的"发育膜"。在"发育膜"外是结晶蛋白质多角体。多角体本身又被一层膜所包围。此外，病毒本身还有一种特殊的结构。杆状体的一端有一"延长物"（60×10毫微米）。这延长物似乎从紧身膜生长出来，穿过发育膜向外突出。这特殊结构可能是病毒感染过程中的吸附器官，其功能类似于噬茵体的尾部。

Bergold氏提出有关家蚕脓病病毒的结构以及其发育过程的各阶段是根据在电子显微镜中所观察的病毒材料。这些材料虽然从感染细胞中分离出来的，但是是否反映病毒的真实情况：尤其是发育过程的各阶段，值得考虑。因为在电子显微术的标本制备过程中可能出现一些不正常的现象，因此作者认为：我们应该以保留态度对待上述有关家蚕脓病病毒的结构和发育各阶段。这方面的工作有进一步研究的必要，而组织培养和超薄切片术都提供了极其有利的研究条件。

动物病毒按其组成和结构的简繁可分为两类：最简单的在组成上仅由核酸和蛋白质所组成，似乎不含有其他有机物成分，其结构也比较简单，核酸位于病毒粒子的中心部位，蛋白质以一层外壳的形式将核酸包在其中，不使之裸露于外。这种结构对核酸的生物学功能具有很大程度的保护作用。动物病毒蛋白质外层是由一定量的几何学圆形排列的，但不一定是由完全相同的亚结构所组成；例如，"GAL"病毒由20个等边三角形组成作为20面体，每边均有5个亚结构，所以亚结构总数是162个。每个亚结构的大小为96Å。腺病毒（"5型"）也有20面体的形态上的特征，它的每个边由6个亚结构组成，共计252个亚结构。猴肠道病毒外壳的亚结构大小为50~60Å的等边三角形，每边亦由5个亚结构所组成，但总数与"GAL"病毒有差别，这与亚结构排列方式有关。这些亚结构并不构成20面体的边缘而是彼此联结着的，因而亚结构总数较大。

在组成和结构上较复杂的一类动物病毒是粘性类病毒，如鸡瘟病毒。鸡瘟病毒由脂类，碳水化合物，蛋白质和核酸等组成。病毒粒子以化学方法降级后发现它们包括两种亚结构。这两种亚结构在物理、化学和生物学性质上是不同的（Schafer，1957）。一种亚结构称"G-抗原"（"G"是德文 gebundense 的缩写，"结合"的意思），它的化学组成是核蛋白，蛋白质在内，核酸（RNA）包围于外。G-抗原可能就是可溶性抗原（S-抗原），虽然 G-抗原存在于病毒粒子内而 S-抗原则存在于病毒外（Schafer，1959），但最近应用萤光抗体技术研究证明 S-抗原可能是在细胞核内产生的（Breitenfeld and Schafer，1957）。G-抗原既无感染性，又无血球凝集活力，仅以血清学方法（如补体结合试验）才能鉴定它们是有病毒特异性的物质。另一种亚结构是血凝素。这些微小粒子，直径约 30 毫微米，含有蛋白质和碳水化合物。它们含有感染性病毒的破坏接受器酶。血凝素也无感染性，但能凝集血球。根据这些观察，鸡瘟病毒的结构概况可以简述如下：G-抗原位于病毒粒子的中心，血凝素单位环绕于周围，而整个病毒粒子借助于脂类物质联系在一起（Schafer，1959）。其他粘性病毒如流行性感冒病毒、新城病毒等也曾发现类似的结构（Hoyl，1952；Sokol，Blaskovic and Rosenberg，1961）。鸡瘟病毒粒子的结构可以图 104 表示之。近年来，电子显微术研究发现粘性类病毒粒子有一层蛋白质外膜，包围着内部的组成部分，外膜表面往往有突出物，内部组成部分（包核核酸）是紧密堆积的具有螺旋形的杆状体，其结构类似于较坚硬的烟草花叶病毒杆状体。

Hirst 氏（Hirst，1941，1942；McClelland and Hare，1941）在进行流行性感冒病毒研究过程中发现血球凝集现象。病毒在低温时能和红血球结合。如把红血球和病毒混合液置于 37℃，病毒能从血球上自动地脱落下来，这是由于病毒的一种酶破坏了血球细胞表面上的接受器。血球释放病毒后失去它的凝集性，但脱落下来的病毒则不发生任何变化。在适当条件下，能支持病毒生长的细胞产生类似的影响。现在一般认为粘性类病毒（流行性感冒病毒是其中之一）能附着宿

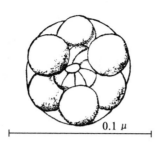

图 104　鸡瘟病毒的结构示意图（Schafer，1959）。中间是 G-抗原组成的环状体，6 个血凝素单位环绕于周围，整个粒子由脂类物质联系在一起

主细胞是由于宿主细胞接受器和病毒的酶的结合。血凝现象在研究动物病毒的方法上具有重大的意义，如病毒的滴定、提纯以及了解病毒的吸附过程等。

总体来说，动物病毒在大小、形态和组成上差别很大。所有的动物病毒含有 RNA 或 DNA。比较简单的动物病毒如脊髓灰质炎病毒只有 RNA 和蛋白质，其他大多数的病毒比较复杂，如粘性类病毒含有：（1）核蛋白"S-抗原"或"G-抗原"；（2）具有血球凝集活力的一蛋白质组成部分；（3）一种含有脂类的结合物质。

自 1935 年烟草花叶病毒结晶后（Stanley，1935），已从 10 余种植物病毒相继获得结晶体，但试图将动物病毒结晶，长期以来始终未获得结果。由于病毒的分离和提纯技术方法的不断改进，1955 年首先获得了脊髓灰质炎病毒的结晶体（Schaffer and Schwerdt，1955）。这是历史上第一次获得动物病毒的结晶。据作者了解，到目前为止，除脊髓灰质炎病毒结晶体外，还有四种动物病毒也已成功地获得它们的结晶体，即考克塞基病毒（Mattern and Dubury，1956）、沼泽大蚊病毒（Williams and Smith，1957）、小白鼠脑心肌炎病毒（Faulkner，1960）和多瘤病毒（Murakami，1963）。

一、各种动物病毒

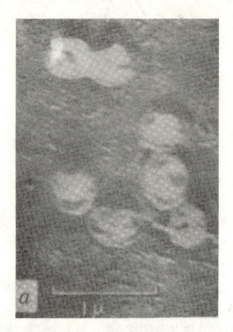

图 105　鹦鹉病毒（Psittacosis virus）（Wenner，1958）

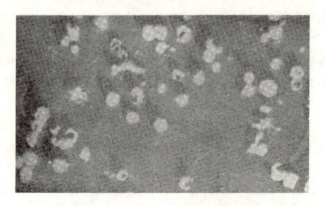

图 106　水疱疹病毒（Herpes virus）（Burrows，1959）

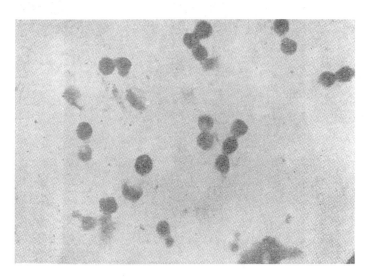

图 107　水痘病毒（Varicellen virus）（Ruska，1950）

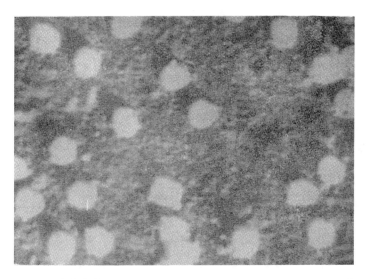

图 108　禽痘病毒（Fowl pox virus）（Rhodes and van Rooyan，1958）

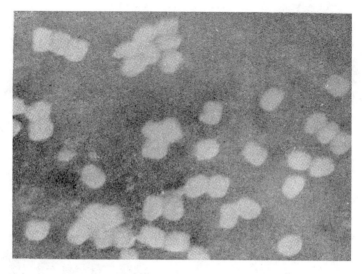

图109 牛痘病毒（Vaccinia virus）（×36 000）
（Rhodes and van Rooyan，1958）

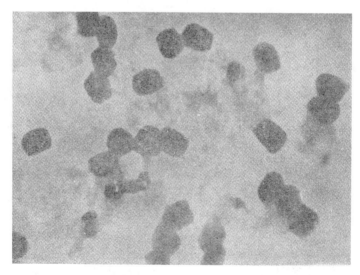

图110 小鼠痘病毒（Ectromelia virus）（Ruska，1950）

图 111 猫肺炎病毒（Feline pneumonitis virus）（×39 000）
（Wenner, 1958）

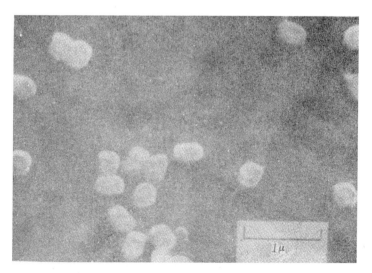

图 112 传染性软疣病毒（Molluscum contagium virus）
（Rake and Blank, 1950）

图 113　兔乳头瘤病毒（Rabbit papilloma virus）（a）（×82 000）（b）（×130 000）（Williams, 1954）

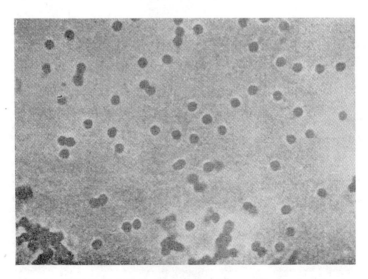

图 114　马脑脊髓炎病毒（Horse encephalomyelitis virus）（Sharp, Taylor, Beard and Beard, 1942）

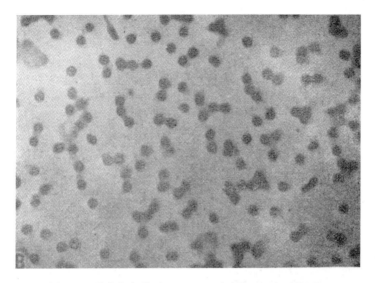

图 115　马脑炎病毒（Horse encephalitis virus）（Sharp, Taylor, Beard and Beard, 1943）。

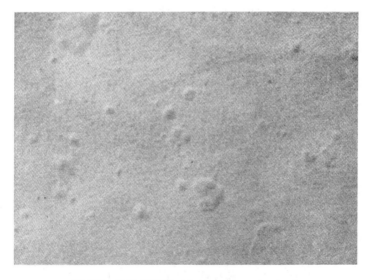

图 116　猪喘气病毒（Swine pneumonia virus）
　　　　（中国科学院武汉微生物研究所病毒研究室）

图117　牛脑脊髓炎病毒（Bovine encephalomyelitis virus）（×16 400）（Wenner, 1958）

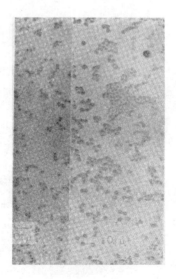

图118　脊髓灰质炎病毒（Poliovirus）。（左）Ⅲ型；（右）Ⅱ型（Mclean and Taylor, 1958）

图 119　同图 118（Ⅱ型）（Schwerdt，1957）

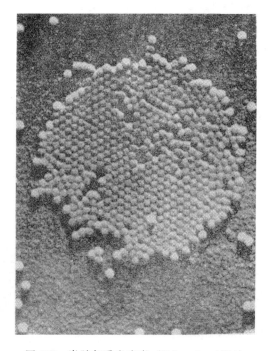

图 120　脊髓灰质炎病毒（Schwerdt，1954）

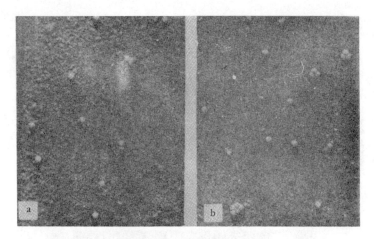

图 121 口蹄疫病毒（Foot and mouth disease virus）
(Brooksby, 1958)

图 122 鸡白血病毒（Avian myeloblastosis virus）
(Beaudreau, 1958)

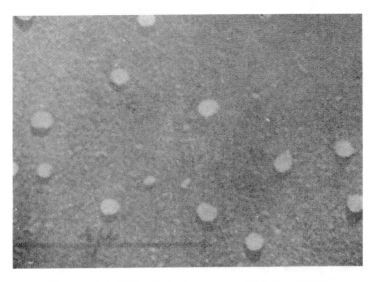

图 123 鸡瘟病毒（Fowl plague virus）（Schafer, 1959）

图 124 新城疫病毒（Newcastle disease virus）（Sokol, Blaskovic and Rosenberg, 1961）。

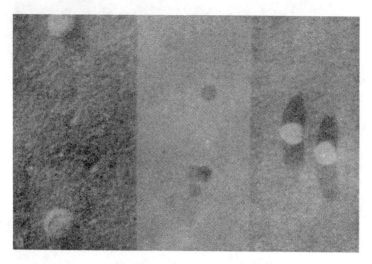

图 125 流行性感冒病毒（甲型）（Influenza virus, A）
(Williams, 1954)

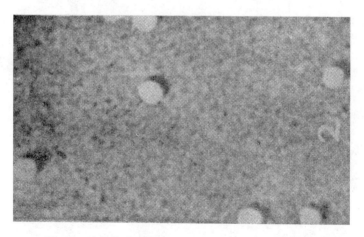

图 126 流行性感冒病毒（乙型）（Influenza virus, B）
(Knight, 1947)

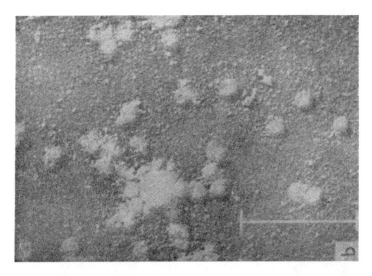

图 127 副流行性感冒病毒（I 型）（Para-influenza virus, I）
(Sokol, Blaskovic and Rosenberg, 1961)

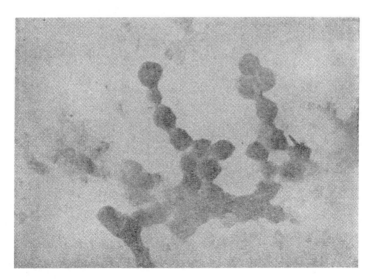

图 128 副流行性感冒病毒（Ⅲ 型）（Para-influenza virus, Ⅲ）
(Stefanov, 1961)

图129 流行性唾腺炎病毒（Mumps virus）（Sokol, Blaskovic and Rosenberg, 1961）

图130 家蚕（*Bombyx mori*）多角体（核型）病毒，感染性病毒杆状体（指已从膜出来）和几个空的圆形膜和一个圆形发育阶段（×100 000）（Bergold, 1958）。

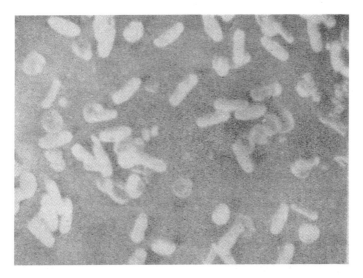

131 家蚕多角体病毒大部分仍在膜内。圆形体是病毒发育过程中的一个阶段（×50 000）（Bergold，1958）

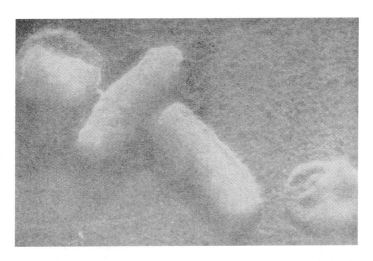

图132 家蚕多角体病毒，两个感染性病毒杆状体，左上角的圆形体是发育阶段。右下角的圆形体是空的发育膜（病毒已脱去）（×100 000）（Bergold，1958）

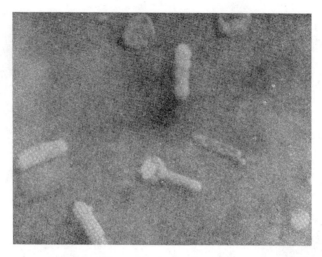

图 133　家蚕多角体病毒，三个感染性病毒杆状体，另一个杆状体正在脱离它的发育膜，两个空的圆形发育膜，一个圆形的发育阶段，一个杆状紧身膜（×50 000）（Bergold，1958）

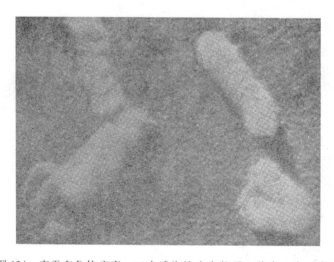

图 134　家蚕多角体病毒，三个感染性病毒粒子，其中一个正在脱离它的发育膜。右下角的一个 V 字形体可能是发育过程中一个阶段（×100 000）（Bergold，1958）

图 135　一个家蚕多角体病毒正在脱离它的发育膜
（×150 000）（Bergold，1958）

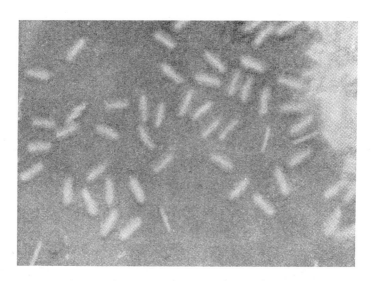

图 136　家蚕多角体被溶解后放出来的病毒。大多数病毒仍在膜内，也有少数没有膜的病毒杆状体（×20 000）（Bergold，1958）

图137 舞毒蛾（*Porthetria dispar*）多角体病毒（核型），显示正在分解的病毒束，单独的杆状体和空的管状紧身膜（×50 000）（Bergold，1958）

图138 同上，正在分解的病毒束，单独的杆状体和圆形发育阶段（×50 000）（Bergold，1958）

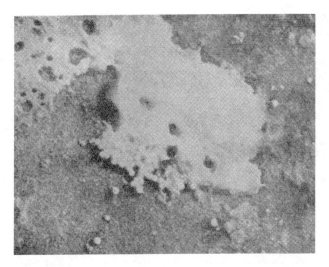

图139 磨石天蚕（*Antheraea mylitta*）多角体病毒（细胞质型）。注意病毒粒子有规则的集合以及它们多角的外形（×30 000）（Smith，1959）

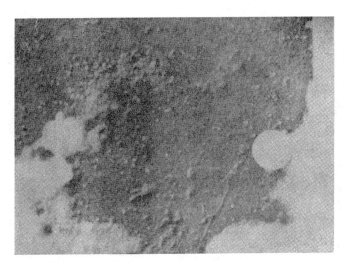

图140 女贞天蛾（*Sphinx ligustri*）多角体病毒（细胞质型）。注意微小结晶体的形成（×40 000）（Smith，1959）

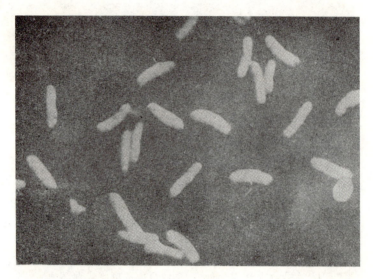

图 141　烟纹卷叶蛾（*Choristoneura fumiferana*）多角体病毒（细胞质型），显示圆形发育阶段和在发育膜内的杆状体（×50 000）（Bergold，1953）

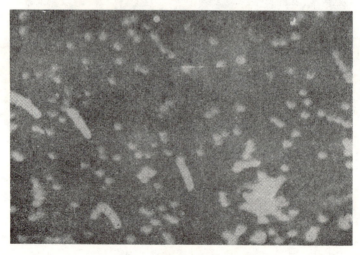

图 142　毛灯蛾（*Arcita villia*）多角体病毒（细胞质型），显示圆形病毒粒子和少数病毒杆状体（×50 000）（Bergold，1953）

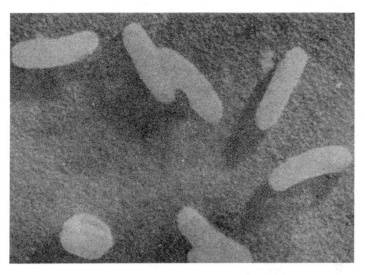

图 143　卡卷叶蛾（Cocoecia murinana）颗粒多角体病毒。显示感染性杆状体粒子和一个圆形发育阶段，都在它们的发育膜内（×100 000）（Bergold，1958）

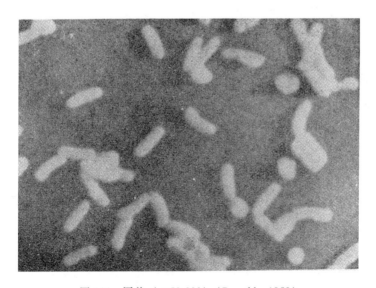

图 144　同前（×50 000）（Bergold，1958）

图 145 卡卷叶蛾（*Cocoecia murinana*）颗粒多角体病毒。一个病毒杆状体在一打开的颗粒内（×100 000）（Bergold, 1958）

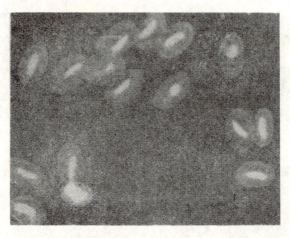

图 146 *Explexia leucipera*（一种昆虫）颗粒多角体病毒，注意病毒在颗粒内（×26 000）（Smith and Williams, 1958）

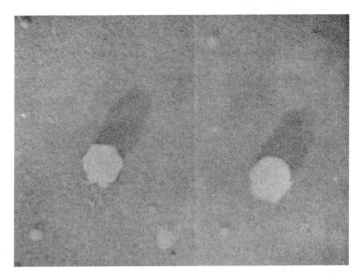

图 147 沼泽大蚊（*Tipula páludusa*）无细胞包涵体病毒。注意病毒粒子的多角形（×67 000）（Smith and Williams, 1958）

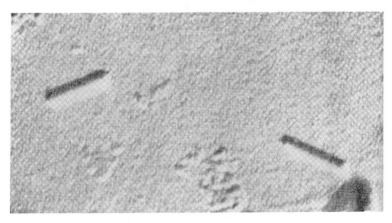

图 148 粘虫（*Leucania separata Walker*）多角体病毒（核型）（中国科学院武汉微生物研究所病毒研究室，张立人摄，未发表）

二、动物病毒的结构

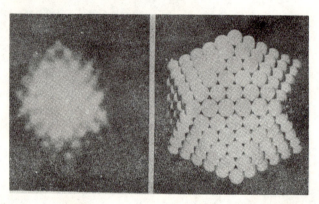

图 149　（左）一个腺病毒（5型）粒子，显示形成外壳的亚结构的排列（×600 000）；（右）类似腺病毒粒子的一个 20 面体模型，由 252 个网球组成的。[在和（左）图相同的方向摄影的]（Klug and Caspar, 1960）

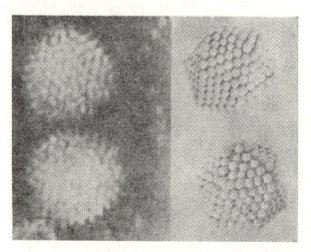

图 150　（左）两个高倍放大的猴肠道病毒粒子，显示多角体形状和亚结构的排列，粒子直径为 700～800Å，亚结构直径为 50～60Å（右），根据上述组成的模型（Archetti, Bocciarelli and Toschi, 1961）

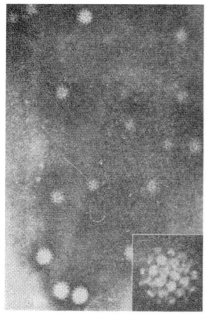

图 151 人软疣病毒（Human wart virus）（Noyes，1964）

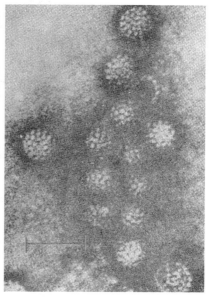

图 152 兔乳头瘤病毒（Breedis, Berwick and Anderson,1962）

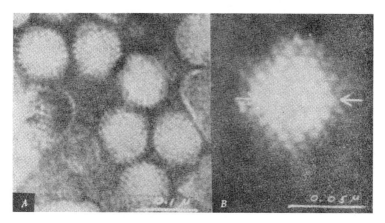

图 153 感染性犬肝炎病毒（Infectious canine hepatitis virus）（Davies，Englert，Stebbins and Cabasso，1961）

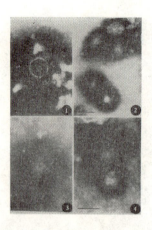

图 154　感染性喉头气管炎病毒（Infectious laryngotracheitis virus）。1."空"的衣壳（Capsid），示特征性的六角形的侧面（×180 000）；（空的衣壳是指衣壳内的核酸被磷钨酸所代替，显示出一个空的蛋白质外壳）。2. 一群"满"的衣壳，示六角形的侧面（×160000）；3. "满"的衣壳，在其周围为空的细长的子粒（Capsomere）（×160 000）；4. "满"的衣壳，示子粒排成三角形小平面（×200 000）。(Watrach, Hanson and Watrach, 1963)

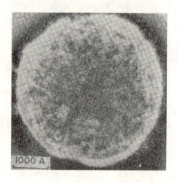

图 155　一个腮腺炎病毒粒子，显示具有表面突出物的外膜和内部组成部分（Horne, Waterson, Wildy and Farnham, 1960）

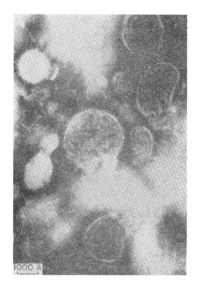

图156 裂解的腮腺炎病毒粒子，显示内部的组成部分
（Horne, Waterson, Wildy and Farnham, 1960）

图157 高倍放大的从腮腺炎病毒粒子释放出来的内部组成部分，注意有规则的周期性结构
（Horne, Waterson, Wildy and Farnham, 1960）

图 158　裂解的新城疫病毒粒子释放出来的内部组成部分，也同样具有周期性结构（Horne, Waterson, Wildy and Farnham, 1960）

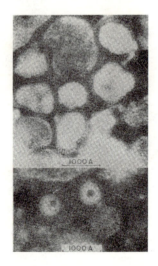

图 159　流行性感冒病毒，注意病毒粒子表面的突出物以及粒子大小不一的多形性（Horne, Waterson, Wildy and Farnham, 1960）

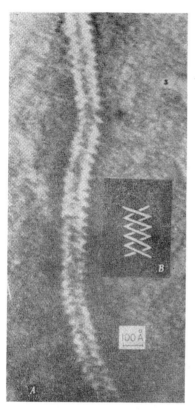
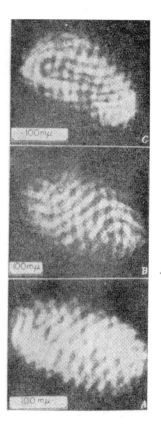

图 160　副流行性感冒病毒（Ⅰ型）（Para-influenza Ⅰ; Sendai virus）。A. 暗示病毒粒子是一个双螺旋形排列；B. 插图示明周期性结构的可能排列（Horne and Waterson, 1960）

图 161　传染性脓疱皮炎病毒粒子的三种花样，其中以 B 是最普通的一种（× 300000）（Naginton, Newton and Horne, 1964）

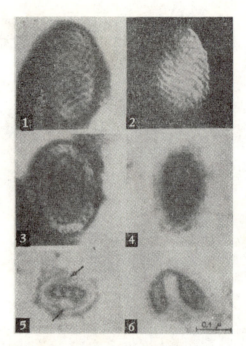

1，2. 病毒粒子表面的交叉花样；

3. 粒子的包围膜，周围蛋白质层和内部结构，内部结构为三个一组；

4. 三个一组的平面；

5. 三个一组和模糊的"双体"（箭头）；

6. 原体和不规则的内部结构。

(Peters, Muller and Buttner, 1964)

图 162　副天花病毒（Para-vaccinia virus）

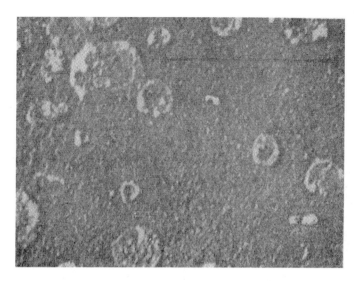

图 163　鸡瘟病毒的不完全形态（Schafer，1959）

图 164　鸡瘟病毒的血凝素（Schafer，1959）

图 165　鸡瘟病毒的 S-抗原（Schafer，1959）

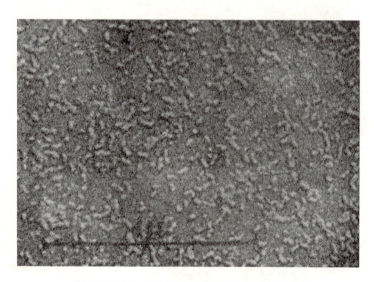

图 166　鸡瘟病毒的 G-抗原（Schafer，1959）

三、动物病毒的结晶体

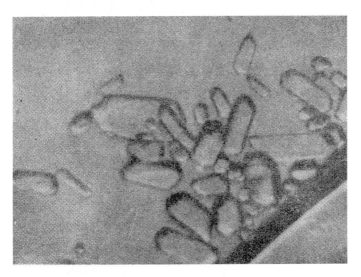

图 167　脊髓灰白质炎病毒结晶体（Schaffer and Schwerdt，1955）

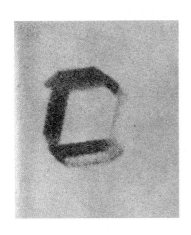

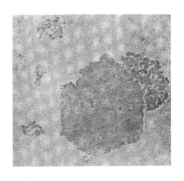

图 168　一个脊髓灰质炎病毒结晶体　　图 169　沼泽大蚊（*Tipula paludusa*）
　　　　（Schaffer，1958）　　　　　　　　　　　病毒结晶体（Williams
　　　　　　　　　　　　　　　　　　　　　　　　and Smith，1957）

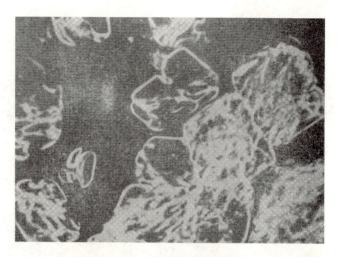

图170 考克塞基病毒结晶体（Mattern and Dubury，1956）

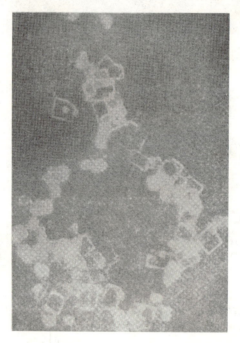

图171 小白鼠脑心肌炎病毒结晶体（Faulkner，1960）

四、其他

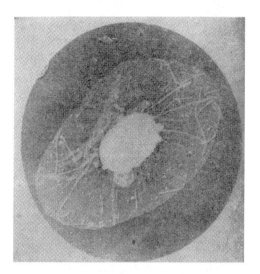

图 172　流行性感冒病毒（甲型）的圆状体和
丝状体吸附在鸡红血球上（Isaacs，1957）

图 173　流行性感冒病毒吸附在鸡红血球上（Butler，1959）

图 174　流行性感冒病毒丝状体吸附在鸡红血球上（Butler，1959）

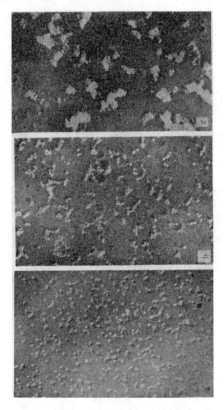

a. 正常的病毒粒子；b. 凝集反应开始；c. 凝集粒子群（Isaacs，1957）
图 175　鸡白血病毒和抗血清的凝集反应。

参 考 文 献

绪 论 部 分

Anderson, T. F. (1960) The Bacteria, vol. 1, Academic Press, N. Y. (p. 389).

Black, L. M. (1959) The Viruses vol. 2, Academic Press, N. Y. (p. 157).

Caspar, D. L. D. and Klug, A. (1962) Cold Spring Harbor Symp. Quant. Biol. 27: 1.

Colter, J. S. (1960) Progress in Medical Virology vol. 1: 1.

Demerec, M. and U. Fano (1945) Genetics. 30: 119.

DiMayorca, G. A., B. E. Eddy, S. E. Stewart, W. S. Hunter, C. Friend and A. Benedich (1959) Proc. Nat. Acad. Sci, U. S. 45: 1805.

Fraenkel-Conrat, H. (1957) Biochim Biophys. Acta 25: 87.

Guthrie, G. D. and R. Sinsheimer (1960) Jour. Mol. Biol. 2: 297.

Hershey, A. D. and M. Chase (1952) Jour. Gen. Physiol. 36: 39.

Hirano, T., Lindegren, C. C. and Bang, Y. N. (1962) Jour. Bact. 83: 1363.

Hollings, M., Gandy, D. G. and Last, F. T. (1963) Endeavour 22 (No. 87): 112.

Huebner, R. J. (1959) Prespective in Virology, John Wiley, N. Y. (p. 121).

Iwanowski, G. E. (1892) Bull. Acad. Imp. Sci., St. Petersburg 3: 67 [英文翻译 (1942) 植物病理学经典著作 (Phytopathol. Classics) 7: 27].

Jacob, F. and E. L. Wollman (1957) Ann. Inst. Pasteur 91: 486.

Lindegren, C. C. (1958) Amer. Soc. Brewing Chem. Proc. p. 86.

Lindegren, C. C. and Bang, Y. N. (1961) Antonie Van Leeuwenhoek Jour. Microbiol. Serol. 27: 1.

Luria, S. E. (1958) Protoplasmotologia 4 (3): 1.

Lwoff, A. (1959) Bact. Rev. 23: 109.

Pshenichnov, R. A. and Batarova, N. A. (1964) Вопросы Вирусологии 1964 (4): 494.

Safferman, R. S. and Morris, M. E. (1963) Science, 140: 679.

Schramm, G. and A. Gierer (1957) Cellular Biology, Nucleic Acid and Viruses, N. Y. Acad. Sci. (p. 229).

Smith, K. M. (1955) Adv. Virus Res. 4: 199.

Smith, K. M. (1962) "Viruses", p. 20-21, Univ. Press, Cambridge.

Stanley, W. M. (1935) Science 81: 644.

江先觉 (1959) 私人通信.

第一部分 噬菌体（细菌病毒）

Adams, M. H. (1959) Bacteriophages, Interscience, N. Y. (p. 14).

Anderson, T. F. (1949) Bot. Rev. 15: 464.

—— (1953) Coldspring Harbor Symp. Quant. Biol. 18: 197.

Anderson, T. F. (1957) Ann. Inst. Pasteur 93: 450.

—— (1960) The Bacteria, vol. 1, Academic Press, N. Y. (p. 406).

Anderson, T. F. (1961) Proc. European Reg. Conf. on Electron Microscopy, Delft, 2: 1008.

Anderson, T. F., E. L. Wollman and F. Jacob (1957) Ann. Inst. Pasteur 93: 450.

Bacq, C. M. and Horne, R. W. (1963) Jour. Gen. Microbiol. 32: 131.

Bradley, D. E. (1961) Virology 15: 203.

Brenner, S. and Horne, R. W. (1959) Biochim Biophys. Acta 34: 103.

Burrington, L. F. and L. M. Kozloff (1956) Jour. Biol. Chem. 223: 615.

Burton, K. (1955) Biochem. Jour. 61: 473.

Cota-Robles, E. H. and Coffman, M. D. (1963) Jour. Bact. 86: 266.

Davis, J. D. and Sinsheimer, R. (1963) Jour. Mol. Biol. 6: 203.

Daems, W. Th., Van De Pol, J. H. and Cohen, J. A. (1962) Jour. Mol. Biol. 3: 225.

Demerec, M. and U. Fano (1945) Genetics. 30: 119.

Doermann, A. H. (1952) Jour. Gen. Physiol. 35: 645.

Ellis, E. L. and M. A. Delbruck (1939) Jour. Gen. Physiol. 22: 315.

Fenwick, M. L., Erikson, R. L. and Franklin, R. M. (1964) Federation Proc. 23: 319.

Fraser, D. and R. C. Williams (1953) Proc. Nat. Acad. Sci., U. S. 39: 750.

Garen, A. and L. M. Kozloff (1959) The Viruses, vol. 2, Academic Press (p. 204).

Giuntini, J., P. Lepine and O. Croissant (1947) Ann. Inst. Pasteur. 73: 579.

Hall, C. E., Maclean, E. C. and Tessman, 1. (1959) Jour. Mol. Biol. 1: 192.

Hayes, W. (1964) The genetics of bacteria and their viruses, p. 374.

Horne, R. W. and Wildy, P. (1961) Virology 15: 348.

Hercik, F. (1959) Biophysik der Bakteriophagen, Veb Deut. Verlag der Wissenschaften, Berlin.

Herriott, R. M. (1951) Jour. Bact. 61: 752.

——and Barlow, J. L. (1957) Jour. Gen. Physiol. 40: 809.

Hershey, A. D. and M. Chase (1952) Jour. Gen. Physiol. 36: 39.

—— (1955) Virol. 1: 108.

—— (1957) Virol. 4: 237.

—— (1953) Coldspring Harbor Symp. Quant. Biol. 18: 135.

——and N. Melechen, (1957). Virol. 3: 207.

Jacob, F. and C. R. Fuerst (1958) Jour. Gen. Microbiol. 18: 518.

——and E. L. Wollman (1957) Ann. Inst. Pasteur 91: 486.

Jeener, R. (1957) Biochem. Biophys Acta 23: 351.

Kellenberger, E. and W. Arber (1955) Z. Naturforsch. 10b: 698.

——and—— (1957) Virol. 3: 245.

——and J. Sechaud (1957) Virol. 3: 256.

Kleinschmidt, A. K., Lang, D., Jackerts, D. and Zahn, R. K. (1962) Biochim Biophys. Acta 61: 857.

Koch, G. and L. M. Kozloff (1956) Z. Naturforsch. 11b: 345.

Koerber, B., L. Greenspan and K. Langlykke (1950) Jour. Bact. 60: 34.

Kozloff, L. M. (1953) Coldspring Harbor Symp. Quant. Biol. 18: 212.

—— (1959) Symp. Mol. Biol., University of Chicago Press, Chicago (p. 178).

——, M. Lute and K. Henderson (1957) Jour. Biol. Chem. 228: 511.

—— (1958) Proc. 4th. Internat. Congr. Biochem. 7: 185.

——and M. Lute (1957) Jour. Biol. Chem. 228: 537.

Loeb, T. and N. D. Zinder (1961) Proc. Nat. Acad. Sci., U. S. 47: 282.

Luria, S. E. (1953) General Virology, John Wiley, N. Y.

—— and Human, M. C. (1950) Jour. Bact. 59: 551.

Lwoff, A. (1954) Bact. Rev. 17: 269.

Lwoff, A. and Gutmann, R. (1950) Ann. Inst. Pasteur 78: 711.

Marvin, D. A. and Hoffmann-Berling, H. (1962) Nature 197: 517.

Melechen, N. (1955) Genetics. 40: 584.

Penso, G. and V. Ortati (1947) Rend. 1st. Sup. Sanita. 12: 903.

—— (1953) 6th. Internat. Congr. Microbiol., Rome, Interaction of viruses and cells.

Puck, T. T., A. Garen and J. Cline (1951) Jour. Exp. Med. 93: 65.

Research Today (1952), no. 2; Eli Lilly Co., Indianapolis, Indiana (p. 16).

Rhodes, A. J. and C. E. van Rooyan (1958) Textbook of Virology, The Williams and Wilkins, Baltimore.

Seto, I. T., R. Kaesberg and J. B. Wilson (1956) Jour. Bact. 72: 847.

Shirling, E. B. (1956) Virol. 2: 279.

Sinsheimer, R. L. (1959) Jour. mol. Biol. 1: 43.

Stent, G. S. (1959) The Viruses, vol. 2, Academic Press, N. Y. (p. 279).

Tessman, I., Tessman, E. S. and Stent, G. S. (1957) Virology 4: 209.

Thomas, R. (1959) The Cell, vol. 4, Academic Press, N. Y. (p. 5).

Tomizawa, J. and S. Sunakawa (1956) Jour. Gen. Physiol. 39: 553.

Tromans, W. J. and Horne, R. W. (1961) Virology 15: 1.

Waksman, S. A. (1959) The Actinomycetes Vol. 1: 180, Billiere, Tindall and Cox, London.

Weidel, W. (1960) Viruses, University of Michigan Press, Ann Arbor, Mic.

——and Kellenberger, E. (1955) Biochim physil Acta. 7: 1.

Williams, R. C. (1953) Coldspring Harbor Symp. Quant. Biol. 18: 185.

——and D. Fraser (1953) Jour. Bact. 66: 458.

Williams, R. C. and D. Fraser (1956) Virol. 2: 1.

Williams, G. (1959) Virus Hunter, A. A. Knope, N. Y.

Woodruff, H. B., T. D. Nunheimer and S. B. Lee (1947) Jour. Bact. 54: 535.

Wyckoff, R. W. G. (1949) Electron Microscopy, Interscience, N. Y.

蔡宜权,高尚荫(1961)实验生物学报。7(3): 199~202.

第二部分 植 物 病 毒

Bawden, F. C. (1943) Plant viruses and Virus Diseases, 2nd. edition, Chronica Botanica, Waltham, Mass (p. 96).

Bawden, F. C. and N. W. Pirie (1938) Brit. Jour. Exp. Path. 19: 251.

——and F. M. L. Sheffield (1939) Ann. Appl. Bot. 26: 102.

——and N. W. Pirie (1945) Brit. Jour. Exp. Path. 26: 294.

Caspar, D. L. D. and Franklin, R. E. (1956) Nature. 177: 928.

Commoner, B. and P. M. Dietz (1952) Jour. Gen. Physiol. 35: 847.

——, M. Yamada, S. D. Rodenberg, T. Y. Wang and E. Basler (1953) Science. 118: 529.

——and S. D. Yamada (1955) Jour. Gen. Phsyiol. 38: 459.

―― (1953) The Dynamics of Viral and Rickettsial Infections, Blakiston, N. Y. (p. 83).

Corbett, M. K. (1964) Virology 22: 342.

Fraenkel-Conrat, H. (1956) Jour. Amer. Chem. Soc. 78: 882.

――and R. C. Williams (1955) Proc. Nat. Acad. Sci. U. S. 41: 690.

―― (1957) Special publication of N. Y. Acad. Sci. 5: 217.

Franklin, R. E. (1955) Nature. 175: 379.

――and B. Commoner (1955) Nature. 175: 1076.

――, A. Klug and K. G. Holmes (1957) Ciba Symp. on Nature of Viruses, p. 39.

――and A. Klug (1956) Biochim Biophys. Acta. 19: 493.

Gierer, A. and G. Schramm (1956) Z. Naturforsch. 11b: 138.

―― (1960) Progress in Biophysics, Pergamon Press, London. 10: 308.

Hart, R. G. (1955) Proc. Nat. Acad. Sci., U. S. 41: 261.

―― (1956) Nature. 177: 130.

Harrison, B. D. (1959) 9th. Symp. Soc. Gen. Microbiol., Virus Growth and Variation, p. 60.

Herriott, R. M. (1961) Science. 134: 256.

Hercik, F. (1959) Biophysik der Bakteriophagen, Veb Deut. Verlag der Wissenschaften, Berlin (p. 25).

Horne, R. W. Russel, G. E. and Trim, A. R. (1959) Jour. mol. Biol. 1: 234.

Jeener, R., P. Lemoine and G. Lavand'homme (1954) Biochim Biophys. Acta. 14: 32.

Labaw, L. W. and R. W. G. Wyckoff (1960) Proc. Koninkl. Nederl. Akademie van Wetenschappen, Amsterdam, Ser. B. 59: 171.

Luria, S. E. (1953) General Virology, John Wiley, N. Y.

Markham, R. (1953) Adv. Virus Res. 1: 315.

Markham, R. , Frey, S. and Hills, G. J. (1963) Virology 20: 88.

Markham, R. , Hitchborn, J. H. , Hills, G. J. and Frey, S. (1964) Virology 23: 342.

Miller, G. and Price, W. C. (1946) Archiv. Biochem. 11.

Newwark, P. and D. Fraser (1956) Jour. Amer. Chem. Soc. 781: 1588.

Nixon, H. L. and R. D. Woods (1960) Virol. 10: 157.

Pollard, E. C. (1953) The Physics of Viruses, Acad. Press, N. Y. (p. 20).

Price, W. C. (1946) Amer. Jour. Bot. 33: 45.

Rhodes, A. J. and C. E. van Rooyan (1958) Textbook of Virology, Williams and Wilkins, Baltimore (p. 38).

Rice, A. , J. D. Dunitz and P. Newmark (1955) Nature. 175: 1074.

Schramm, G. (1943) Naturwissenschaften. 31: 94.

—— (1954) Die Biochemie der Viren, Springer-Verlag, Berlin (p. 127, 137).

—— (1955) and Anderer, F. A. Naturwissenschaften. 42: 74.

——and W. Zillig (1955) Z. Naturforsch. 10b: 493.

——, G. Schumacher and W. Zillig (1955) Nature. 175: 549.

Smith, K. M. (1950) Introduction to the Study of Viruses, Sir Isaac Pitman, London (pt. 12).

Stanley, W. M. (1935) Science. 81: 644.

—— (1941) Science. 93: 143.

Stanley, W. M. , M. A. Lauffer and R. C. Williams (1959) Viral and Rickettsial Infections of Man, Pitman London (p. 13).

Takahashi, W. N. and M. Ishii (1952) Nature. 169: 419.

Williams, R. C. (1953) Coldspring Harbor Symp. Quant. Biol. 18: 192.

—— (1954) Adv. Virus Res. 2: 209.

裘维蕃（1961）. 植物病毒学. 北京农业大学，北京.

第三部分　动　物　病　毒

Andrews, C. H. (1960) Scientific American (Dec.) 1960: 88.

Archetti, I., D. S. Bocciabelli and G. Toschi (1961) Virol. 13: 149.

Bang, F. B. and A. Isaacs (1957) Ciba Symp. The Nature of Viruses, p. 249.

Beard, J. W., D. G. Sharp and E. A. Eckert (1955) Adv. Virus Res. 3: 157.

——, R. A. Bonar, G. S. Beaudreau, C. Becker and D. Beard (1958) Proc. 4th. Internat. Congr. Biochem. 7: 114.

Bergold, G. H. (1953) Adv. Virus Res. 1: 114.

—— (1958) Handbuch der Virusforschung 4 Band (111 Erganzungsband) Springer-Verlag, Wien (p. 60).

Beaudreau, G. S. (1958) Jour. Nat. Cancer Inst. 20: 351.

Breedis, C., Berwick, L. and Anderson, T. F. (1961) Virology 17: 84.

Breitenfeld, P. M. and W. Schaffer (1957) Virol. 4: 328.

Brooksby, J. B. (1958) Adv. Virus Res. 5: 33.

Burnet, F. M. (1955) Animal Virology, Academic Press, N. Y. (p. 93).

Burnside, C. E. (1933) Jour. Econ. Entomol. 26: 162.

Burrows, W. (1959) Textbook of Microbiol., W. B. Saunders, Philadelphia, Pa. (p. 824).

Butler, J. A. W. (1959) Inside the Living Cell, George Allen and Unwin, London (p. 65).

Chu, C. M., I. M. Dawson and W. J. Elford (1949) Lancet (1). 256: 602.

Davies, M. C., Englert, M. E., Stebbins, M. R. and Cabasso, V.

J. (1961) Virology. 15：87.

Faulkner, P. (1960) Nature. 186：908.

Hamre, D. , H. Rake and G. Rake (1947) Jour. Exp. Med. 86：1.

Hirst G. K. (1941) Science. 94：22.

Hirst, G. K. (1942) Jour. Exp. Med. 76：195.

Horne, R. W. and Waterson, A. P. (1960) Jour. Mol. Biol. 2：75.

Horne, R. W. , Waterson, A. P. , Wildy, P. and Farnham, A. E. (1960) Virology 11：79.

Hoyl, L. (1952) Jour. Hyg (London). 50：229.

Human, M. and Rosenberg, M. (1958) Acta Virol. 2：65.

Isaacs, A. (1957) Adv. Virus Res. 4：111.

Knight, C. A. (1947) Coldspring Harbor Symp. Quant. Biol. 12：111.

Leyon, H. (1951) Exp. Cell Res. 2：207.

Luria, S. E. (1953) General Virol. , John Wiley, N. Y.

McLean, I. W. and A. R. Taylor (1958) Progress Med. Virol. 1：126.

Mattern, C. F. T. and Dubury, H. G. (1956) Science. 123：1037.

Melnick, J. L. (1958) Progress Med. Virol. 1：84.

Murakami, W. T. (1963) Sci. 142：56.

Naginton, J. , Newton, A. A. and Horne, R. W. (1964) Virology 23：461.

Noyes, W. F. (1964) Virology 23：65.

Peters, D. , Muller, G. and Buttner, D. (1964) Virology 23：609.

Pickels, E. G. and J. H. Bauer (1940) Jour. Exp. Med. 71：703.

Rake, G. and N. Blank (1950) Jour. Invest. Dermatol. 15：81.

Rhodes, A. J. and C. E. van Rooyan (1958) Textbook of Virol., The Williams and Wilkins, Baltimoe (p. 19).

Ruska, H. (1950) Handbuch der Virusforschung 11, Springer-Verlag, Wien (p. 355).

Schafer, W., W. Munk and O. Armbruster (1952) Z. Naturforsch. 7b: 29.

—— (1957) Ciba Symp. The Nature of Viruses, p. 91.

—— (1959) Perspectives in Virol., John Wiley, N. Y. (p. 20).

Schaffer, F. L. (1958) Biochem Biophys. Acta. 28: 241.

——and Schwerdt, C. E. (1955) Proc. Nat. Acad. Sci., Wash. 41: 1020.

Schwerdt, C. E. (1954) Proc. Soc. Exp. Biol. Med. 86: 311.

—— (1957) Cellular Biol., Nucleic Acid and Viruses, N. Y. Acad. Sci. (p. 157).

Sharp, D. G., A. R. Taylor, D. Beard and W. J. Beard (1943) Proc. Soc. Exp. Biol. Med. 51: 216.

—— (1942) Proc. Soc. Exp. Biol. Med. 43: 650.

Sokol, F., D. Balskovic and M. Rosenberg (1961) Acta Virol. 5: 65.

Smith, K. M. (1958) Virol. 5: 171.

——and R. C. Williams (1958), Andeavour. 17: 14.

Stefanor, S. (1960) Acta Virol. 5: 128.

Wenner, H. A. (1958) Adv. Virus Res. 5: 84.

Williams, R. C. (1954) Adv. Virus Res. 2: 219.

——and K. M. Smith (1957) Nature. 179: 119.

国际交流的各种集会上的讲话

国际交流的各种集会上的讲话
（英文）目录

1981①在美国劳林斯大学接受名誉科学博士学位宴会上的讲话，1981.5.24

1981②在美国南桔城西东大学接受美国荣誉科学会雪格码荣誉会员上的讲话，1981.5.27

1981③在美国俄亥俄州立大学签订武汉大学和俄亥俄州立大学两校交流宴会上的讲话，1981.5.29

1981④在美国耶鲁大学，耶礼委员会欢迎宴会上的讲话，1981.6.10

1981年5月24日在美国劳林斯大学（Rollins College）接受名誉科学博士学位后在宴会上的讲话

President Seymour and Rollins Friends:

It is indeed a great pleasure to be back in Winter Park after half a century. I wish to thank the Board of Trustees and President Seymour for making me and on my Min's visit Rollins possible and to Rollins Community for receiving us with warmth and kindness.

When I arrived the campus, I was amazed to see the magnificant changes having taken place since my days at Rollins. I was in the class of 1931. The college is more beautiful than ever. When I walked along "the

Walk of Fame", I could easily spot the 'Confucius Stone' which I presented to the College. At the moment I stepped into Chase Hall where I stayed, I felt as if I were coming back from Knonles Hall from my classes. The shore of Lake Virginia looks lovely and I can't help remembering the swimming lessons I had with 'fleet' and the War Canoe race I participated. These pleasant memories brought me back to the old days and how much I really wished that I might be again as a student at Rollins. To me, Rollins always personifies beauty, culture and friendship.

After Rollins I went to Yale for graduate studies. My Rollins training helped me tremendously in adjusting my life academically and socially at New Haven. After Yale I went back to my own country to serve my people. If I succeeded in some measure and did something for my country during my long period of academic career, I must say that I was influenced by the liberal education I received at Rollins, the outstanding personality of President Hamilton Holt and the good friendship of the fellow students Rollins did give me something to cheerish always. So when I come back to Rollins this time with my son Min, I felt that I was coming home because my heart always kept close to Rollins. I do hope the exchange program between Rollins and my university we discussed will materialize and flourish as the years go by. Personally I shall be more than happy to see Rollins people on our cumpus and Wuhan people on Rollins campus. Friendship is based on mutural understanding and mutural understanding depends on personal contact. My Rollins experience fully confirms this concept.

Last but not the least, I wish to thank Rollins for confering upon me the honorary degree of Doctor of Science. I consider it is not an honour to me as a person but rather to my university and to my country.

I wish I do not have to wait another 50 years to come back to Winter Park again, Fare thee well, all the best to you all.

Gao Shang-yin (Rollins' 31 A. b)
Winter Park, Florida, U. S. A.

1981年5月27日在美国南桔城西东大学
(Setan-Hall University)
接受 Sigma Xi 荣誉会员后在茶会上的讲话

President Murphy and colleagues of Setan-Hall, Ladies and Gentlemen:

I was initiated into Yale chapter of Sigma Xi honorary Society when I was a graduate student at Yale. Today Setan-Hall makes me an honourable member of Setan-Hall chapter with this beautiful plague which I shall always cheerish. It symbolizes the friendship between Setan-Hall and Wuhan University. The exchange program between us will flourish as the years go by. Is hope our people will appear on your campus and your people on our campus in the near future.

I wish to thank President Murphy and Setan-Hall community for the kindness and hospitality extended to me while I am in South Orange. My visit has been very pleasant and productive. Thank you all.

Gao Shang-yin
Vice President Wuhan University

1981年5月29日在美国俄亥俄州立大学
(The Ohio State University)
签订该校与武汉大学学术交流项目后在宴会上的讲话

President Enarson, colleagues of the Ohio State University, Ladies and Gentlemen:

Let me first of all in the name of the president and colleagues of Wuhan University give you our warm greetings.

I consider that your welcome of my being here is not for me as a person rather I consider it as a symbol of your respect and friendship to my university and to the Chinese people.

  The state of Ohio is now well known to the people of my Province Hubei (Province is equivalent to your State), since the visit of your governor and his delegation established the close bound between our two states. It is therefore, a great pleasure as well as an honour to be in Columbus and on your campus. I must say honestly your university is one of the largest (16 000 students on one campus) and one the most beautiful universities that I have ever visited.

  Although we are signing the exchange program between your university and Wuhan University tonight, but actually exchange of some sort has been going on for some time. During the last couple years, I had the pleasure of meeting and talking to many colleagues from your university on our campus and it is quite appropriate that we should have a formal agreement so it will be of mutural benefit. There is no doubt that we have lots to learn from you and I think there are things that we can offer you too. Academic exchange is a two way affair but of course not necessary on equal terms. I think the spirit of good will and friendship that go with exchange program is of equal importance. Friendship is based on mutural understanding and mutural understanding depends upon personal contact so let us praise, support and cultivate and develop our exchange program to full blossom as the years go by.

  I want to take this opporiunity to express my thanks to President Anason and many colleagues of the university for the kindness and hospitality to me while I am on the campus. I am deeply touched. I only hope that when any of you visits Wuhan, we'll be able to repay your hospitality even a little bit.

Thank you
Gao Shang-yin
Columbus, Ohio

1981年6月10日在美国耶鲁大学（Yale University）耶礼协会宴会上的讲话

Friends of Yale-China Association:

As a former student of Yale. I am very happy to be back in New Haven after half a century, I wish to thank Yale-China Association for giving this dinner in my honour.

Yale surely changed a great deal since my school days. During the last couple days besides discussion with Dean Richard Ferguson regarding the exchange program between Yale and Wuhan, I was so happy to visit Osborn Laboratory where I studied 4 years as a graduate student, and had a good visit with prof. Hutchinson with whom I had my "ecology" course. His lectures were so exciting and instructive that stimulated my scientific imagination. I also talked with M. S. Wilens, prof. Harrison's techician and assistant. Dr. Richard Weigle was so kind to take me to visit 233 Edward street. Dean Emeritus and Mrs. Charles R. Brown's home where I stayed for couple years. While I strolled on New Heven street and commons' it brought back my memories of old days.

I am leaving in a day or two. I hope I may have the opportunity to visit New Haven again, not of course at the interval of 50 years.

All the best to all of you, and thank you again.

Gao Shang-yin (ph. d. 35)
New Haven, Ct. , U. S. A.

高尚荫生前主要论著目录

高尚荫1980年前主要论文、著作目录

高尚荫一生发表学术论文110余篇，散见于国内外各专业杂志中。

1. 纤毛虫伸缩的生理学研究（分Ⅰ、Ⅱ、Ⅲ、Ⅳ部分）．德国：原生动物（Protistenkunde）（英文），1936
2. 紫外光纤辐射对纤毛虫的影响．中国生理学（英文），1936
3. 纤毛虫——新种．德国：原生动物（英文），1937
4. 固氮菌的研究（分Ⅰ、Ⅱ、Ⅲ、Ⅳ、Ⅴ部分）．武汉大学学报；新农业科学（四川）等杂志，1938～1942
5. 从土耳其烟草和福绿草分离出来的两株烟草花叶病毒的比较研究．美国：生物化学（英文），167：765，1947
6. 从土耳其烟草渣和叶渣中获得的两株烟草花叶病毒的比较研究．德国：病毒学（英文），1947，B，Ⅲ，6：347，1947
7. 在鸭胚中培养流感病毒．科学记录（英文），2：318，1949
8. 伊凡诺夫斯基与病毒．科学，32：68～69，1950
9. 植物病毒的研究在现阶段的几点结论．新科学，3：1～2期，1961
10. 植物病毒的免疫性质．新科学，2：4期，1951
11. 用瑞典角式离心机浓缩与精炼新城病毒．科学记录（英文），4：4 439，1951
12. 新城病毒．新科学，2：3期，1951
13. 中药对新城病毒影响的初步研究（分Ⅰ、Ⅱ部分）．科学记

录（英文），4：1，1951

14. 培养于鸭胚中流感病毒的氨基酸成分．实验生物学报（英文），3：93，1951

15. 培养于鸭胚中流感病毒的物理性质．科学记录（英文），4：285，1951

16. 感染新城病毒鸡胚的尿囊液及羊水的pH值．中国生理学，18：2，1952

17. 病毒的化学成分与结构．新科学，4：22～27，1952

18. 新城病毒疫苗的研究：用物理方法浓缩与精炼病毒．新科学，1：7，1952

19. 培养于鸭胚中流感病毒的沉淀反应．科学记录（英文），5：169，1952

20. 培养于鸭胚流感病毒的性质．微生物学报，1：36，1953

21. 烟草花叶病毒的性质．微生物学报，1：151，1953

22. 动物病毒的精炼．新科学，3：1，1954

23. 烟草花叶病毒的电镜研究．微生物学译报，1：251，1954

24. 新城病毒浓缩方法的初步报告．实验生物学报，5：1，1956

25. 有关抗病毒物质的筛选方法．武汉大学学报，1：63，1956

26. 病毒性质的研究：烟草花叶病毒和流感病毒性质研究的总结．武汉大学自然科学学报，2：139，1956

27. 病毒研究的进展．科学通报，5：129，1957

28. 单层组织培养法的改进．科学通报，11：334，1957

29. 用单层组织培养法培养家蚕的各种组织．科学通报，7：219，1958

30. 中药柴胡对流感病毒的影响．武汉大学学报自然科学版，1：101，1958

31. 有关家蚕脓病问题的意见．蚕业科学通报，1：31，1959

32. 培养脓病病毒的组织培养方法的研究．前捷克斯洛伐克国际病毒学报（英文版），1959．10；武汉大学学报自然科学版，3：89，蚕业通讯，4：201

33．猪喘气病病原体研究的初步总结．武汉大学学报自然科学版，7：108，1959

34．灰链霉菌噬菌体的提纯．武汉大学学报自然科学版，3：98，1959

35．猪喘气病病原的研究：对人和动物红血球的凝集反应．武汉大学学报自然科学版，3：13，1960

36．病毒研究现状．武汉微生物研究所专题报告，1960

37．有关脓病病毒的问题．（农业科学院蚕桑研究所特约稿）蚕业研究，1960

38．病毒研究现状和对今后研究方向的意见．武汉大学学报自然科学版，3：6，1960

39．介绍分子生物学的一些问题．武汉大学学术报告选编，1：55，1962

40．根瘤菌噬菌的研究．武汉大学学报自然科学版，1：130，1963

41．病毒的结构与增殖．1963年全国微生物学会年会上特邀报告，1963

42．昆虫病毒．1963年前罗马尼亚科学院举办的"国际病毒学进修班"上的讲稿，1963

43．病毒的物理和化学性质．

44．应用微生物现状．1963年全国微生物学会年会上特邀报告，介绍1963年出席"国际应用微生物学讨论会"（瑞典斯德哥尔摩）情况，1963

45．昆虫病毒研究的进展．全国害虫防治会特邀报告讲稿，1963

46．家蚕脓病毒DNA感染性的初步探讨．微生物学报，10：2

47．病毒研究对生物学的贡献，技术方法在病毒研究中的应用，病毒感染过程．在黑龙江科协特邀会上的报告讲稿，1964

48．病毒的结构研究，粘虫NPV"病毒束"形态和结构的电镜观察实验．生物学报，10：4，290，1965

49．癌肿的病毒病因及转化机制．武汉大学生物系科技资料选

编，1：8，1972

50. 疱疹病毒Ⅱ型与致癌作用. 武汉大学学报（自然科学版）87，1975

51. 病毒与致癌作用：有关肿瘤的病毒病因问题. 武汉大学学报（自然科学版）69，1976

52. 病毒与致癌作用：人肿瘤病毒的探索. 武汉大学学报（自然科学版）88，1977

53. 病毒与致癌作用：两种病毒相互作用的致癌假设. 武汉大学病毒系专题报告，1977

54. 昆虫病毒与生物防治. 1978年林学会全国生物防治会上特邀报告，1978

55. 介绍"第六届国际无脊椎动物病理学学术讨论会"（前捷克斯洛伐克布拉格召开），自然，2：59，1978

56. 伊凡诺夫斯基生平及其科学研究活动（1864~1920）. 翻译，北京：科学出版社，1956

57. 电子显微镜下的病毒. 北京：科学出版社，1955（第一版），1956（第二版）

58. 微生物学进展（主编）. 北京：科学出版社，1964

59. 中国病毒学研究30年. 重庆情报所，1980

高尚荫重要论文及
1980～1988年代表论著目录

1. 用单层组织培养法培养家蚕的各种组合. 1958
2. 培养脓病病毒的组织培养方法的研究. 1958
3. 《全国病毒生化研究》学术交流会上的讲话：科研工作中的材料，技术和人员. 1980 年 10 月 29 日，武昌
4. 全国病毒生化研究学术交流讨论会开幕词. 1981
5. Virus Envelope Acquisition of Nuclear Polyhedrosis Virus *in vitro*. （英文）Medical Symposium Sponsored by Yale China Association Sept. is. 1979. Paper Published in Yale Journal of Biology and Medicine 54 (1981) 27.32
6. 三十年来的中国病毒学研究. 专著（摘要），重庆情报所：1982
7. 试论分子生物学. 武汉大学学报（自然科学版），1983（3）
8. 对生命的了解. 武汉大学建校 70 周年"生命科学在前进"学术报告会上的报告，武汉大学专集，1983
9. 重组 DNA 成功的道路. 国外医学分子生物学分册第 6 卷第 3 期：105～112，1984
10. 病毒的现状和趋势. 科学与人，1984（1）
11. 全国第一届分析微生物学会学术讨论会开幕大会上的讲话：技术和概念在科学进展中的重要性. 1986 年 10 月 29 日，武昌
12. 20 世纪病毒概念的发展. 病毒学杂志创刊号（代序），1986
13. 昆虫病毒在农业和分子生物学中的研究进展. 病毒与农业，北京：科学出版社（刘年翠合作），18～23，1986

14. 回顾与瞻望——庆祝武汉病毒所建所 30 周年. 1986

15. 科学与技术. 病毒学, 1986 年第 1 卷第 3 期社论

16. 再论分子生物学——科学的革命. 病毒, 1987 年第 2 卷第 1 期社论

17. 科学家和科学工作. 病毒, 1987 年第 2 卷第 2 期社论

18. 对有机体的感情. 病毒, 1988 年第 3 卷第 1 期社论

19. 病毒学: 从哪里来, 到哪里去. 病毒, 1988 年第 2 卷第 2 期社论

20. 分子生物学的寻根. 病毒学, 1988

21. 在美国劳林斯大学接受名誉科学博士学位宴会上的讲话. 1981 年 5 月 24 日

22. 在美国西东大学接受美国荣誉会雪格码荣誉会员会上的讲话. 1981 年 5 月 27 日

23. 在美国耶鲁大学、耶礼委员会欢迎宴会上的讲话. 1981 年 5 月 29 日

24. 在美国俄亥俄州立大学签订武汉大学和俄亥俄州立大学两校交流宴会上的讲话. 1981 年 6 月 10 日

高尚荫大事年表

（1909～1989 年）

1909 年 3 月 3 日	出生于浙江省嘉善县陶庄镇
1916 年	进入陶庄学校接受启蒙教育
1926 年	进入苏州东吴大学生物学系
1930 年	赴美国佛罗里达州劳林斯大学（Rollins College）学习
1931 年	获劳林斯大学文学学士学位
1931 年秋	进入美国耶鲁大学（Yale University）研究院
1935 年	获得耶鲁大学博士学位，并成为美国 Sigma Xi 自然科学学会荣誉会员
1935 年 2～8 月	在英国伦敦大学研究院从事短期科学研究
1935 年 8 月	受聘为国立武汉大学生物系教授
1937 年	与刘年翠教授结为终身伴侣
1945 年	赴美国洛氏医学研究所，诺贝尔奖获得者斯坦利（W. M. Stanley）实验室从事病毒研究
1947 年	回国继续在武汉大学从事教学和科学研究
1947 年	在武汉大学创办了我国第一个病毒研究室
1949 年	任武汉大学生物系主任
1951 年	被评为武汉市劳动模范
1952 年	加入中国民主同盟
1953 年	任武汉大学理学院院长
1956 年	创办武汉大学微生物专业
1956 年	加入中国共产党

1956 年	任武汉大学教务长
1958 年	在前捷克斯洛伐克科学院病毒学讨论会上发表"家蚕脓病病毒的组织培养方法"研究报告
1976 年	创办中国第一个病毒学专业——武汉大学病毒学专业
1978 年	获全国科学大会重大成果奖
1980 年	被选聘为中国科学院生物学部委员
1981 年	美国劳林斯大学授予荣誉科学博士
1989 年 4 月 23 日	逝世于武汉东湖梨园医院